U0219275

国家出版基金项目
NATIONAL PUBLICATION FOUNDATION

现代农业高新技术成果丛书

作物生产力形成基础及调控

Crop Ecophysiology–Productivity and Management in Cropping System

欧阳竹　　武兰芳　　主编

中国农业大学出版社
·北京·

内 容 简 介

本书以小麦、玉米等作物为主,比较系统地阐述了资源环境与作物生产的关系,作物个体生长发育特点与群体形成构建的关系,作物产量形成及其生理生态基础,农田光、温、水分、养分状况及其调控利用,作物生长模型与模拟的发展及其在研究实践中的应用等。

图书在版编目(CIP)数据

作物生产力形成基础及调控/欧阳竹,武兰芳主编. —北京:中国农业大学出版社,2012.7
ISBN 978-7-5655-0551-5

Ⅰ.①作…　Ⅱ.①欧…　②武…　Ⅲ.①农田 - 生态系统 - 研究　Ⅳ.①S181

中国版本图书馆 CIP 数据核字(2012)第 118725 号

书　　名	作物生产力形成基础及调控
作　　者	欧阳竹　武兰芳　主编

责任编辑	梁爱荣　潘晓丽　洪重光	**责任校对**	王晓凤　陈莹
封面设计	郑川		
出版发行	中国农业大学出版社		
社　　址	北京市海淀区圆明园西路 2 号	**邮政编码**	100193
电　　话	发行部 010-62818525,8625	**读者服务部**	010-62732336
	编辑部 010-62732617,2618	**出　版　部**	010-62733440
网　　址	http://www.cau.edu.cn/caup	**e-mail**	cbsszs @ cau.edu.cn
经　　销	新华书店		
印　　刷	涿州市星河印刷有限公司		
版　　次	2012 年 9 月第 1 版　　2012 年 9 月第 1 次印刷		
规　　格	787×1092　16 开本　18 印张　440 千字		
定　　价	88.00 元		

现代农业高新技术成果丛书
编审指导委员会

编 者 名 单

主 编　欧阳竹　武兰芳

编 者　（按汉语拼音为序）

陈　博　陈　超　陈根云　程维新

房全孝　葛晓颖　何春娥　刘丽平

欧阳竹　王吉顺　邬定荣　武兰芳

谢贤群　邢洪涛　于　强　张兴权

赵风华　周勋波

出版说明

瞄准世界农业科技前沿,围绕我国农业发展需求,努力突破关键核心技术,提升我国农业科研实力,加快现代农业发展,是胡锦涛总书记在 2009 年五四青年节视察中国农业大学时向广大农业科技工作者提出的要求。党和国家一贯高度重视农业领域科技创新和基础理论研究,特别是 863 计划和 973 计划实施以来,农业科技投入大幅增长。国家科技支撑计划、863 计划和 973 计划等主体科技计划向农业领域倾斜,极大地促进了农业科技创新发展和现代农业科技进步。

中国农业大学出版社以 973 计划、863 计划和科技支撑计划中农业领域重大研究项目成果为主体,以服务我国农业产业提升的重大需求为目标,在"国家重大出版工程"项目基础上,筛选确定了农业生物技术、良种培育、丰产栽培、疫病防治、防灾减灾、农业资源利用和农业信息化等领域 50 个重大科技创新成果,作为"现代农业高新技术成果丛书"项目申报了 2009 年度国家出版基金项目,经国家出版基金管理委员会审批立项。

国家出版基金是我国继自然科学基金、哲学社会科学基金之后设立的第三大基金项目。国家出版基金由国家设立、国家主导,资助体现国家意志、传承中华文明、促进文化繁荣、提高文化软实力的国家级重大项目;受助项目应能够发挥示范引导作用,为国家、为当代、为子孙后代创造先进文化;受助项目应能够成为站在时代前沿、弘扬民族文化、体现国家水准、传之久远的国家级精品力作。

为确保"现代农业高新技术成果丛书"编写出版质量,在教育部、农业部和中国农业大学的指导和支持下,成立了以石元春院士为主任的编审指导委员会;出版社成立了以社长为组长的项目协调组并专门设立了项目运行管理办公室。

"现代农业高新技术成果丛书"始于"十一五",跨入"十二五",是中国农业大学出版社"十二五"开局的献礼之作,她的立项和出版标志着我社学术出版进入了一个新的高度,各项工作迈上了新的台阶。出版社将以此为新的起点,为我国现代农业的发展,为出版文化事业的繁荣作出新的更大贡献。

中国农业大学出版社

2010 年 12 月

前　　言

　　农田生态系统的基本功能是生产力。农田生态系统的生产力与自然生态系统的生产力有所不同,单株的生产力和群体生产力有很大的差异,群体结构和生产力的关系更为复杂,特别是具有分蘖特性的水稻、小麦等作物,由于分蘖特性,植株具有自身的调节功能,大大增加了调控的难度。农田生产力是在人类的活动管理下,采用统一的品种,设计优化的种植结构,在群体水平下达到最大的生产能力。如何发挥作物群体的最大生产力,人类为此开展了大量的研究和实践的探索,在不同时期提出了各种作物的种植结构和群体调控技术,如小麦的精量播种、宽窄行种植、宽播幅种植、撒播种植等。在群体调控技术方面,重点在通过水肥对群体动态的调控,平衡穗数、粒数和粒重产量三要素,以实现单位面积的最大产量。然而,作物的群体调控与立地的气候、土壤、管理水平和作物的品种特性密切相关,因此,随着条件的变化和品种的变化,群体结构也应随之变化,我们现在还难以根据不同的作物品种、环境条件对作物高产群体的结构进行优化设计,生产者主要还是依靠传统的经验和实践中的体会进行种植。群体结构设计和调控首先需要我们有表征群体结构优劣的指标,群体结构优化的目标是协调作物群体和群体内部的光、CO_2 分布以及群体的总体光合能力的提高,目前最为常用的是叶面积指数、群体茎数、消光系数等,这些指标可以较好地反映作物群体的主要状况,更多的是反映群体的物理特征,在模型中应用较多。揭示群体生产力形成,指导生产管理更需要的是耦合作物群体物理特征和生理特征的指标。认识作物群体的生理生态过程,构建作物高产群体结构,需要研究群体结构动态变化和群体光合作用、干物质生产的关系和机理。

　　华北平原是我国最具优势的冬小麦、夏玉米轮作优势产区,其光、热、水分条件非常适合冬小麦和夏玉米的生长。由于我国耕地资源有限、水资源不足、矿物营养资源匮乏,在此背景下,研究如何在资源高效利用的目标下获得高产,使高产种植进入了一个精细化设计和调控的阶段。在该地区以冬小麦和夏玉米为对象,研究农田生态系统作物生产力的形成基础和调控管理,目的是揭示冬小麦、夏玉米群体生产力形成机制,指导高产创建的设计和调控。我们在国家 973 项目、中国科学院农业项目和国家出版基金项目的资助下,利用中国科学院禹城综合试验站等野外试验研究平台,针对不同作物群体的群体结构、光分布特征、不同叶位的叶片光合作用、干物质积累以及穗数、粒数和粒重三要素构成特征和农田生态系统的光、温、水、肥特征进行了大量的试验观测,在获得大量观测资料的基础上,开展了作物群体光合作用和产量形成的机制、群体生产力和农田生态要素的关系和群体光合作用和产量的数学模拟和群体优化调控的研究,由于作物群体生理生态的过程机理极其复杂,要全面揭示其过程机理还需要不断探索,目前要形成一套科学的、标准的,适合不同环境条件的高产群体调控技术还有困难。本书中的研究结果和大量的数据资料对进一步认识作物群体生产力形成过程,揭示生产力形成和环境要素的相互作用关系,提出作物高产群体结构的设计和调控技术具有一定的参考作用,部分结论还需要进一步研究验证,希望本书的出版对我国合理利用有限资源,提高农田作物生产力的研究与实践发挥一定的作用。

《作物生产力形成基础及调控》一书主要是基于"十一五"国家重点基础发展研究计划课题"资源高效型作物高产系统构建的理论基础与调控"及其他有关项目中的部分研究成果,结合相关文献资料,经过进一步梳理而成。参加项目的研究人员来自于中国科学院地理科学与资源研究所、上海植物生理生态研究所、亚热带农业生态研究所、遗传与发育研究所、山东农业大学等,引用的成果在各章节中尽可能进行了标注,在此对相关作者及人员一并表示感谢!

全书由欧阳竹、武兰芳统稿。具体编写分工如下:第1章由武兰芳、欧阳竹编写;第2章由赵风华、王吉顺、刘丽平编写;第3章由赵风华、王吉顺、刘丽平编写;第4章由武兰芳、陈根云、周勋波编写;第5章由赵风华、刘丽平、王吉顺编写;第6章由谢贤群编写;第7章由程维新、陈博、张兴权编写;第8章由何春娥、葛晓颖编写;第9章由于强、邹定荣、房全孝、陈超、邢洪涛编写。

由于编者水平所限,书中难免存在错误和不足之处,请读者批评指正。

编 者

2012 年 4 月

目 录 ━━━━━━━━━━━━━━━━━━━━━━━━━━━━ ----

1

第**1**章

资源环境与作物生产

"资源环境"指的是生物有机体生活空间内外界条件的总和,是由多种要素构成的复合体。那些直接或间接影响生物有机体的环境要素就称为生态因子。环境通常被分为自然环境和人工环境,自然环境是指没有人为作用参与的环境;人工环境则是指由于人的影响而使其发生了变化的环境。自然环境因子可分为气候因子(光、温、降水、空气等)、土壤因子(质地、结构、有机质、酸碱度和土壤生物等)、地形因子(坡度、起伏等)、生物因子(动植物和微生物等)以及水文因子(河流、湖泊等)。

作物是指野生植物经过人类不断的选择、驯化、利用、演化而来的具有经济价值的栽培植物。地球上有记载的 39 万种植物中,被人类利用的有 2 500 种以上。目前,世界栽培种植的植物约 1 500 种,其中粮、棉、油、糖、麻、烟、茶、菜、果等这些人工栽培的植物统称为作物。从狭义上讲,作物主要指农田大面积栽培的作物,一般称大田作物。

作物的生产能力首先应取决于作物本身的遗传潜势,这种潜在的生产能力在外界环境与作物要求完全吻合时才能得到充分体现;作物在某一地的生长状况首先取决于这种作物(品种)对环境的反应,其生长和生产处于土壤—作物—大气系统中,生长的好坏强烈地受到外界环境的影响,决定作物反应的是各种因素的共同作用(图 1.1)。对于自然植物(野生)来说,在地球上不同地域内自然环境中潜在生长势发挥程度的不同,就会表现为这种植物不同数量或质量上的分布。而对作物来说,情况则有所不同,这表现在:第一,人的作用或多或少总会改变或改善一些作物生长环境,结果会使一种作物比同一品种的野生种在同一地域内的生产能力要高;第二,对作物的栽培是以高产、优质满足人们需要为目的的,在一种作物种的生产力降低到一定值以后,由于"经济效益"不高,人们就不会再去种植,这种作物可能就会从当地的农田中消失,不再有分布,而同一种的野生种则可能存在。因此,要想定量地描述作物的生产和分布与环境条件的关系必须做到以下几点(韩湘玲与曲曼丽,1991)。

(1)定量地描述(以数字或图形)作物的潜在生产力以及能使这种潜力充分发挥出来的环境特征。

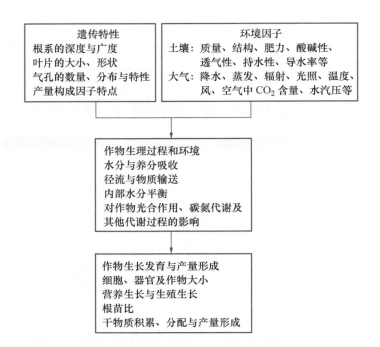

图 1.1　作物生长发育及其产量、质量的形成与遗传特性和环境因子的关系

（2）定量地描述某一地域内各环境因子值。

（3）定量地描述地域内环境因子值与潜在生产力发挥所要求的环境因子值的吻合或偏离程度，以及这种偏离对潜在生产力发挥的影响。

这往往是复杂而困难的，但是，这种思路却启迪我们去考查作物生产力的决定因子，从而把作物与环境联系起来。

考查作物生产力形成的三要素光合速率、光合面积和光合时间就会发现，叶面积相同的不同作物，甚至生长期也近似的不同作物仍会有不同的生产量，这就是净光合速率上的差别，这决定于碳同化的途径和这种同化途径受环境因子的影响形式。

1.1　作物的生态特性与生态适应性

1.1.1　作物的生态特性

1.1.1.1　栽培作物的起源

作物的起源和形成是自然选择与人工选择共同作用的结果。古人类活动的重点除渔猎外，主要是采集野生植物。最初栽培作物，仅仅是在自然启迪下的偶然尝试。人们常常将所采集的植物带到住地食用，其中一部分被遗弃或埋藏起来，那些具有繁殖能力的果实、种子、块根、块茎等，在住地附近开始繁殖起来。人们对这类植物开始注意，并逐渐从野生植物群落中将其分离加以保护，这是由采集野生植物转变成栽培作物的萌芽。

薯类和禾谷类可能是最早被驯化的植物。因为薯类在采挖后，遗留在土壤里的残根又长成新薯，于是给人以人工种薯的启示。禾谷类种子适应性强，生长期短，结实多，成熟期较一致，易储藏，所以易被驯化、种植。

人类在从事种植野生植物的过程中，不断改善栽培技术，逐渐积累了经验，在此基础上通过长期的自然选择和人工选择，适合于人类需要的那些变异类型被保留下来，使野生植物逐步转变成为栽培作物。作物的形成标志着原始社会生产力的飞跃发展和原始农业的诞生。

1.1.1.2 作物的起源中心

尽管由于人工选育，形成了很多作物变种和品种，如小麦有冬小麦、春小麦，冬小麦又有冬性、弱冬性和春性等，但是，每种作物仍表现出其起源地区的特定习性。如源于印度热带的甘蔗、香蕉等作物具有要求高温、高湿的特性，因而适应于高温、高湿的地区和季节。源于南美、智利高山较凉气候的马铃薯，具有喜温凉的特性，适应于温凉地区和季节，忌高温。

关于作物的起源地，早就为植物学、作物育种学家及栽培学家所重视。解决栽培植物的起源问题，目的是寻找植物资源和建立"种质资源库"，以培育出更多有价值的农作物。

对作物起源问题研究较早的是瑞士植物学家德·康多尔（de Candolle），他曾对 477 种栽培植物的起源进行了研究，于 1883 年出版了《栽培植物的起源》一书。其后是前苏联植物学家瓦维洛夫（Вавилов Н. И.）等，他们对世界 6 大洲 60 多个国家采集到的 30 多万份作物品种材料进行了详细的比较研究，在 1926—1935 年提出世界作物 8 大起源中心。1968 年前苏联的茹可夫斯基（Жуковский П. М.）提出大基因中心观念，他把瓦维洛夫提出的 8 大起源中心扩大到 12 个。1975 年瑞典的泽文（A. C. Zeven）和茹可夫斯基共同编写了《栽培植物及其变异中心检索》，重新修订了茹可夫斯基提出的 12 个起源中心（于振文，2003）。

（1）中国—日本起源中心（瓦维洛夫称东亚起源中心）。中国起源中心是主要的、初生的，由它发展了次生的日本起源中心。包括中国中部、西部山区及其毗邻低地，是世界上最大的农业发源地和栽培植物起源中心，主要有大豆、谷子、萝卜、桃、梨、茶等。

（2）印度支那—印度尼西亚起源中心（瓦维洛夫称东南亚热带起源中心）。是爪哇稻（*Oryza sativa* L. ssp. *javanica*）和芋[*Colacaia esculenla*（L）. Schott]的初生基因中心。同时，还具有丰富的热带野生植物区系。

（3）澳大利亚中心。除美洲外，这是烟草的基因中心之一，并有稻属（*Oryza*）的野生种。

（4）印度斯坦中心（瓦维洛夫称南亚热带起源中心）。农作物有稻、甘蔗、绿豆、豇豆等，还有许多热带果树。

（5）中亚细亚中心（瓦维洛夫称西南亚起源中心）。该中心农作物有小麦、豌豆等。

（6）近东起源中心（瓦维洛夫称近东起源中心）。农作物有麦类、豆类、饲草、坚果、亚麻等。

（7）地中海中心（瓦维洛夫称地中海中心）。从许多作物品种和组成来看，这里是次生起源地，很多作物在此区被驯化，如燕麦、甜菜、亚麻、三叶草、羽扇豆等。

（8）非洲中心（包括瓦维洛夫的埃塞俄比亚起源中心）。农作物有高粱、棉、稻等属的种。此中心对世界作物影响很大，许多作物起源于非洲。

（9）欧洲—西伯利亚中心。农作物有两年生的块根糖用和饲用甜菜、苜蓿、三叶草等。

(10)南美洲中心。农作物有马铃薯、花生、木薯、烟草、棉、苋菜等。

(11)中美洲—墨西哥中心。农作物有甘薯、玉米、陆地棉等。

(12)北美洲中心。该中心驯化的主要作物有向日葵、羽扇豆等。

1.1.1.3 遗传、变异与驯化

遗传（heredity）系指生物的亲代与子代间相似的传递过程。但是,遗传性不是绝对不变的。由于外界因素的作用,遗传过程中会产生变异（variation）,即亲代和子代之间,子代个体之间的差异,这是由基因分子结构的改变所引起的。自然界生物间存在着种内和种间的生存竞争,在竞争过程中,有利的变异将保存并积累下来,不利的变异将被消除。基于这种自然选择,促使其向适应的方向发展,随着时间的进展,使后代比祖先更适应于环境,这种变化称为"进化"。遗传和变异是一对矛盾,是促进进化的根本原因。自然选择长期继续下去,持续到一定程度时,将导致新种的形成。驯化（acclimation）则是指人工选择与培育的作用。植物、动物从野生到栽培、饲养,发生了变化,这是人工选择与培育的结果。驯化可引起某些遗传特性的改变,使作物较好地适应人类的需要和环境条件。

环境、自然选择和人工培育是由影响有机体生命活动的每一外界事物构成,包括非生物和生物两部分。非生物部分即无机部分,如气候、地理、土壤等;生物部分含微生物、病虫害、杂草等。环境对作物的适应与分布的作用有:①引起变异,如长时期强烈的气候变化（冷热、干湿等）,可引起部分遗传性的变异;②自然选择,环境对变异进行选择,直接影响了不同基因型的生存;③环境改变,可导致生存或繁殖条件的变化,并易促进适应性的形成;④影响新物种的传播、扩大或缩小。由于人的干预和所采取的措施,改变了作物的环境,这将大大影响作物的生态适应性,从而扩大作物分布的范围。如水稻源于东南亚热带季风湿热地区,人工培育多个品种（如籼、粳、杂交稻等）、多种类型（如早、中、晚熟稻）,再采取不同播种期,则可利用季风气候水热同季的特点,使之种植到温带 50°N 以北的地区。

可见,遗传与环境的统一,即内因与外因的统一,决定了作物的起源分布,在很大程度上决定了自然植被和人工栽培作物的分布。

1.1.1.4 作物形态、生理、品质与环境

由于人类的需要,作物从起源中心广泛迁移到各处,比起植物的自然迁移要广。在非起源地能生存繁殖,则是变异与驯化的结果。某种作物在某个地区的生长发育对环境的反应和产量品质形成,可以说,是该作物对各种环境条件的生理反应和形态反应的综合表现。这种反应,既包含着作物与环境相互作用的因素,同时,在其外表的体现,也蕴藏着复杂的生理过程,或外部形态变化的特征。这种变化所起的作用,有利于作物生命活动,这就是所谓"生态适应"。这种适应能力的大小,乃属遗传学的领域,但是,表现这种能力的过程,则又属生理学的领域。所以,同一地区同一种类的作物,若要继续生存下去,必然会受到环境条件的选择,并且导致遗传的适应与气候性亚种（climatic race）的出现。由于生理及形成两种适应性的影响,各种生境条件下便生长着各种作物,它们都具有各自固有的生理特征与形态特征。

同一作物（品种）处于不同环境下,为发挥环境的优势或忍受不利的环境条件,其生育阶段、形态特征及生理机制,往往有某些改变。环境影响作物的生理形态特征,常常表现为以

下几种情况：

(1)环境与作物生育期。小麦在我国华北北部地区,生育期为 270 d 左右,穗分化期间温度高,适于穗分化的时期较短,灌浆到成熟阶段处于该地区气温升高期,籽粒灌浆也缩短到 30 d,易促使早熟,因而一般表现为穗小粒少;而在我国西藏高原,小麦全年处在适宜生长发育的光、温条件中,特别是在灌浆阶段有利于光合作用的温度持续时间长,生育期可达360 d,形成穗大粒多、千粒重高的产量结构。

(2)环境与作物形态生理特征。在不同环境条件下,往往形成不同的形态特征,如在水分条件下,则形成有旱生型(xerophyte)和水生型(hydrophyte)特征。旱生型是在干旱条件下形成,表现为根系发达,针叶、短生或叶小,叶片有厚的角质层或绒毛,叶肉细胞及其间隙小,细胞小,细胞液渗透浓度高,蒸腾效率高,遇旱时气孔关闭。水生型是在水分充足条件下形成,表现为根系多,维管组织不发达,茎内组织多空隙,通气组织发达,营养生长好,细胞液渗透浓度等于或稍高于水介质;如遇旱时,根、茎、叶之比增大,叶小、茎短细,小穗数减少,籽粒不饱满;而水分适宜时,则根与茎叶比小,叶宽、长,植株高大,小穗多,千粒重高。同一品种、同一生育期的玉米,在同样的光、温条件下,由于水分供应的差异,光合速率会有明显差异。

(3)环境与产品品质。棉花品质的主要指标是纤维强度和长度。棉花纤维加厚的适宜温度为 30℃左右,20℃以下加厚变缓,纤维伸长的适宜温度为 20～30℃,并要求适宜的水分。同一品种,在纤维伸长时期,水分充足的地区或年份,则纤维较长,如我国黄淮海地区,7—8 月份降水量 400 mm 左右,有利于纤维伸长,可达 29 mm,基这一阶段降水量若小于 250 mm,则纤维长度只有 27 mm。纤维加厚时期,若有丰富的热量供应,日平均气温＞25℃的天数越多,则单强越高。如新疆吐鲁番地区在纤维加强时期,日平均气温＞25℃的天数达 120 d,可获 5 g 单强;黄淮海南部地区和长江流域,日平均气温＞25℃天数只有 60～70 d,单强仅有 4 g 左右。

1.1.2　作物的生态适应性

1.1.2.1　作物生态适应性概念与应用

作物生态适应性,系指作物的要求与环境条件下的吻合程度,即是作物生长发育和产量形成过程的节律与环境节律相吻合的程度。吻合度越高,适应性越强,作物生长发育就越好,获得高产、稳产、优质、低耗、高效目标的可能性就越大。

作物的生态适应性具有季节性和地区性,一个物种和一类作物有其特定的生态范围,有的适应性宽,有的适应性窄,适应性宽的分布范围就广,如小麦、玉米。当环境因子限制作物生长发育时,繁殖时期常常是关键时期,因为大部分作物的产量是在该时期形成的,所以,关键时期的适应性是至关重要的。

环境因子的相互作用,可使作物的生态性发生一定变化。不利的环境因子影响其他因子的作用,作物对某一因子不适,既可使另一因子的适应性下降,也可由另一个因子获得补偿。如生产中采用的以肥调水作用,就是在一定范围内水分受到限制时,利用于氮肥或磷肥的补偿作用。环境因子常常综合作用于作物,使其适应性增加。总体看来,作物生态适应性是指作物所具有的遗传、生理、形态等属性和环境协调统一起来的专有特性,它只能在一定的、有边界范围的气候——土壤等环境因子的组合中,在其动态的、综合的影响下,使该作物生长繁殖,并具有一定的生产力。

作物的生态适应性与作物的生物学特性不同。生物学特性是作物的遗传本性,反映作物对外界环境条件的要求与反应,如棉花要求充足的光照和热量,小麦要求适当的低温通过春化阶段等。生态适应性是反映作物的生物学特性与环境相吻合的程度,是作物与环境的协调统一。尽管有些作物在世界范围内分布十分广泛,但仍有适应程度的不同;同时,对于一个地区或生产单位,可能种植的作物很多。如在暖温带的黄淮海地区,除典型的热带、亚热带作物外,相当多种类的作物都能生长,但不同作物在该地区的生态适应性是不同的。在水肥条件保证下,小麦亩产可达 500 kg 以上,但不及河西走廊、青藏高原的小麦生态适应性强;棉花不及南疆、东疆和江淮平原;大豆不及东北的松辽平原等。但是,该地区小麦、玉米的组合还是较好的。也就是说,一种作物总有其最适宜或较适宜的分布地区,一个地区也总有其最优或较优的作物种类及组合。

由于人类需要和社会经济条件的差别,往往是在最适宜的地区不能发展某种作物,而在不适宜的地区却需要种植它。如新疆吐鲁番、南疆的棉花品质好,但受交通条件的限制却不能过多发展;辽南的热量不足,只能种植早熟棉花,品质欠佳,由于群众经济上需要而要适当种植。因此,作物生态适应性既有其客观性,也应考虑其相对性。作物生态适应性的相对性,最主要表现为人类的需要与选择,即同一种作物的生态适应性的相对性表现为:

(1)同一作物因不同变种、品种而异。如小麦能从温带种植到亚热带,在冬季严寒的地区适宜种植春小麦,在冬季温度偏高的地区适宜种植春性强的冬小麦,但最适宜的地区是在有水分供应的暖温带,或在冬温暖多雨夏干热的地中海气候带。

(2)不同生育阶段的生态适应性不同。苗期一般要求热量、水分相对较少,适应性较宽,而繁殖时期则适应性较窄。

(3)新的品种育成往往可扩大适应范围,但驯化是有一定范围的。在一定范围内某些变化增强抗逆性,从而扩大适应范围。如短生育期或耐寒品种的育成,可扩大适应范围。以东北大豆为例,原生育期 90~100 d 或以上的品种只能在哈尔滨以南种植,育成 70~80 d 的品种可北种到黑河。小麦耐寒品种的成功育成,加拿大的小麦向北推进了 500 km。

另外,改善生产条件,提高科学技术水平,也可以使作物适应性发生改变。通过农业气候、作物生态的研究,可以提高自然资源的利用率和生产力。

作物的分布是由作物的生态适应性和人类活动两方面的因素决定,生态适应性是决定作物分布的基础,而社会经济条件又起着重要调节作用。

1.1.2.2 作物生态适应性是决定作物产量品质形成的基础

世界上大范围内主要农作物的分布是由作物生态适应性决定的,具有地带性的规律,如北半球,喜凉的春小麦、黑麦、甜菜等分布在北部寒温带和中温带;喜温的玉米、大豆、冬小麦分布在中温带、暖温带;而喜湿热的水稻、棉花、花生、甘薯、油菜分布在亚热带。处于温带的美国,其北部种植春小麦,中部种植玉米、大豆、冬小麦,南部是棉花。

一种作物的生态适应性在很大程度上决定了作物产量与品质的形成。对某种作物生态适应性强的地区或季节,若环境因子的动态进程与作物生育节律相吻合,可以形成高产、稳产、优质。青藏高原水浇地上生长的小麦,温度适宜,生育期长,尤其灌浆期间光照充足,适于穗大、粒多、千粒重高的产量结构的形成,结合水、肥的供应,产量可达12 000 kg/hm² 以上,但在黄淮海平原和江南,即使有好的水肥条件,要达到如此高产却具有较大的困难。

作物(品种)—气候—土壤生产力的形成,是气候—土壤和作物某一特定品种类型共同作用的结果。在不同的气候、土壤条件下,作物生产力是不同的。如中国东部地区冬小麦生产力高产区在黄淮海平原、江淮平原,取决于温度、降水配合的良好程度。地学条件的差异,往往决定于气候的水热状况,同时地学条件,特别是土壤条件受气候条件影响。因此,气候条件对作物生态适应性起决定性作用。德国学者 Maiv 提出气候相似学说,即作物的引种、扩种需遵循气候的相似,也就是气候相似的地区,作物分布应该相同;原苏联学者提出农业气候相似原理,即作物从一个地区扩种到另一个地区,决定于满足其发育和产量形成的生存条件的相似与否,即作物的扩种(分布),严格遵循农业相似,也就是说,气候条件中对作物生育和产量形成起决定作用的关键因子及其组合必须相似。由此说明为什么玉米可在温带(中国的东北)、暖温带(中国的华北、美国的玉米带)、亚热带(中国的西南)以及热带种植的原因。农业气候相似,实质上是作物的气候生态型相同。

小麦、玉米、棉花、大豆等作物,可在各种土壤生长,说明决定其大面积分布和产量形成的是温度、水分、地势、地形等因子,但地学因素也不可忽视,尤其是决定气候因素再分配的地势、地形。在同一气候地区,土壤的土层厚薄、理化性状、肥沃程度,对作物的产量形成也具有重要作用,这些因子共同决定作物的生育状况和产量。一些障碍性土壤,如盐碱土、酸性土、沙土、沼泽土等,往往是影响局地作物分布的主要因素。一般情况下,气候决定大范围(世界、大区、国家、省域)内的作物分布,而在小范围内(县、乡),则地学因素(地势、地形、土壤)常常起主导作用。作物生态适应性的核心是生育节律与环境因子节律的一致性,如黄淮海地区的玉米、棉花的生长发育和当地的气候节律基本一致。

Liebig T.(1840)提出最小限制因子定律,首先是从"生命决定于数量最少的那种营养元素"的化学角度谈及的。如在低产农田中,缺氮是限制因子,它不但限制了作物生长,同时也限制了其他因子发挥作用,从而影响产量形成;在高产农田中,氮就不是限制因子,而磷或光成为产量形成的限制因子。Taylor(1934)和 Boughcy(1973)等认为,最小因素不仅限于营养元素,而且包括环境因子,并强调作物生育过程中的关键阶段,即作物对某些因子的适应范围的时期是最重要的。

20 世纪初,Hooker 认为,植物的生命现象不只是决定于一个因素,而是决定于综合因素。单一过程,服从于最小因子定律,但总体却服从于综合因素。任何环境因素,不是孤立地对作物起作用,而是与其他因素共同对作物起作用。如果一个地区的土壤中含有丰富的营养物质,但如果没有必需的气候因子,土壤营养也表现不出其有效作用;反之,虽有优越的光、温条件,如果土壤瘠薄,也不能发挥气候的优越性。作物产量与品质的形成是光、温、水、土、气综合作用的结果。因子组合的不同,适合不同的作物,如高温(特定生育时期)、强光、较大日较差的新疆荒漠地区,如果水分供应充足,适于哈密瓜生长;而高温(全生育期)、高湿、强光的华南某些地区,则适于甘蔗生长。棉花在暖温带的黄淮海地区,生长期较长,能耐盐碱,而在生长期较短的辽东半岛海边,或较冷凉的北疆盐渍化土壤上却不能种植,这是因为在盐碱地的前期生长慢,生长期短,霜后花多则产量低。

1.2 环境条件与作物生产

1.2.1 太阳辐射与作物生产

1.2.1.1 辐射、光谱成分与作物生产

太阳辐射是地球上动植物的最初能量来源。到达地面上的太阳辐射有明显的年变化、日变化和随纬度的变化,这种变化主要是由太阳高度角决定的,它强烈地影响着地面上作物的分布与生产,辐射的强弱首先决定了作物或植物的第一性生产力。在一天中,日出、日落时太阳高度最小,直接辐射最弱;中午太阳高度最大,直接辐射最强。

实际到达地面的太阳辐射量还取决于当地的天气状况。光合有效辐射近似等于总辐射的一半。

由于大气对太阳辐射的吸收和散射具有选择性,当太阳辐射穿过地球大气时,随辐射强度减弱,光谱成分也会发生变化。到达地面的太阳辐射随太阳高度角的增大,紫外线和可见光所占的比例增加,红外线所占的比例减小,反之,则长波光的比例增加(表1.1)。红光有利于碳水化合物的积累,而蓝光促进蛋白质与非碳水化合物的积累;紫外线则对植物的形状、颜色与品质的优劣起重要作用。不同光谱成分对作物的影响列于表1.2。

表1.1 不同太阳高度时各辐射光谱段的相对强度(总量为100)

太阳高度/(°)	紫外线(290~300 nm)	可见光(380~760 nm)	红外线(>760 nm)
0.5	0	31.2	68.8
5	0.4	38.6	61.0
10	1.0	41.0	58.0
20	2.0	42.7	55.3
30	2.7	43.7	53.5
50	3.2	43.9	52.9
90	4.7	45.3	50.0

表1.2 不同光谱成分对作物生育和产量的作用

波长/μm	可见颜色	对作物的作用
0.6~0.7	橙黄色	具有最大活性,光合作用主要的能源,促使叶肉质、根茎的形成、开花、光周期过程等以最大速度完成
0.5~0.6	绿色	活性最小,略有造型作用,刺激茎伸长、叶扩展、色素形成等
0.4~0.5	蓝紫色	是正常生长必需的,辐射效率比橙黄光差2倍,叶绿素和叶黄素吸收最强,有造型作用,促进蛋白质合成
0.3~0.4	紫外线	对产量影响不大,但有造型作用,影响植物的化学成分,可提高组织蛋白质及维生素含量,尤其对维生素E有重要作用,提高种子萌芽率,促进种子成熟

(农业气候学,北京农业大学出版社,1987)

作物的生产潜势指作物由于遗传特性所决定的生产能力,即生理潜力或称光温生产力。在一般天气条件下,没有病虫害和无杂草的环境里,水分和养分供应最佳时封垄的绿色作物冠层的生长速率称为作物的潜在生产率和光温生产率。潜在生产率决定于作物的光合途径、温度和辐射状况。

1.2.1.2 日照、光周期与作物生育

日照长度是指每天太阳的可照时数,它在不同纬度和季节有规律地变化着。春分和秋分除两极外全球都是昼夜平分。在北半球,夏半年(春分到秋分)昼长夜短,冬半年则相反。在纬度为零的附近终年昼夜平分,纬度越高,夏半年昼越长、夜越短;冬半年昼越短、夜越长。

在一天之中,白天和黑夜的相对长度,称为光周期(photoperiod)。光照与黑暗的交替及其时间长短,即光周期对作物开花诱导具有显著影响。植物对白天和黑夜相对长度的反应,称为光周期现象(photoperiodism)。按照光照长度与植物开花的关系,可将植物分为以下几种类型(潘瑞炽,2004)。

(1)长日植物。指日照长度必须长于一定时数才能开花的植物。延长光照,则加速开花;缩短光照,则延迟开花或不能开花结实。属于长日的作物有麦类、油菜、甘蓝、洋葱、胡萝卜等。

(2)短日植物。指日照长度短于一定时数才能开花的植物,如适当缩短光照,可提早开花;但延长光照,则延迟开花或不能开花。如大豆、水稻、玉米、高粱、棉花、甘蔗等作物。

(3)日中性植物。是指在任何日照条件下都可以开花的植物,这类植物的开花结实不受光照时间的影响。如番茄、茄子、黄瓜、辣椒及一些水稻和大豆品种。

除了上述3类植物外,还有一些植物的花诱导和花器官形成要求不同日长,是双重日长类型(dual daylength),如长短日植物(long-short-day plant),或短长日植物(short-long-day plant)。对光周期敏感的植物开花需要一定临界日长。临界日长(critical daylength)是指昼夜周期中诱导短日植物开花的必需的最长日照或诱导长日植物开花所必需的最短日照。对长日植物来说,日长大于临界日长,即使是24 h日长都能开花;而对于短日植物来说,日长必须小于临界日长才能开花,然而日长过短也不能开花,可能因光照不足,植物可能成为黄化植物。因此可以说,长日植物是指在日照长度长于临界日长才能正常开花的植物;短日植物是指在日照长度短于临界日长才能正常开花的植物。

在自然条件下,昼夜总是在24 h的周期内交替出现的,因此,和临界日长对应的还有临界暗期(critical dark period)。临界暗期是指在昼夜周期中短日植物能够开花所必需的最短暗期长度,或长日植物能够开花所必需的最长暗期长度。植物开花结实究竟决定于日长或夜长?有报道以短日作物大豆为实验材料,日长为16~4 h,暗期为4~20 h,结果表明,暗期在10 h以下无花芽分化,暗期长于10 h形成花芽,暗期13~14 h花芽最多。又如长日植物天仙子,在12 h日长和12 h暗期环境下不开花,但以6 h日长和6 h暗期处理则开花。由此可见,临界暗期比临界日长对开花更为重要。短日植物实际是长夜植物,长日植物实际是短夜植物。

1.2.2 温度条件与作物生产

作物在生长过程中生理活动和生化反应的顺利进行都需要一定的温度保证。随着温度

的升高,作物的生理生化反应速度加快,生长发育速度也迅速增加。当低于或高于作物所能忍受的温度范围时,生长逐渐减慢、停止,发育受阻,作物开始受害甚至死亡。因此,温度的高低一方面直接决定作物能否生长、分布和形成产量;另一方面通过影响作物的发育速度而影响作物各发育期出现的早晚以及全生育期的长短。作物能生存或生长所要求的温度条件取决于作物的品种、生长时期和其前期所经受的环境条件。

1.2.2.1　三基点温度与作物生产

作物的每个生理过程都有其相应的最适、最低和最高温度(表1.3)。在相应的最适温度下,生命过程进行速率达到最大,处在最低和最高温度时,这种生命过程即趋于停止。作物各过程的最适、最低和最高温度称为三基点温度。对于不同的生命过程,其三基点温度是不相同的。温度升高或降低到某一高温或低温值,植物的所有生命过程就会受害,植物就不能生存,这称为生存的高温界限和低温界限。

表 1.3　主要粮食作物生理活动温度范围　　　　　℃

作物	最低	最适	最高	作物	最低	最适	最高
小麦	0～3	15～20	30～32	水稻	10～12	30～32	40～44
玉米	8～10	25～28	32～35				

作物的三基点温度表现为:第一,最适温度较接近最高温度,而较远离最低温度。第二,最高温度虽不是很高,多在30～50℃,但在作物实际生长中并不常见。第三,在作物生长中,最低温度较最高温度常见,在实际生长环境中由低温造成的危害远比高温危害多。因此,对最低温度的研究要比对最高温度的研究更重要。第四,作物不同生育时期所要求的三基点温度也不相同。总的来说,种子萌发的温度三基点常低于营养器官生长的温度三基点,后者又低于生殖器官发育的温度三基点。作物在开花期对温度最为敏感。而且,植物的三基点温度可能会由于植物气候驯化或锻炼而改变,这种驯化的结果可能会导致其产量和分布的差异。

1.2.2.2　昼夜温度与作物生产

基础代谢和新组织的合成是生长和发育的先决条件,因而也是一个种的竞争能力的决定性因素。在多数广温植物中,枝条生长的最适温度在20～25℃,而且要求昼夜不同温度的交替。作物的光合作用只在白天进行,而呼吸作用则是在昼夜进行。因此,白天温度高、夜晚温度低就会提高作物光合与呼吸的比例,即提高作物干物质积累速率,温度日较差较大能导致作物较高的产量。

通常情况,夜间温度对作物茎秆生长的影响要比白天温度的影响大,夜间温度可配合光周期对发育产生影响。如水稻在昼夜温差大的地区种植,不仅植株健壮,而且籽粒充实,米质也好。温度日较差大也可使糖分等有机物积累加快,植物产品中蛋白质含量也与温度昼夜温差的变幅具有密切的关系,有利于高产、优质,如小麦籽粒蛋白质含量和昼夜温差呈正相关(韩湘玲与曲曼丽,1991)。

1.2.2.3　界限温度与可能生长季

作物可以生长的最低温度,喜凉作物如小麦在0～5℃,喜温作物如玉米、棉花在10℃左右,这种温度指标叫界限温度。温度稳定地大于某一界限温度的持续日期称为某类作物的可能生长季。

大多数粮食作物完成其生育期都必须有足够长的时间,可能生长季的长短对这些作物具有重要意义。在高纬度和高海拔地区,可能生长季是作物生长的限制因子。

由于遗传特性的不同和环境条件的差异,在一年生和两年生作物中,不同的品种具有不同的生活周期。在多年生的作物中,不同的品种其每年的生长期也不相同,一个品种固有的产量潜力与其完成生长所需的天数有关。当作物的生育进程太快,虽然能正常成熟,但其产量潜力常常会降低;同样,当作物的生育进程太慢,生长期被拖得太长,也常常会造成产量潜力的下降。这是因为不可利用部分连续不停地与可利用部分竞争同化物而会影响到产量的形成。因此,对于每种作物,在一定的环境中对应其最高的产量潜力应有一最佳生长期长度,在这一生长期内的不同阶段,有固定的环境因子组合满足作物各生育阶段对环境条件的需要。当环境决定的生长期只能满足一季作物的生长时,就要把作物安排在与其生理要求最相近的时间之内,以提高作物的产量。而当环境决定的生长期可满足一季以上作物生长时,对作物种植的安排,往往不以单一作物的产量最高,而以两季(或三季)作物的全年总产量最高为目标。

1.2.2.4　积温与生长发育

作物的发育速度常常与一定的温度累积密切相关。发育指的是作物生长过程中的质变过程,即作物由种子萌发、出苗到开花结实再形成种子的一系列过程。

积温有两种表示方法,一种为有效积温,计算公式为:

$$D = \sum_{i=1}^{n}(T_i - T_0) \quad T_i \geqslant T_0$$

另一种为活动积温,计算公式为:

$$D = \sum_{i=1}^{n} T_i \quad T_i \geqslant T_0$$

式中,T_i为日平均温度(℃);T_0为作物发育的下限温度(℃)。

由于不同作物以及不同作物的不同生育阶段对温度的要求不同(表1.4),则不同作物完成其生长期所要求的积温也不同(表1.5)。对于喜凉作物(如小麦、黑麦等),温度在0℃以上就有可能生长。所以,常用大于0℃的积温来描述这类作物生育进程及其生育期的热量指标。而对于像玉米等喜温作物,温度在10℃以上才能有效生长,因而常用大于10℃积温的热量指标。也就是说对应不同种类作物,描述其生育进程的积温的下限温度应是不相同的,如要描述小麦的发育速度,用大于10℃的积温就显得不合适,这是因为有可能小麦完成一发育过程后,日平均温度还在10℃以下;用大于0℃的积温去描述玉米的生育进程也同样是不合适的,因为日平均温度低于0℃时的积温对于玉米是没有用的。

表 1.4　主要农作物不同生育期对温度的要求（韩湘玲与曲曼丽,1991）　　　　　　℃

生育期		喜温作物				喜凉作物	
		玉米	水稻	棉花	大豆	冬小麦	油菜
播种期	最低温度	7～8	10～12	10	6	10～20	12～14
	适宜温度	春 10～12 夏 20～25	早 12～15 晚 20～25	12～14	春 10～12 夏 25～30	冬 15～18 春 14～16	16～18
	最高温度	30～32	30～32	—	33	18～20	20～22
营养生长	最低温度	10	18～20	15	10	0～3	3～5
	适宜温度	25～28	25～30	25～30	25～28	5～20	5～20
	最高温度	30～32	32～35	32～35	30～32	25	25
开花期	最低温度	20～22	20～22	20～22	18～22	10～12	8～10
	适宜温度	24～26	25～28	25～28	25～28	15～18	15～18
	最高温度	28～30	30～32	30～32	30～32	25～28	25～28
结实期	最低温度	15～16	10～12	10～12	15	12～15	10～12
	适宜温度	20～25	20～25	20～25	20～30	20～22	15～20
	最高温度	30	30～32	—	32	25～26	25～26

表 1.5　不同类型作物对≥10℃、≥0℃积温的要求（韩湘玲与曲曼丽,1991）　　　　　℃

作物类型	早熟种	中熟种	晚熟种
*冬小麦	1 700～2 000	2 000～2 200	2 200～2 400
*春小麦	1 700～2 100	2 100～2 300	—
玉米	2 000～2 200	2 500～2 800	＞3 000
高粱	2 100～2 400	2 500～2 800	＞3 000
大豆	2 100～2 200	2 200～2 500	2 500～2 800
棉花	＜4 000	4 000～4 500	＞4 500
花生	2 200～2 400	3 200～3 400	2 400～2 600
*油菜	2 000～2 200	2 200～2 400	2 400～2 600
早稻	2 300～2 400	2 400～2 600	2 600～2 800
中稻	—	2 800～3 300	
晚稻	2 700～3 100	3 100～3 300	3 300～3 600

＊喜凉作物（小麦、油菜等）系指≥0℃积温。

　　一般来说,某种作物完成其生长期到成熟所要求的积累数值基本上是稳定的。这就是说,如果作物生长各阶段环境温度都适宜,达到这一稳定积温值所需的时间就是作物达到其产量潜势的生长期长度。如果生长期内温度偏高或偏低,实际的生长期长度就会短于或长于这种最佳生长期长度,作物的产量就可能会降低。因此,我们可以这样来描述温度对作物的作用:基本温度表明了作物能否存在和生长或作物的某一生命过程能否进行,大于一定界限温度的日期描述了相应种类作物的可能生长季的长短,可能生长季内温度的高低,则决定了作物的生育速度的快慢。发育速度可用温度的累积来定量。

地球上的气温的变化可分为时间上的变化和空间上的变化两种。温度在时间上的变化能决定作物在一年中不同季节能否生存或能否生长、发育以及生育速度和产量形成;而在空间上的不同就像辐射的分布一样,会导致不同地域内作物种类及其生产能力的差异。

空气温度在时间上的变化与辐射量的时间变化相对应,但是,温度的最高、最低值较辐射的最高、最低值有滞后。在一天中,温度最低值出现在日出前,最高值出现在午后13:00～14:00 时。在一年中,温度最低值了出现在 1 月,最高值出现在 7 月。这种对辐射的滞后是由于大气的加热和冷却过程落后于辐射的增减过程所致。温度高低的年内分布决定了作物生长季的年内分布。另外,云量会影响到达地面的辐射量,因此,云量的变化必然会引起温度的变化。

温度对作物生产的影响是多方面的,而且温度的高低又在很大程度上决定于辐射的强弱。因此,温度与辐射对作物生产的影响似乎是不可分离的。

1.2.3 水分条件与作物生产

就众多的环境因子来说,水分则是地球表面最普遍和最重要的物质之一,它对生命的存在起着决定性的作用。地表植物或一个地区作物的数量与种类,首先决定于水分的多少。水分的多少决定了植物的类型和分布,自然在很大程度上就决定了作物的分布以及作物的类型和种植类型。

从生理上讲,水分则几乎影响到植物(作物)的每个生理生化过程,水分在生态学的作用是水分对植物生理上作用的结果。任何环境因子影响植物的生长都是通过影响植物的生理条件和过程来实现的,如温度对植物的影响也常常依赖于水分,因为温度的升高即伴随着陆地水分蒸发和植物蒸腾的增强,结果冷气候条件下能支持森林的雨量仅能支持暖气候条件下的草原。

1.2.3.1 作物与水分的关系

作物的生长发育受控于其遗传特性和影响其生理过程和调节的环境因子,特别是水分因子和水分环境,作物的每个生理过程都直接或间接受水分供应状况的影响。对作物来说,光合作用和蒸腾作用可以称其为生产力形成的两大最基本的过程。光合作用和蒸腾作用同时进行(除 CAM 作物外),光合作用决定作物的干物质积累,而蒸腾作用保证作物水分和养分的吸收,调节作物的能量状况。因此,要保证一定的光合速率、光合叶面积和生长季的形成,就必须有一定水分来维持作物的蒸腾。

作物根系从土壤吸收的水分,通过茎秆输送到叶片,再通过叶片上的气孔扩散到大气层,最后参与大气湍流交换,形成土壤—作物—大气连续系统(soil-plant-atmosphere continuum,SPAC)(图 1.2)。水分在该系统中的各种流动过程是相互联系、相互依赖的一系列过程,如根系吸收水分的速率依赖于水分散失和土壤中水分流向根表面的速率,蒸腾速率不仅

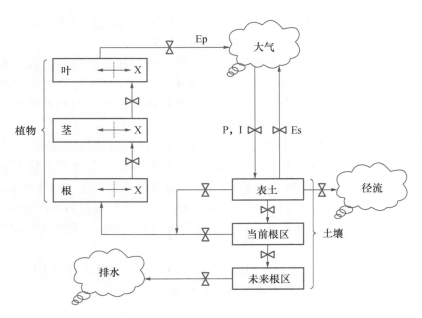

图 1.2 大田作物水分关系和水分平衡示意图(在作物中,叶、茎和根的组织与木质部(X)呈液压联系,通过这种联系水从土壤流向大气)

(Lommis 和 Conner 等,作物生态学,李雁鸣等译,2002)

决定于气孔的开张和大气因子,还决定于作物的吸水速率。水分在作物体中的运动,即作物根系与土壤及作物冠层茎叶与大气间的水分流动过程,是 SPAC 系统内研究的核心内容,并可以用统一的能量指标"水势"(ψ)来定量表达系统中各个环境能量水平上的变化,并计算出整个系统的水流通量。水分在 SPAC 系统中流动是由其在系统中的能态高低决定的,而自然界中能量是自发地从能量高的状态向能量低的状态运动或转化。为了维持水分由土壤进入植物体,再流向外界大气,必须满足下列条件:

$$\psi_{土壤} > \psi_{根} > \psi_{茎} > \psi_{叶} > \psi_{空气}$$

式中,$\psi_{土壤}$、$\psi_{根}$、$\psi_{茎}$、$\psi_{叶}$、$\psi_{空气}$ 分别代表土壤、根、茎、叶和空气的水势。

流动的速率可以表现为:

$$T = \frac{\psi_2 - \psi_1}{R}$$

式中,ψ_2 和 ψ_1 分别为两点的水势,R 为第二点和第一点之间对水流的阻抗。

在一定水势梯度下,水分的流动受到一系列阻力的影响。水分由根毛沿阻抗最小的路径通过根的细胞壁和细胞之间到达根的内皮层。在这里,水分和水溶物质将被趋动通过细胞膜。通过内皮层时,水分的运转受到明显变大的阻力影响,但当水分(或水溶矿物质)进入根的维管束或木质部以后,水流的阻力变得相当小。维管束群分解成非常细的小管片组织进入叶片,分布在叶肉细胞之上。从维管组织,水分仍以液态的形式传输,通过叶肉细胞壁或叶肉细胞之间达到叶片气孔下腔,在这里水分汽化为液态,再由气孔进入大气。这最终的气孔水分散失就是植物的蒸腾。植物蒸腾是此系统中水分运动的最主要的力量,这是因为在气孔处水势的梯度最大。土壤—植物—大气系统的水势大致是:土壤为－0.1 MPa,植物茎为－1 MPa,植物叶为－1.5 MPa,大气为－100 MPa。作物水分状况的最有效地调节即通过植物气孔,由于气孔具有开关的特性,它是水分由作物体进入大气的主要控制因子。

作物的生长虽受到许多环境因子的影响,包括不适宜的温度、不合适的土壤理化条件和各种病虫害等,但长期来说,水分亏缺导致的作物生长和产量降低较其他条件引起的影响要较为显著。水分亏缺指的是能使作物水分或膨压降低到影响其正常生理功能的水分条件或环境。这种现象发生的精确的细胞水势值决定于作物的种类、生育时期及所考虑的植物代谢或生理过程。如当水势为－0.2～－0.4 MPa 时,作物细胞的膨压即受到影响,而某些作物的气孔在水势降低到－0.8～－1.0 MPa 时才会关闭。随着作物体水势的下降,水分亏缺的强度即增加,从暂时的午间萎蔫到永久萎蔫及最后的失水死亡,这表现为水分含量、膨压和总植物水势的下降,导致萎蔫以及植物气孔的部分或完全关闭,细胞膨大或作物生长速度降低;进一步水分亏缺将会造成作物生长停止、光合降低或停止,打乱作物的许多代谢过程,最终导致作物死亡(韩湘玲与曲曼丽,1991)。图 1.3 所示为作物不同生育过程对水分亏缺的反应。

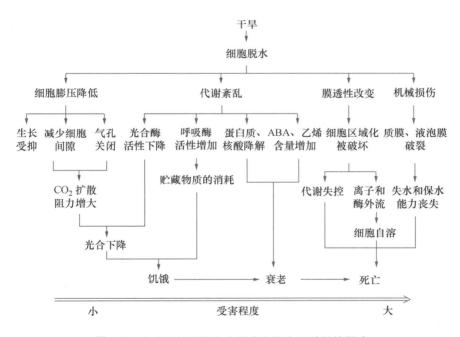

图 1.3　水分亏缺对作物生长发育及生理过程的影响

1.2.3.2　作物需水量与水分的消耗

作物的需水量可以定义为是在当地气候背景下,在最适宜的水分供应条件下,旺盛生长的某一作物田的蒸散量,又称农田作物的最大蒸散量(ET_m),可表示为日需水量(mm/d)、阶段需水量(mm/时期)或全生育期需水量(mm/全生育期)(表 1.6 和表 1.7)。

表 1.6　冬小麦不同生育期阶段耗水量及耗水模系数(程维新与胡朝炳等,1994)

生育期	天数/d	耗水量/mm	耗水模系数/%	日平均耗水量/mm
播种-出苗	5	6.3	1.35	1.26
出苗-分蘖	20	37.4	7.96	1.87
分蘖-越冬	31	43.9	9.35	1.42
越冬-返青	89	54.2	11.54	0.61
返青-拔节	29	37.9	8.07	1.31
拔节-孕穗	28	53.6	11.42	1.92
孕穗-抽穗	10	30.2	6.42	3.02
抽穗-开花	9	42.4	9.04	4.71
开花-灌浆	11	63.0	13.42	5.73
灌浆-乳熟	13	70.5	15.02	5.42
乳熟-完熟	7	30.1	6.41	4.30
全生育期	252	469.5	100.00	1.86

表 1.7　夏玉米各生育期耗水量

生育期	天数/d	耗水量/mm	占总耗水量/%	日平均耗水量/mm
播种-出苗	6	21.9	6.12	3.56
出苗-拔节	15	55.7	15.56	3.71
拔节-抽雄	16	83.7	23.41	5.23
抽雄-灌浆	20	99.5	27.81	4.98
灌浆-蜡熟	22	68.6	19.17	3.12
蜡熟-收获	12	28.4	7.93	2.37
全生育期	91	357.8	100	3.98

作物需水量不同于潜在蒸散量,它不仅决定于当地的气候背景(空气的蒸散需求),还决定于作物本身(作物覆盖地面的程度)。当供水量完全满足作物需要时,可以利用作物系数(K_c)把大气潜在蒸散量(PET)和作物最大蒸散量(ET_m)联系起来。

对于一定的气候条件和作物,作物某一发育阶段的日需水量(mm/d)可以表示为:

$$ET_m = K_c \times PET$$

ET_m 是在大田里以最佳农业技术和灌溉管理条件下作物的最大蒸散量。K_c 因作物及其生长阶段而异,在某种程度上也因风速和湿度而变化。对于大部分作物而言,K_c 值在出苗时较低,发育盛期达到最大值,然后随着作物的成熟又逐渐下降。大部分作物在整个生育期间的 K_c 值为 0.85~0.9。

作物全生育期的总需水量(CWD)为:

$$CWD = \int ET_m(t)\mathrm{d}t = \int PET(t) \times K_c(t)\mathrm{d}t$$

可见作物的总需水量决定于大气的蒸散量（PET）和作物系数（K_c）。

1.2.3.3 作物产量与水的关系

当供水量不能满足作物对水的需求时，实际蒸散量（ET_a）就低于最大蒸散量，即 $ET_a < ET_m$。在这种情况下，植物内发生缺水，影响作物的生长，最终影响到作物产量形成。缺水对作物生长和产量的影响，一方面与作物的种类和品种有关，另一方面与缺水的程度和缺水发生的时间也有关。不同作物其生长和产量对缺水的反应不同。当作物的需水量通过有效供水得到完全满足时，$ET_a = ET_m$，单位水量生产的总干物质量（kg/m²）称为用水效率，它因作物而异，可以表示为：

$$EM = \frac{总干物质产量}{总用水量} \quad 或 \quad EY = \frac{经济产量}{总用水量}$$

当 $ET_a = ET_m$ 时，作物生长和产量的差别表现为 EM 和 EY 的差别。

当供水量不能满足作物需要，即 $ET_a < ET_m$ 时，作物对缺水的反应各不相同。当缺水加大时，某些作物的用水效率（EY）增加，而另一些作物会减小。例如，在相同的气候条件下，当缺水平均分布在全生长期时，玉米的 EY 下降，而高粱的 EY 却略有增加。当供水量受到限制时，两种作物的单位面积产量都将很低，而玉米的产量下降更大。同一作物不同产量水平，表现出不同的耗水量和水分利用效率，总体上产量水平高耗水量也大（图1.4）。

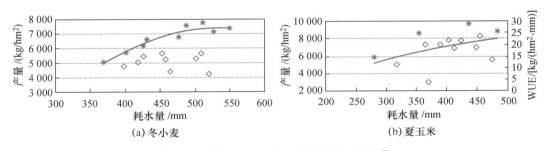

(a) 冬小麦　　　　　　　　　　　(b) 夏玉米

图 1.4　禹城小麦、玉米不同产量水平耗水量

当缺水发生在某种作物全生长期的某一特定时期时，产量对缺水的反应随作物敏感程度而呈现极大的差异。一般来说，作物在苗期、开花和产量形成期比在生长初期和生长末期（成熟）对缺水更加敏感，主要作物对缺水敏感的生长期列于表1.8。缺水对作物产量的影响大小随作物种类及其生长期而有所不同。

表 1.8　主要作物对缺水敏感的生长期（李雁鸣与梁卫理等，2002）

作物	缺水敏感生长期
小麦	开花期>产量形成期>营养生长期
玉米	开花期>籽粒充实期，如开花以前不缺水，则开花时对缺水特别敏感
水稻	抽穗与开花期>营养生长期与成熟期
棉花	开花和棉蕾形成期
大豆	产品形成和开花期，尤其在豆荚形成期
花生	开花和产品形成期，尤其在荚果形成期

土壤水分严重亏缺影响作物产量与品质形成,其影响的程度取决于土壤水分胁迫的程度与持续时间和长短。水分胁迫严重,持续时间长,对作物造成的伤害大,产量降低严重;反之,对产量影响就轻。作物不同生长阶段水分胁迫对产量构成要素影响不同,以禾谷类作物为例,前期水分胁迫通过影响分蘖和成穗进而影响穗数,中期水分胁迫通过影响穗分化过程影响粒数,后期水分胁迫通过影响籽粒建成与充实影响粒重,而灌水对产量的影响主要表现在穗数上(表1.9)。而且,水分不足同时也会影响到作物产品的品质(曹卫星,2006)。

表1.9　不同时期灌水对小麦产量及其构成因素的影响(刘丽平与欧阳竹等,2011)

灌水时期与次数	穗数($\times 10^4$/hm²)	穗粒数/粒	千粒重/g	产量/(kg/hm²)
W0	538.1 bC	38.1 aA	43.4 aA	6 611.5 cB
W1j	638.9 aAB	37.1 aA	39.8 aA	7 334.3 bA
W1b	582.5 bBC	36.6 aA	43.5 aA	7 443.4 bA
W2	654.4 aA	38.1 aA	42.1 aA	7 997.1 aA
W3	660.8 aA	37.4 aA	42.3 aA	7 536 abA

注:W0为全生育期不灌水,W1j为只有拔节期1次灌水,W1b为只有孕穗期1次灌水,W2为在拔节期和孕穗期共2次灌水,W3为在拔节期、孕穗期和灌浆期共3次灌水。

1.2.4　大气成分与作物生产

大气成分非常复杂,在标准状态下(0℃,101.325 kPa,干燥),按体积比计算,氮约占78%,氧约占21%,氩、氦、氖、氢、氙、氪、氨、甲烷、臭氧和氧化氮等占0.94%,二氧化碳约占0.032%。在这些气体中,以CO_2与作物的关系最为密切,它是作物光合作用的主要原料。另外,厂矿中排放出的大量有毒物质,如SO_2、HF等在有些地区对作物的危害也越来越严重。

1.2.4.1　二氧化碳对作物的影响

在高产作物中,生物产量的90%~95%是来自于空气中的CO_2,只有5%~10%是来自于土壤矿物质。据分析,在植物干重中,碳占总干重的45%,氧占42%,氢占6.5%,氮占12.5%,其他成分占5%,其中碳和氧都来自于CO_2。因此,CO_2对作物的生长发育有极其重要的意义。

大气中CO_2的浓度平均为320 mg/kg,但是,这个浓度并不是固定不变的,在时间上它有日变化和年变化周期。在作物覆盖的地面上,在日出前,CO_2浓度可超过400 mg/kg;当太阳升起时,作物光合作用开始,空气中的CO_2浓度迅速降低;中午前后,在冠层顶层,CO_2浓度达到最低,比日平均值低10~15 mg/kg;之后,随着温度上升,空气湿度下降,光合作用逐渐减弱,呼吸作用相应加强,对CO_2消耗减少,累积量相应增加;至日落时,光合作用停止而呼吸作用仍继续进行,使地面层CO_2浓度逐步积累。CO_2浓度的年变化表现为:春天来临,植物对CO_2的消耗量大大超过土壤中释放出来的CO_2量,致使大气中CO_2含量减少3%,大约相当于40亿t的净碳。

在作物田中,CO_2 是以湍流扩散的形式输送的。在作物冠层中,湍流扩散效率很低,作物冠层内的扩散系数值一般在 $1\sim100\ cm^2/s$,但至少要达到 $1\,000\ cm^2/s$ 才能满足需要。因此,在强光下,作物生长旺盛时期,CO_2 不足将限制作物光合速率的提高,使作物达到光饱和点。增加 CO_2 浓度,就会使作物的光饱和点提高,光合速率增加,干物质生产量增加,从而增加经济产量。图 1.5 为不同土壤水分条件下,大气 CO_2 浓度倍增时春小麦、春玉米和棉花光合速率的变化,其中 P_1 与 P_2 分别是 $350\ \mu L/L$ 和 $700\ \mu L/L$ 时的叶片光合速率。图中结果表明:大气 CO_2 浓度倍增对不同土壤水分条件下的作物叶片的光合速率均有不同程度增大的效应,而且 CO_2 浓度倍增对 C_3 作物春小麦和棉花叶片光合速率的影响要较 C_4 作物春玉米的显著。大气 CO_2 浓度倍增时,春小麦生育前期在高、中、低 3 种水分条件下叶片光合速率分别增加 21.9%、43.5% 和 37.1%,玉米在高、中 2 种水分条件下叶片光合速率平均增加 4.2%,而在低水分条件下叶片光合速率平均增加 39.6%。因此,从作物全生育期来看,CO_2 浓度倍增对 C_3 作物光合速率增加的幅度要比 C_4 作物的大,而且在低水分条件下的作用高于高水分条件,可见 CO_2 浓度倍增对光合速率的这种正效应可削弱干旱对光合速率产生的影响,对干旱引起的水分胁迫具有缓解作用(康绍忠与张富仓等,1999)。

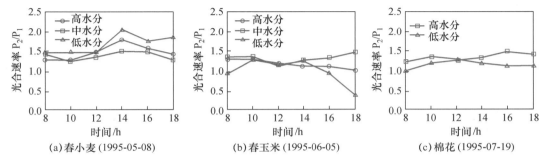

(a) 春小麦 (1995-05-08)   (b) 春玉米 (1995-06-05)   (c) 棉花 (1995-07-19)

图 1.5 不同土壤水分条件下大气 CO_2 倍增时作物叶片光合速率 P_2/P_1 的日变化

(康绍忠与张富仓等,1999)

1.2.4.2 大气污染物对作物的影响

大气污染物分气体和颗粒两大类:呈气体状态的有二氧化硫、氟化物、氟氯化物、臭氧、碳氢化合物等;颗粒状的污染物是悬浮于空气中的气溶胶如光化学烟雾、硫酸雾、硝酸雾及重金属氧化物和飘尘。其中对作物伤害较大且又常见的是二氧化硫、氟化物、氯气和光化学烟雾。

大气污染物主要以气体及气溶胶状态与作物发生联系。气体以及一般小于 $1\ \mu m$ 左右的物质,能直接通过植物叶片气孔进入植物体内。气孔的孔径一般为 $1\ \mu m$ 左右,植物叶片吸收二氧化碳进行光合作用,释放氧气和蒸腾水分。气孔开张时,小于 $1\ \mu m$ 大气污染物就能通过气孔进入叶片,扩散到叶肉组织,然后通过筛管运输到植物体的其他部位。而大于 $1\ \mu m$ 的大气污染物质,一般不能通过气孔进入,通常是只能吸附在植物器官表面,在具备一定条件如水分溶解渗透时,也可能涌入植物组织内。因此,植物气孔是污染物进入作物组织的主要途径。气孔开闭状况,对作物受害程度具有重要影响。大气污染物进入作物组织细胞后,通过改变细胞汁液 pH、增加细胞膜的透性或直接造成细胞坏死而带来危害。

大气硫氧化物有 SO_2、SO_3 和硫酸烟雾等,以 SO_2 为主。SO_2 是目前各种大气污染物中排放量最大、污染范围最广的一种污染物,主要来源于人类活动排放的含硫燃料的燃烧过程,以及硫化物矿石的焙烧、冶炼过程。据研究 SO_2 进入叶片后,能使细胞汁液 pH 发生改变,使叶绿素失去镁而抑制光合作用的进行,同时,SO_2 进入叶肉细胞后,与植物同化作用过程中有机酸分解所产生的 α-醛结合形成羟基磺酸,破坏细胞功能,抑制植物整个代谢活动,使叶片失绿,严重地影响作物生长发育,使作物产量下降、质量变劣;严重时细胞发生质壁分离,叶片逐渐枯焦,慢慢死亡。SO_2 对水稻作物的危害症状比较明显,如浓度较高时,则表现为急性危害,叶片淡绿或灰绿色,萎蔫有白色点状斑块,严重时叶尖枯焦卷曲。若水稻在抽穗扬花期受到 SO_2 危害,谷粒变小,秕谷增多,谷壳色泽变淡。如果 SO_2 浓度较低,接触时间长,则表现慢性危害,表现为叶片褐色条斑,呈擦伤状,叶尖部位呈褐色,但不卷曲,谷粒失去固有的金黄色而略呈褐色。SO_2 对水稻的危害,在幼穗形成期至开花期最为敏感,所以在此期间要特别注意控制 SO_2 污染。麦类作物受 SO_2 的危害情况与水稻基本相似,种间的抗性差异表现在小麦抗性大于裸大麦。此外,麦芒可作为作物生物报警材料,用以监测大气 SO_2 的污染,在大气 SO_2 尚不足造成小麦叶片危害时,麦芒前半部即已失绿干枯。

氟化物对作物的杀伤力更强。HF 通过气孔进入叶片,并很快溶解在叶肉组织的溶液内,通过一系列反应转化成有机氟的化合物。HF 和有机氟化物都能阻碍顺乌头酸酶的合成。如果空气中 HF 浓度大于 $3~\mu g/kg$,叶肉组织将发生酸性伤害,细胞内含物穿过受害细胞进入细胞间隙,叶脉间组织首先发生水渍斑,以后逐渐干枯变为棕色或淡黄棕色,在健康组织与坏死组织之间有一条明显的过渡带。植物体内的氟化物容易随蒸腾流转移到叶尖和叶缘。因此,作物慢性氟中毒的症状,首先在叶尖和叶缘出现,以后才向内发展。在我国,农业生产中造成危害较大的大气氟化物污染源主要有:砖瓦厂、磷酸厂、铝厂及氟化工厂等(曹卫星,2006)。

臭氧是光化学烟雾的主体。光化学烟雾是指汽车、工厂等污染源排放的氮氧化物和碳氢化合物等一次污染物为起源物质,进入大气后,在阳光的作用下,发生光化学反应所形成的烟雾污物现象。光化学烟雾具有很强的氧化能力,对人体、植物都有较强的毒害性。臭氧在与细胞膜接触后,能将质膜上的氨基酸、蛋白质(胱氨酸、蛋氯酸、色氨酸、赖氨酸)的活性基因团和不饱和脂肪酸的双键氧化,而增加细胞膜的透性。如柠檬叶暴露在臭氧中,几天后细胞膜透性可提高 $2\sim6$ 倍。由于细胞膜透性增加,大大提高了植物的呼吸速率,使细胞内含物外渗,从而造成严重的伤害。

实际上,大气中的污染物通常并不是单独存在的,而作物通常是受到不同浓度和组成的复合污染物的影响。由于大气中各种污染物的浓度组成、存在时间等千变万化,所在,作物所遭受的影响也是相当复杂的。如 O_3 和 SO_2 复合影响时,植物主要呈现出 O_3 的伤害症状,但有时呈现出与 SO_2 相似的伤害症状;SO_2 和 NO_2 复合存在时,会严重地抑制许多植物生长。目前关于复合污染物对植物的影响方面的研究,还只是一些很初步的了解。

大气污染物对作物的危害,在作物生长发育的不同阶段差别很大。如小麦和水稻均在抽穗扬花期受害最重,拔节期和灌浆期次之,分蘖期受害较轻且容易恢复,黄熟期抗性最强,对产量影响不大(图 1.6)。

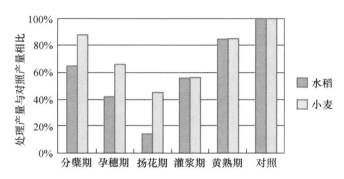

图 1.6 相同浓度 SO_2 在不同生育阶段对小麦和水稻产量的影响

(韩湘玲与曲曼丽,1991)

1.2.5 土壤地势及地形条件与作物生产

土壤是陆生作物生存的基质,它提供作物生长发育所必要的矿质元素和水分。作物通过根系与土壤之间进行着频繁的物质交换。地势与地形的不同,会影响环境因子的再分配,从而影响作物生产。

1.2.5.1 土壤条件与作物生产

土壤是由固体(无机体和有机体)、液体(土壤水分)和气体(土壤空气)所组成,每个组成成分有它自己的理化性质,相互间处于相对稳定的状态。之外,每种土壤还有其特定的土壤生物,影响土壤中有机物质的分解和转化,并能改变土壤的物理结构和化学性质。土壤的各种组成成分以及它们之间的相互关系共同影响着土壤的性质和肥力,从而影响着作物的生长。

土壤的物理性质指土壤质地、结构、土层厚度和孔隙度以及土壤水分和温度状况,土壤物理性质不同,能对作物根系的生长和作物的营养状况产生明显的影响。

土壤质地是土壤物理性质的一个十分重要的特性,是指土壤中各种粒径土粒的相对比例,它影响到土壤水分和空气的保持和有效性、根系的发育状况、土壤的透水率和耕性等,以及土壤的保肥能力。大体上,质地从粗到细保水、保肥能力增加而透水率减少。土质太细,细土粒比重增加,小孔隙增加,大孔隙减少,根毛生长受阻,禾本科作物根毛在土粒直径0.02 mm以下即不能生长。土质太粗,土粒太大则保水、保肥能力差,作物产量低而不稳。不同作物对土质有不同要求。

土壤结构是指土壤固相颗粒的排列形式、孔隙度以及团聚体的大小、多少及其稳定度。这些都能影响到土壤中的固、液、气三相的比例,从而影响土壤的供应水分和养分的能力、通气和热量状况以及根系在土壤的穿透情况。土壤中水、肥、气、热的协调主要决定于土壤结构。土壤结构通常分为微团粒结构、团粒结构、块状结构、核状结构、核状结构和片状结构等。团粒结构是土壤中的腐殖质把矿质土粒互相黏结成直径0.25~10.0 mm的小团粒,具有水稳性特点,常称为水稳性团粒。由于团粒内部的毛细管孔隙可保持水分,团粒之间的非毛细管孔隙则充满空气,在下雨或灌溉时,水分沿着大孔隙迅速下渗,水分流过后,大孔隙中仍然充满着空气,所以,大孔隙即能排水又能通气,有利于根系伸长和呼吸;而流入团粒内部的水分则被土粒和小孔隙所保持,有利于水分和养分的保持,供应作物所需水分与养分。此外,由于团粒结构的土壤其水分状况较稳定,水的比热大,土温也就相对稳定。因此,具有团粒结构的土壤是结构良好的土壤,其水、肥、气、热的状况是处于最好的相互协调状态,为作物的生长发育提供了良好的生活条件,有利于根系的活动及吸取水分和养分。无结构或结构不良的土壤,土体坚实、通气透水性能差、土壤中微生物的活动受到抑制,土壤肥力极差,不利于作物根系伸扎和生长。由于不同作物的扎根深度不同,所要求的土层厚度也不相同。据 FAO 的标准,对于多数作物来说,最佳土壤深度是 150 cm 以上,临界值为 75～150 cm。

土壤酸度是土壤很多化学性质、特别是盐基状况的综合反映,它对土壤的一系列肥力性质有深刻的影响。土壤中的微生物活动,有机质分解与合成,氮、磷等元素的转化与释放,微量元素的有效性,土壤保持养分的能力等都与土壤酸度有关。土壤酸度包括酸性强度和数量两个方面,或称为活性酸度和潜在酸度。土壤酸度与作物营养有密切关系。首先,土壤酸度通过影响矿质盐分的溶解度而影响养分的有效性。如 N、P、K、S、Ca、Mg、Fe、B、Mn、Cu、Zn 等大量元素和微量元素的有效性,均随土壤溶液酸碱性的不同而异。土壤在 pH 6～7 的微酸性条件下,养分的有效性最高,对作物生长最适宜。在强碱性土壤中易发生 Fe、B、Mn、Cu、Zn 的缺乏,在酸性土壤中则容易引起 P、K、Ca、Mg 的缺乏,多雨地区还会缺少 B、Zn、Mo 等微量元素。在 pH＜4.5 的强酸性土壤中活性 Fe、Al 过多,而 Ca^{2+}、Mg^{2+}、K^+、MoO^{2-} 和 PO_3^{3-} 则极为缺乏,对作物生长不利。其次,土壤酸度还通过影响微生物的活动而影响养分的有效性和作物的生长。大多数维管束作物生活的土壤 pH 值范围在 3.5～8.5,但最适宜生长的 pH 值则远较这些范围窄。在最适宜的 pH 值范围内,作物生长最好,这个 pH 范围可称为生理最适范围,当 pH 值走出最适范围后,随着 pH 值的增大或减小,作物生长受阻,发育迟滞,但尚能适应和生存。因此,可以把 pH 3.5～8.5 作为作物对土壤 pH 值的生态适应范围。pH 值低于 3 或高于 9 时,大多数维管束作物将不能存活。不同作物在与土壤酸度相关的生态特性中,表现出特有的适应范围和要求。根据作物对土壤酸度的反应和要求不同,可以把作物分为酸性土作物(pH＜6.5)、中性土作物(pH 6.5～7.5)和碱性土作物(pH＞7.5)。大多数作物适宜在中性土壤中生长,称为中性土作物。

盐土和碱土以及各种盐化、碱化土统称盐碱土,碱化程度用盐碱度表示。盐碱土所含的盐类,通常最多的是 $NaCl$、Na_2SO_4、Na_2CO_3 及可溶性的钙盐和镁盐,其中盐土所含的盐类最主要的是 $NaCl$ 和 Na_2SO_4。这两种盐类都是中性盐。所以,一般盐土的 pH 是中性的,土壤结构尚未被破坏。土壤的碱化过程是土壤胶体中吸附着相当数量的交换性钠,一般以交换性钠占交换性阳离子总量的 20% 以上为碱土,碱土的 pH 在 8.5 以上,呈强碱性,碱土上层的结构被破坏,下层常为坚实的柱状结构,通透性和耕性极差。盐分种类不同,对作物的危害程度也不同,大体为:$MgCl＞Na_2CO_3＞NaHCO_3＞NaCl＞CaCl_2＞MgSO_4＞Na_2SO_4$。当土壤表层含盐量超过 0.6% 时,对一般农作物的生长开始有害,大多数植物已不能在其生长了,只有一些耐盐性强的植物尚可生长。当土壤中可溶性盐含量达到 1.0% 以上时,则只有一些特殊适应于盐土的植物才能生长。盐土可引起植物生理干旱,伤害植物组织,引起植物代谢紊乱,影响植物正常营养,还会使植物气孔保卫细胞内的淀粉形成过程受到妨碍,气孔不能关闭,即使在干旱时也是如此,因此,植物容易干旱枯萎。

土壤有机质是以各种形态和状态存在于土壤中的各种含碳有机化合物。它包括土壤中的动物、植物及微生物残体的不同分解、合成阶段的各种产物,包括土壤中的天然有机质(natural organic matter,NOM)和非天然有机质(non-NOM)两大类。土壤有机质含量是土壤肥力的一个重要指标,但一般土壤表层的有机质含量只有 $30\sim50$ g/kg,森林土壤和草原土壤有机质含量比较高,但这类土壤一经开耕,并连续耕作后,有机质含量就逐渐被分解消耗,致使有机质含量迅速降低。我国耕地耕层有机质含量一般在 50 g/kg 以下,东北地区大多为 $20\sim30$ g/kg,华北、西北地区大部分低于 10 g/kg,华中、华南一带的水田耕层有机质含量为 $15\sim35$ g/kg。土壤有机质对土壤肥力起着多方面的作物,主要包括:①提供作物养分的作用。土壤有机质含有作物生长所需要的各种营养成分,随着有机物的矿质化,不断地释放出各种微生物,同时释放出微生物生命活动所必需的能量。在有机质分解和转化过程中,还可产生各种低分子有机酸和腐殖酸,对土壤矿物质部分都有一定的溶解作用,促进风化,有利于养分的有效化;此外,土壤有机质还和一些多价金属离子络合形成络合物进入到土壤溶液中,增加了养分的有效性。②保水、保肥和缓冲作用。土壤有机质疏松多孔,又是亲水胶体,能吸持大量水分。据研究资料,腐殖物质的吸水率为 5 000 g/kg,而黏粒的吸水率只有 $500\sim600$ g/kg,一般土壤有机质含量高,土壤含水量也高。有机胶体具有巨大的表面能,并带有正、负电荷,并以带负电荷为主,所以,它吸附的主要是阳离子,其中作为养分的阳离子主要有 K^+、NH_4^+、Ca^{2+}、Mg^{2+} 等,这些离子一旦被吸附后,就可避免随水流失,起到保肥作用,而且随时能被作物根系附近的 H^+ 或其他阳离子交换出来供作物吸收,仍不失其有效性。腐殖质保存阳离子养料的能力要比矿物质胶体大几十倍,因此,保肥力很弱的砂土施有机肥料后,不仅增加了土壤中的养分含量,改善了土壤的物理性质,还可提高其保肥能力。③促进团粒结构的形成,改善土壤物理性质。有机质在土壤中主要是以胶膜的形式包被在矿物质土粒表面上,腐殖物质的胶体黏结力比沙粒强,因此,有机肥料施入沙土后可增加沙土的黏性,有利于团粒结构的形成;另外,由于有机质松软、絮状多孔,而黏结力又不像黏土那么强,因此黏粒被它包被后,就变得松软,易使石块散碎成团粒。由此说明,有机质能使砂土变紧,使黏土变松,改善了土壤的通气性、透水性和保水性。

作物在生长发育过程中,需要不断地从土壤中吸取大量的无机元素,作物需要的无机元素很多,如 C、H、O、N、P、K、S、Mg、Ca、Fe、Cl、Mn、Zn、B、Mo 等,都是作物生命活动和正常生长发育所必需的,其中除主要来自于大气中的 CO_2 和 O_2 外,其他元素都来自于土壤。所以,土壤养分状况与根系营养的关系十分密切。

1.2.5.2　地势和地形与作物生产

地势一般指海拔高度。随着海拔高度的升高,气候会发生明显变化,植被的组成以及相应作物的生长习性也会发生很大的变化。生长在高海拔地区的作物常常表现出一些特有的形态与生理上的特点,如植物矮小,叶小、窄且多绒毛。随着海拔的升高,气压、气温的降低和风速的增加,可能是影响作物生长的最重要因子,其他因子的影响也因此而变化。由于气压随海拔高度降低,空气中各分子项(O_2、CO_2、N_2、H_2O 等)的分压强也会相应的降低。在通常状况下,由于气温的降低会使空气中的水分凝结,水气压将随高度降低更快,这将会影响水汽向作物的扩散和作物的扩散失水。一般情况,虽然气压和温度的降低对扩散系数起相反作用,但气压的影响占主要地位,因此,扩散系数将随高度的升高而增大。植物叶片的气孔扩散传导率也因此而改变,进一步影响到作物的蒸腾作用,但由于物理环境变化的复杂性和作物生物学对这些变化反应的复杂性,蒸腾作用的变化比较复杂。地势对作物光合作用的影响和对蒸腾作用的影响一样复杂,因为在一给定的地区,CO_2分压高度稳定减小会倾向于降低光合作用,但是温度和辐射对光合作用的影响更为重要,所以,光合作用的变化还取决于实际情况。

地形指地球陆地表面的形状特征。小于 1 m 起伏的为小地形,1～10 m 起伏的为中地形,而大于 10 m 起伏的为大地形。地形(包括坡度、坡向等)影响了光、热、水、气及土壤的再分配,从而影响到作物的生产和分布。

参考文献

[1] 曹卫星. 作物生态学. 北京:中国农业出版社,2006.

[2] 程维新,胡朝炳,等. 农田蒸发与作物耗水量研究. 北京:气象出版社,1994.

[3] 韩湘玲,曲曼丽. 作物生态学. 北京:气象出版社,1991.

[4] 康绍忠,张富仓,等. 土壤水分和 CO_2 浓度增加对小麦、玉米、棉花蒸散、光合及生长的影响. 作物学报,1999,25(1):55-63.

[5] 李雁鸣,梁卫理,等. 作物生态学——农业系统的生产力及管理. 北京:中国农业出版社,2002.

[6] 刘丽平,欧阳竹,等. 灌溉模式对不同密度小麦群体质量和产量的影响. 麦类作物学报,2011,31(6):1116-1122.

[7] 潘瑞炽. 植物生理学. 北京:高等教育出版社,2004.

[8] 于振文,等. 作物栽培学各论. 北京:中国农业出版社,2003.

第2章

作物生长发育

2.1 作物生长发育基本概念

2.1.1 生长和发育

2.1.1.1 生长

生长是指作物个体、器官、组织和细胞在体积、重量和数量上的增加,是一种量的变化,它是通过细胞的分裂和伸长来完成的。作物生长既包括营养体的生长,也包括生殖体的生长。作物生长通常可以用器官或植株的重量(鲜重和干重)、长度、高度、面积、体积等来衡量。

2.1.1.2 发育

发育是作物一生中,其组织和器官的结构、机能的质变过程,它是建立在细胞的分化基础上的,表现为新的细胞、组织和器官的分化和衍生,最终导致植株根、茎、叶、花、果实和种子的形成。作物的发育一般依据其形态和功能的演变来综合判断,通常以某些特定器官的发生和生长作为重要标志。

2.1.1.3 生长和发育的关系

生长和发育二者间存在着既矛盾又统一的关系。

首先,生长和发育是统一的:①生长是发育的基础。停止生长的细胞不能完成分化和发育,没有足够大营养体的作物不能正常繁殖后代。②发育又促进新器官的生长。作物经过内部质变后形成具备不同生理特性的新器官,继而促进了进一步的生长。

其次,生长和发育又是一对矛盾,在生产实践上经常出现两种情况:①生长过快抑制发育。

即作物因为营养生长过旺而影响发育,推迟开花结实,形成"贪青晚熟"。②生长受到抑制时,发育却加速进行。例如在营养条件不良条件下,作物提早开花结实,发生"早熟"和"早衰"。

因此,要实现农作物产品的高产、优质,必须根据生产的需求,调节控制作物的生长发育过程和强度。

2.1.2 生育期

2.1.2.1 作物生育期的定义

作物生育期的具体定义因作物的不同而不同,一般可以分为以下两大类:

(1)一般以种子或果实为播种材料和收获对象的作物,其生育期是指种子出苗到新的种子成熟所持续的总天数。其生物学的生命周期和栽培学的生产周期是相一致的。

(2)以营养器官为播种材料或收获对象的作物(如甘薯、马铃薯、甘蔗),生育期是指播种材料出苗到主产品收获适期的总天数。部分作物如麻类、薯类、甘蔗、绿肥等系指播种到主产品收获所经历的时间。

2.1.2.2 作物生育期的影响因素

作物生育期的长短,主要是由作物的遗传特性和所处的环境条件决定的。具体来讲,影响生育期长短的因素有:

(1)品种。同一作物的生育期长短因品种而异,有早、中、晚熟之分。另外,品种特性还影响作物对温度、光照、水分等环境因子的反应,进而影响生育期。例如,光敏性强的作物会因为光照的变化而出现生育期长短的明显变化,而光敏性弱的品种在同样的光照变化条件下其生育期的变化则一般不明显。

(2)温度。作物要完成正常的生长和发育都需要以一定的热量积累为基础。因此,一般而言,温度升高会加速生育过程,缩短生育期。另外,有些作物在特定阶段还要求特定的温度条件才能完成正常的发育过程,例如冬性小麦在春化阶段必须要求一定的低温条件才能进行后期的抽穗和开花。

(3)光照。随作物对光周期的反应不同而异。对于长日照作物,光照时间长,生育期缩短;光照时间短,生育期延长。对于短日照作物(水稻),光照长,生育期延长;光照短,生育期缩短。

(4)栽培措施。栽培措施对生育期也有很大的影响。水、肥条件好,茎叶常常生长过旺,造成"贪青晚熟",生育期延长;在干旱和氮素缺乏等条件下,作物一般"早熟"、"早衰",生育期缩短。

2.1.3 生育时期

作物生长发育过程中,根据器官形成、植株形态和发育特性的不同,可以划分为多个生育时期。在国际上,目前较为公认的对禾谷类作物生育时期的划分标准是 Feekes 标准

(Feekes scale)和 Zadoks 标准(Zadoks scale)。

2.1.3.1　禾谷类作物生育时期的 Feekes 标准

Feekes 标准将禾谷类作物易于识别的主要形态学特征,按其个体发育的顺序,从出苗到籽粒成熟划分为 1～11 阶段,再分出一些重要生长期,并附加 1 个或 2 个数字表示。表 2.1 显示的是小麦生育时期的 Feekes 划分标准。

表 2.1　禾谷类作物生育时期的 Feekes 标准(以小麦为例)

编码	描述
	分蘖(tillering)
1	第一片叶伸出芽鞘(出苗)
2	主茎开始分蘖(分蘖)
3	第一分蘖形成,其他分蘖发生,小麦呈匍匐状(分蘖-越冬)
4	胚芽鞘开始挺立,叶片颜色变深并快速伸长(返青)
5	植株由匍匐变挺立(起身)
	拔节(stem extension)
6	第一节间可见
8	第二节间形成,新叶可见
9	旗叶可见
10	旗叶完成,穗部膨胀但不可见
	抽穗(heading)
10.1	第一小穗可见
10.2	1/4 穗可见(抽穗初期)
10.3	1/2 穗可见(抽穗中期)
10.4	3/4 穗可见(抽穗后期)
10.5	穗完全可见
	开花(flowering)
10.51	穗中部开始开花
10.52	开花至穗顶部
10.53	开花至穗基部
10.54	穗完全开花,籽粒内满水
	成熟(ripening)
11.1	籽粒柔软,内容物乳状(乳熟)
11.2	籽粒开始变硬,内容物固态柔软(蜡熟)
11.3	籽粒完熟(指甲不易分开)
11.4	适宜收割

2.1.3.2　禾谷类作物生育时期的 Zadoks 标准

Zadoks 标准将禾谷类作物的生育期划分为 10 个大的生育时期,如表 2.2 所示。在这 10 个大的生育时期内还划分 10 个小的阶段,具体编码为 00 到 99,第一位数字表示大的生育时期,第二位数字表示小的生育阶段。在此我们在表 2.2 中只列出 10 个大的生育时期及其起止的小的生育阶段。需要说明的是该划分标准会出现 2 个或 3 个生育阶段交叉的现象,比如幼苗生长阶段出现第 3 叶(13 阶段)之后第 1 分蘖(21)也开始出现,这时记为"13,21"。

图 2.1 为小麦的生长发育进程。

表 2.2　禾谷类作物生育时期的 Zadoks 标准

编码	生育时期	起始	终止
0	萌发(germination)	种子吸水	叶露出芽鞘尖
1	幼苗生长(seedling growth)	第 1 叶伸出芽鞘	第 9 及以后叶展开
2	分蘖(tillering)	第 1 分蘖出现	第 9 及以上分蘖
3	拔节(stem elongation)	基部茎节出现	最顶部叶片完全形成
4	孕穗(booting)	穗开始膨大	穗完全形成
5	花序发育(inflorescence)	第 1 小穗出现	花序分化完成
6	开花(anthesis)	第 1 朵花开	全部花开
7	灌浆(milking)	胚乳水满	乳熟末期
8	蜡熟(dough development)	面团早期	硬面团期
9	完熟(ripening)	籽粒坚硬指甲不易分开	

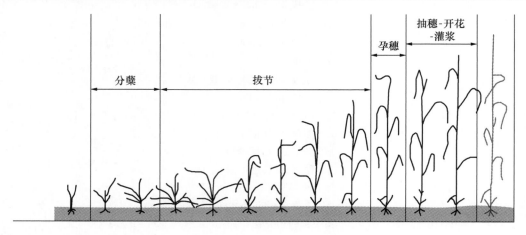

Feekes 标准	1	2	3	4	5	6	7	8	9	10	10.1	10.5	11
Zadoks 标准	10	21	26	30	30	31	32	37	39	45	50	60	90
生育时期	出苗	三叶	分蘖	起身	拔节	拔节	拔节	拔节	拔节	孕穗	抽穗	开花	成熟

图 2.1　小麦的生长发育进程

(开花-成熟是灌浆期;冬小麦起身前有越冬期和返青期;

图片引自:http://bulletin.ipm.illinois.edu/article.php? id＝42)

2.2　小麦的生长发育进程

2.2.1　小麦生长发育进程

小麦一生中,根据器官形成的顺序和明显的外部特征,可以分为若干生育时期。图 2.1

显示了小麦各生育时期的植株形态及其对应的 Feekes 和 Zadoks 发育时期编码。在生产上,通常将小麦的生育时期划分为出苗、三叶、分蘖、起身(生物学拔节)、拔节(农艺拔节)、挑旗(孕穗)、抽穗、开花、灌浆、成熟 11 个生育时期,冬小麦在分蘖期和起身之前还有经历越冬期(冬前分蘖结束,生长停滞)和返青期(春季分蘖开始)。

小麦根据品种性状和播期分为春小麦和冬小麦。春小麦一般在春季日均气温回暖达到 2~4℃后播种,播种后 15~25 d 出苗;出苗后 10~15 d 进入分蘖期;分蘖到拔节 15~25 d;拔节到抽穗 15~25 d;抽穗后 2~4 d 开花;开花到完全成熟 30~38 d;整个生育期历时 110~130 d。表 2.3 是我国北方春麦区的一般生育进程。

表 2.3　北方春麦区春小麦生育进程

生育时期	播种	出苗	分蘖	拔节	抽穗	开花-灌浆	成熟/完熟
距前天数	—	15~25	10~15	15~25	15~25	2~4	30~38
日期(月/旬)	3/上中	4/上中	4/中下	5/上中	6/上中	6/中下	7/中下

冬小麦一般在 10 月上中旬日均气温降至 16~18℃时播种,播种后 7~12 d 出苗。出苗后 12~15 d 达到三叶,18~22 d 开始分蘖。为保证形成壮苗,一般要求越冬前积温 500~600℃,形成 2~3 个分蘖,一般需要经历 26~32 d。在日均气温低于 3℃后分蘖和生长基本停止,0℃后冬小麦生长停滞进入越冬期;翌年春季,一般在 2 月下旬或 3 月上旬日均气温回升到 3℃,小麦返青,春季分蘖开始。一般在 3 月中下旬日均温稳定升至 10℃以上后,小麦生长迅速,小麦进入起身-拔节期,此后,小麦完成孕穗,大致在 4 月下旬开始抽穗,在 5 月初开花。开花后进入灌浆期。在 5 月下旬,籽粒开始进入成熟阶段(乳熟),一般在 6 月上旬进行收获。整个生育期历时 230~240 d。表 2.4 是黄淮冬麦区冬小麦的一般生育进程。

表 2.4　黄淮冬麦区冬小麦生育进程

生育时期	播种	出苗	分蘖	越冬	返青	拔节	孕穗	抽穗	开花-灌浆	成熟/乳熟	收获
距前时间/d	—	7~12	18~22	26~32	78~84	26~30	9~14	7~9	5~8	18~22	5~8
日期(月/旬)	10/上	10/中	11/上	12/上	2/下	3/下	4/中	4/下	5/上	5/下	6/上

2.2.2　小麦的 3 个生长阶段

根据各阶段形成器官的类型和生育特点的不同,可以将小麦一生划分为 3 个大的生长阶段:①营养生长阶段,从萌发到幼穗开始分化(分蘖期),生育特点是生根、长叶和分蘖,表现为单纯的营养器官生长,是决定单位面积穗数的主要时期;②营养生长和生殖生长并进阶段,从分蘖末期到抽穗期,是根、茎、叶继续生长和结实器官分化形成并进期,是决定穗粒数的主要时期;③生殖生长阶段,从抽穗到籽粒灌浆成熟,是决定粒重的时期。

2.2.3　小麦的春化过程

小麦从种子萌发到成熟的生活周期内,必须经过几个顺序渐进的质变阶段,才能由营养生长转向生殖生长,完成生活周期。这种阶段性质变发育过程称为小麦的阶段发育。每个发育阶段需要一定的综合的外界条件,如水分、温度、光照、养分等,而其中有一两个因素起主导作用。在小麦一生中,已经研究得比较清楚的有春化阶段和光照阶段。

萌动种子的胚的生长点或绿色幼苗的生长点,只要有适宜的综合外界条件,就能开始并通过春化阶段发育。在春化阶段所需要的综合外界条件中起主导作用的是适宜的温度条件。根据不同品种通过春化阶段对温度要求的高低和时间的长短,可将小麦划分为以下几种类型:

(1)春性品种。北方春播品种在5~20℃,秋播地区品种在0~12℃的条件下,经过5~15 d可完成春化阶段的发育。未经春化处理的种子在春天播种能正常抽穗结实。

(2)半冬性品种。在0~7℃条件下,经过15~35 d即可通过春化阶段。未经春化处理的种子春播不能抽穗或延迟抽穗,且抽穗极不整齐。

(3)冬性品种。对温度要求极为敏感,在0~3℃条件下,经过30 d以上才能完成春化阶段,未经春化处理的种子春播不能抽穗结实。

2.2.4　小麦的感光过程

小麦在完成春化阶段后,在适宜条件下就进入光照阶段。这一阶段对光照时间反应特别敏感。小麦是长日照作物,一些小麦品种如果每日只给8 h的光照,则不能抽穗结实;给以连续光照,抽穗期则大为加速。根据小麦对光照长短的反应,可分为3种类型:

(1)反应迟钝型。在每日8~12 h的光照条件下,经16 d以上就能顺利通过光照阶段而抽穗,不因日照长短而有明显差异。

(2)反应中等型。在每日8 h的光照条件下不能通过光照阶段,但在12 h的光照条件下,经24 d以上可以通过光照阶段。一般半冬性类型的小麦品种属于此类。

(3)反应敏感型。在每日8~12 h的光照条件下不能通过光照阶段,每日光照12 h以上,经过30~40 d才能通过光照阶段正常抽穗。冬性品种和高纬度地区春性品种多属此类。温度对光照阶段的进行也有较大影响。据研究,4℃以下时光照阶段不能进行;20℃左右为最适温度;高于25℃或低于10℃,光照阶段发育速度减慢。

2.3　玉米的生长发育进程

2.3.1　玉米生长发育进程

玉米生育期长短跨度较大,根据联合国粮农组织(FAO)的标准,玉米的生育期可以划分为 7 种类型,各个生育期类型对应的叶片数目也不同,生育期越长的类型叶片数目也越多(表 2.5)。我国春玉米栽培一般采用晚熟品种,而夏玉米一般采用中早熟或中熟品种。

表 2.5 玉米生育期类型

品种类型	叶片数目	生育期时间/d	品种类型	叶片数目	生育期时间/d
超早熟	8~11	70~80	中晚熟	19~20	111~120
早熟	12~14	81~90	晚熟	21~22	121~130
中早熟	15~16	91~100	超晚熟	>22	>130
中熟	17~18	101~110			

在我国一般将玉米的生育时期划分为出苗、三叶期、拔节期、小喇叭口期、大喇叭口期、抽雄期、吐丝期、灌浆期(籽粒形成期)、乳熟期、蜡熟期和完熟期,其中播种至拔节称为苗期阶段,拔节至吐丝称为穗期阶段,吐丝至成熟阶段称为花粒期阶段。玉米在从出苗到抽雄阶段以营养生长为主,此期间的各个生育期属于营养生长生育时期(vegetative stages)。国际上一般将出苗(emergence)标记为 VE,抽雄(tasseling)标记为 VT,期间依据叶片形成(叶耳出现)的数目 n,标记为 Vn。玉米在吐丝到完熟期间以生殖生长为主,期间的各个生育期属于生殖生长生育时期(reproductive stages),国际上一般将该阶段的各个生育时期标记为 R1~R6(图 2.2)。国际学术通用标准和我国栽培学常用标准具有对应关系如表 2.6所示。

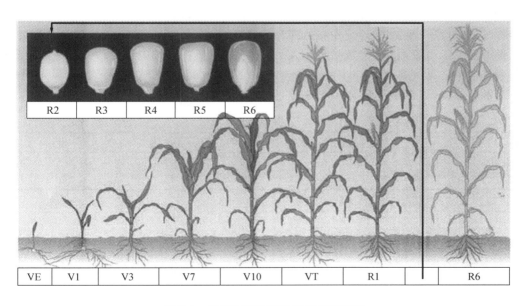

图 2.2 玉米主要生育时期的形态特征

(图片引自:http://weedsoft.unl.edu/documents/GrowthStagesModule/Corn/Corn.htm)

表 2.6　玉米生育时期的国际通用编码和我国常用名称

	编码	生育时期	特征描述
苗期	VE	出苗	幼苗出土高约 2 cm
	V1	三叶期	植株第三片叶露出叶心 2～3 cm,最基部叶片叶耳出现
	V3	拔节期	基部茎节总长度达 2～3 cm,叶龄指数* 30 左右
穗期	V7	小喇叭口期	雌穗进入伸长期,雄穗进入小花分化期,叶龄 45 左右
	V10	大喇叭口期	雄穗穗主轴中、上部小穗长度达 0.8 cm,棒三叶甩开呈喇叭口状,叶龄指数 60 左右
	VT	抽雄期	雄穗尖端露出顶叶 3～5 cm
花粒期	R1	吐丝期	雌穗的花丝从苞叶中伸出 2 cm 左右
	R2	灌浆期	果穗中部籽粒体积基本建成,胚乳呈清浆状,也称籽粒形成期
	R3～R4	乳熟期	果穗中部籽粒干重迅速增加并基本建成,胚乳呈乳状后至糊状
	R5	蜡熟期	果穗中部籽粒干重接近最大值,胚乳呈蜡状,用指甲可以划破
	R6	完熟期	籽粒干硬,籽粒基部出现黑色层,乳线消失,并呈现出品种固有的颜色和光泽

* 叶龄指数,是指主茎已展开叶片数除以一生总叶片数的百分数。

我国春玉米的播种期和收获期地域间相差很大。一般由南向北,从 2 月中旬开始至 5 月上旬均有播种春玉米的地区,一般以 10 cm 土层温度稳定在 10℃ 以上时播种为宜。收获期亦由南向北,从 7 月下旬到 9 月中旬,先后相差达 50 多天。春玉米播种后一般 6～10 d 出苗,出苗后 30 d 左右开始拔节,拔节后 30 d 左右抽雄吐丝,此后进入以籽粒灌浆为主的花粒期阶段,该阶段一般持续 50 d 左右达到籽粒成熟。

我国夏玉米一般是继冬小麦收获后复种,播种期一般在 6 月中旬,播种 4～7 d 出苗;一般在 7 月中旬进入拔节期,在 8 月中旬抽雄吐丝;8 月中旬至 9 月中旬是玉米的灌浆期;9 月下旬玉米开始成熟,在 9 月末或 10 月初收获(表 2.7)。

表 2.7　夏玉米生育进程

生育时期	播种	出苗	拔节	抽雄-吐丝	灌浆-乳熟	收获
距前天数/d	—	4～7	25～30	30～32	30～35	5～8
日期(月/旬)	6/中	6/中下	7/中	8/中	9/下	10/上

2.3.2　玉米的 3 个生长阶段

在玉米一生中,按形态特征、生育特点和生理特性,通常又可分为 3 个不同的生育阶段,每个阶段又包括不同的生育时期。

2.3.2.1　苗期阶段

此阶段是从苗期到拔节期,其生育天数变化较大,主要决定于品种和播期(温度),一般夏玉米早、中、晚熟品种约 20、25、30 d,套种约 35 d,春播 40 d 左右。在该阶段中玉米主要处于长根、长叶和茎分化的营养生长阶段,是决定叶片数、节数的时期,整株玉米的生长中心是根系,到拔节期基本完成了主根系的生长。地上部叶片生长是生长中心。

2.3.2.2 穗期阶段

该阶段是从拔节期到抽穗期,生育天数品种间差异不大,夏直播、早中熟品种 27 d,晚熟品种 30 d,是相对稳定的时期。穗期是玉米一生中的关键时期,根据雌、雄穗分化特点又划分为拔节、小喇叭口、大喇叭口、孕穗、抽雄等几个生育时期,在拔节期穗分化雄穗处在伸长期,叶龄指数 30;小喇叭口期雄穗处在小花分化期,雌穗处在伸长期,叶龄指数 46;大喇叭口期雄穗处在四分体期,雌穗处在小花分化期,叶龄指数 60;孕穗期雄穗处在花粉充实期,雌穗处在花丝伸长期,叶龄指数 77;抽雄期雄穗处在抽穗期,雌穗处在果穗增长期,叶龄指数 88。

该阶段中大喇叭口期是玉米一生的最关键时期,是决定穗数和花数的时期,是决定粒数的第一个时期,因此在栽培上该期是肥水要求最为敏感的时期。玉米生长到该期的生长特征是:心叶丛生,上平中空,状如喇叭;棒 3 叶开始甩出而未展开;最上部展开叶与未展开叶之间叶鞘部位能摸出软而有弹性的雄穗;雄穗主轴中上部小穗长度达 0.8 cm(最大可达 1～1.2 cm)。

在穗期阶段玉米生长发育有 2 个转折点:一是拔节期的以根为生长中心转入以茎叶为生长中心,由单纯的营养生长转向营养生长和生殖生长并进的时期;二是由茎叶生长为中心转入雌、雄穗分化为中心,养分运输由茎叶为主转入雌、雄穗分化为主。该阶段主要生育特点是茎节间迅速伸长、叶片增大,根系继续扩展,干物质积累增加,雌、雄穗分化形成。

2.3.2.3 粒期阶段

是指玉米抽雄到完熟这个阶段。生育天数因品种不同而有差异,一般早、中、晚熟品种约 30、40、50 d。该阶段主要经历抽雄、开花、灌浆、乳熟、蜡熟和完熟几个生育时期。主要生育特点是营养生长停止增长,而进入以生殖生长为中心的时期,是决定粒数和粒重的时期。在该阶段中抽雄到灌浆期是以开花受精为中心,主要决定粒数,有时会延续到乳熟期,是决定粒数的第二时期;灌浆到完熟期是以籽粒形成为中心,是决定粒重的关键时期。

2.4 作物生长发育过程中的基本数量特征

2.4.1 茎秆的生长与植株高度变化规律

禾本科作物的生长和茎秆高度的增加一般遵循"慢-快-慢"的规律。在苗期生长较为缓慢,进入拔节期后快速生长,在开花期营养生长基本结束,植株体形态基本建成,植株高度不再增加。图2.3显示了冬小麦和夏玉米复种方式下,冬小麦和夏玉米株高的变化特征。夏玉米在播种30 d左右进入拔节期株高快速增高,在抽雄后株高达到最大,此后株高不再变化。株高的增长速率呈现"慢-快-慢"的规律,苗期较慢,拔节后迅速变快,在抽雄期增长速率最大,抽雄后迅速降低,不再变化(图2.3a)。冬小麦在春季返青后其株高变化规律与夏玉米相似,两者不同之处在于冬小麦在越冬期株高没有变化,并且在冬前的出苗-越冬期间有一个小的由快变慢直至停滞的阶段(图2.3b)。

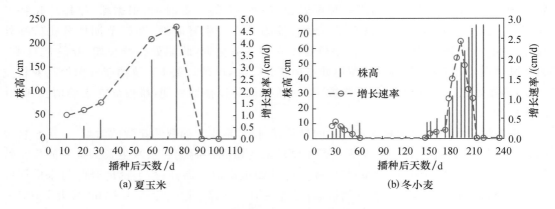

(a) 夏玉米　　　　　　　　　　(b) 冬小麦

图2.3　冬小麦和夏玉米生育期内株高的变化

2.4.2　叶片生长与叶面积变化规律

禾本科作物叶片数目与茎节具有对应关系,叶片的发生也和茎节的伸出具有对应关系。小麦一生中由主茎长出的叶片总数既受品种遗传特性的影响,又受温、光等环境条件的制约,因此,可把主茎叶片数分为遗传决定的基本叶数和环境影响的可变叶数两部分,不同生态型品种主茎叶片数有较大不同。按出生时间,主茎叶片可分为冬前叶组和春生叶组。按着生位置主茎叶片分为近根叶组(着生在分蘖节上,数目受播期等因素影响较大,功能主要是拔节前供应根、分蘖、中下部叶生长及穗的早期发育)和茎生叶组(着生在伸长节上,叶片为4～6片,多为5片,主要供给茎和穗部生长所需养分;其中,旗叶和倒二叶是籽粒灌浆的重要物质来源)。按其光合产物对各器官的贡献可分为蘖叶组(在冬小麦中为冬前叶)、穗叶组(中部叶组)和粒叶组(上部叶组)。我国北方冬小麦冬前出叶数为6～7片,春生叶数较稳定,一般为6片。冬前叶面积指数(LAI)可达1.0～1.3;越冬后主茎绿叶数减少为2～3片,LAI为0.6～0.8;返青后,春生叶片开始生长,LAI增大,拔节开始后,春生叶片迅速生长,冬前叶片开始衰老;一般在孕穗-挑旗期LAI达到最大值6.0左右,单茎绿叶数达到6～7;此后,下部叶片开始衰老,LAI减小;开花-灌浆后,下部叶片迅速衰老,在灌浆中期,只有上部2～3片叶片维持绿色,LAI迅速减小(图2.4a)。

对玉米而言,一般根据叶片着生的位置、形态特征、生长速度、功能期长短和光合产物的主要流向,将玉米叶片划分为4组:①根叶组,是第一叶到叶序数30%的叶,着生在植株的根基部,在出苗到拔节期出生。该组叶片光滑无茸毛,叶片小、生长速度慢,功能期较短,光合生产的营养物质主要供给根部生长。②茎叶组,是下部的茎生叶,指叶序数30%～60%的叶片,拔节到大喇叭口期出生,着生在明显伸长的下部茎节上。该组叶片有茸毛,在生长速度、叶面积、功能期均随叶序的提高有明显的增加。其合成的营养物质主要供给茎和雄穗生长发育。③穗叶组,中部茎生叶,是指叶序数 60%～80%的叶片,着生在茎秆中部伸长节间的茎节上(也就是雌穗上下的茎节上),大喇叭口到孕雄期出生。穗叶组的叶片叶面有茸毛,生长速度最快、叶面积最大、功能期最长,是雌穗生长所需养分的主要供给者。④粒叶组,上部茎生叶,为叶序数 80%～100%的叶片,着生在上部伸长节间的茎节上,孕穗到开花期出生。粒叶组的叶片表面也有茸毛,生长速度、叶面积和功能期均逐渐有所降低,其合成的有机物质主要供给籽粒。玉米生长发育过程中,叶片数量的变化是衡量其生育进程的重要标志,在生产和科研上经常使用叶龄指数来作为衡量生育进程的指标。图 2.4b 显示了夏玉米生育期内绿叶数和 LAI 的变化情况。

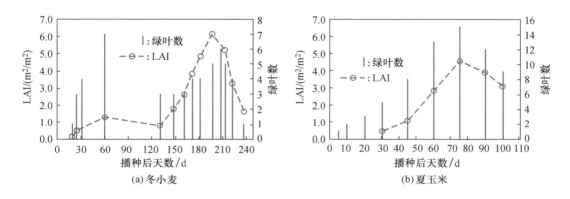

图 2.4　冬小麦和夏玉米生育期内主茎绿叶数和绿叶面积指数的变化

2.4.3　根系生物量与时空动态

禾本科作物根系量一般随土层的加深而呈指数型减少;另外根系量会随着生育时期的推进而增加,即使在地上植株形态已经完全建成的生殖生长阶段,根系一般也会继续增长。从图 2.5 可以看出小麦(冬小麦)根系生长的时间分布规律是:随着生育期的推移,根系逐渐下扎,根长和根量不断增加。冬前以表层根增长为主,增长速度由上到下依次递减。越冬期间,虽然地上部生长停止,但地下部根系的生长并未停止,且根系向深层下扎。返青以后,小麦根系生长迅速加快,尤其以拔节至抽穗生长最快。抽穗以后根系生长逐渐减慢并达到最大。根系生长的空间分布规律是随着生育期的推移,根系逐渐下扎,每层土壤中的根系绝对数量都逐渐增加,以 70 cm 土层的根系增长较多,抽穗后表层根系生长基本停止。20～80 cm 土层根系仍有较大增长。但是根系相对数量(上层根系数量/总根系数)则随着生育期的推移有逐渐下降的趋势,而下层根系则有逐渐增加的趋势。80%集中在 0～50 cm 土层,100 cm 以下约为 5%。玉米根系在土壤中分布广泛,常远远大于地上部分,即根系的深度大于植株的高度,而广度大于植株冠幅的扩展范围,其分布范围与环境条件有着密切的关系。一般 0～20 cm 土层中的玉米根量约占总根量的 60%,0～30 cm 约占 80%,0～50 cm 约占90%。其入土深度可达 2 m 以上,一般 1 m 左右,分布范围最大直径可达 2 m 以上,一般 1 m

左右,但是玉米根系的主根群多集中在植株周围15~20 cm的范围内。

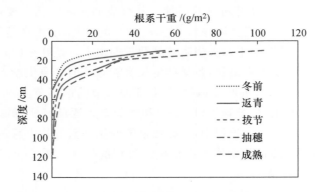

图2.5 不同生育时期冬小麦根系在不同土层深度的分布

2.4.4 生物量和生长速率

作物生长过程是干物质量积累的过程,禾本科作物在生长过程中遵循"慢-快-慢"的规律,其干物质累积速率一般呈"S"形。图2.6显示的是夏玉米单株地上累积干物质量在生育期内的变化特征。

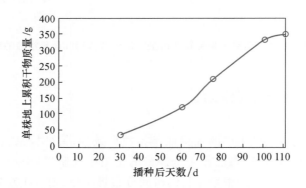

图2.6 夏玉米单株地上累积干物质量在生育期内的变化

2.4.5 小麦的分蘖规律

小麦的分蘖是着生在分蘖节上的地下分枝。分蘖节是由主茎或分蘖埋藏在地面以下的密集的节、节间、叶原始体、分蘖腋芽及生长点形成的膨大的节群。分蘖节在土壤中的深度,受品种、播深、地温等因素的影响。春性品种在浅播、较高地温等条件下分蘖节较浅,反之则较深。分蘖节的适宜深度为2~3 cm。小麦的分蘖节有以下功能:第一,产生分蘖并形成分蘖穗,构成产量的一部分。因此可以调节群体,补充穗数亏缺。第二,产生近根叶及次生根群。第三,冬前积累糖分,保护幼苗安全越冬。第四,分蘖节内复杂的输导组织,成为联系根系与地上各蘖位,进行水分和营养运输的枢纽。

　　分蘖的发生是在分蘖节上由下而上,由内向外进行的,具有层次性、顺序性。各级分蘖出生的时间,与主茎或其低一级分蘖的叶片出生有一定对应关系,称为"同伸关系"。分蘖出生顺序及与其"母茎"的同伸关系见图2.7。由主茎叶腋中出生的分蘖叫一级分蘖,用罗马字母Ⅰ、Ⅱ…表示。其中从胚芽鞘叶腋长出的分蘖叫胚芽鞘蘖,用 C 表示。由一级分蘖叶腋中出生的分蘖叫二级分蘖,用一个罗马字母和一个阿拉伯数字(其中从分蘖鞘节出生的用 p)表示,如 C_p、C_1、$Ⅰ_p$、$Ⅰ_1$、$Ⅱ_p$、$Ⅱ_2$…。由二级分蘖叶腋中出生的分蘖叫三级分蘖,表示为 $Ⅰ_{p-1}$、$Ⅱ_{2-p}$…。当主茎出现第 3 叶(用 3/0 表示,0 代表主茎)时,由胚芽鞘叶腋中伸出胚芽鞘分蘖(C)。当主茎出现第 4 叶(4/0)时,主茎第 1 叶的叶鞘中伸出第一分蘖(Ⅰ)。以后主茎每增加 1 片叶,主茎上即自Ⅰ蘖以上增加 1 个分蘖。在主茎出生第 6 叶时,Ⅰ蘖已达 3 个叶龄(3/Ⅰ),即与主茎出生 C 蘖时的叶龄相同,其分蘖鞘中也同时出生 1 个二级分蘖 $Ⅰ_p$;以后主茎每增一叶,各个一级分蘖上也同时由下向上顺序出生一个二级分蘖。二级分蘖(及三级以上分蘖)出生与其所出生的母茎叶龄的关系,也是 $n-3$ 的关系(表2.8)。水、肥等条件不良时,同伸关系破坏,有的分蘖不出生,造成"缺位"现象。一般来说,C 经常缺位;播种过深时,其他低位蘖也常缺位;分蘖后期,同伸关系不再明显。

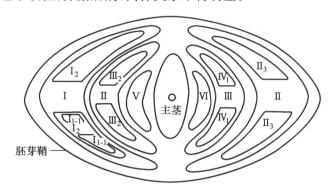

图 2.7　小麦分蘖节横切面示意图

(于振文等,1995)

表 2.8　小麦主茎叶片与分蘖的同伸关系

主茎叶片数	3/0	4/0	5/0	6/0	7/0
已伸出的分蘖(不包括C)	0	0	0,Ⅰ	0,Ⅰ,Ⅱ	0,Ⅰ,Ⅱ,Ⅲ,$Ⅰ_P$
同伸分蘖		Ⅰ	Ⅱ	Ⅲ,$Ⅰ_P$	Ⅳ,$Ⅱ_P$,$Ⅰ_1$
单株分蘖	1	2	3	5	8

　　北方冬麦区适期播种条件下,出苗后 15～20 d 开始分蘖,以后随着主茎叶片数的增加,分蘖不断增加,形成冬前分蘖高峰。入冬,气温降至 0℃以下后停止分蘖。越冬期间遇严寒或土壤水分不足,会造成死蘖。返青后,随气温回升至 0℃以上,继续发生分蘖。当气温回升至 10℃以上时,新蘖大量发生,在起身-拔节期间达到春季分蘖高峰期。冬前和春季两个高峰的大小,以及冬前蘖和春生蘖的比例,与播种期有关——早播冬前蘖多,晚播春生蘖多。无论冬、春小麦,通常在主茎拔节前,全田总茎数(包括主茎和分蘖)达最大值,此后,由于小

麦植株代谢中心的转移和蘗位的差别,分蘗开始两极分化。主茎和低位大分蘗迅速成为有效蘗,高位小蘗生长减慢乃至死亡。无效分蘗消亡顺序与发生顺序相反,即"自上而下,由外向内"。分蘗衰亡表现出"迟到早退"的特点,即晚出现的分蘗先衰亡。拔节至孕穗期是无效分蘗集中衰亡时期。

2.4.6 玉米器官同伸关系

作物器官间的同伸关系是指在同一时间内某些器官间有对应的生长和伸长的关系,同时生长(或伸长)的器官称之为同伸器官。玉米器官间生长有着密切的同伸关系(表2.9)。准确地了解玉米器官间生长的相互关系,可掌握其各生育阶段及生长中心,有利于采取相应措施,达到促控器官和高产的目的。

表 2.9 玉米根、茎、叶与穗分化时期的同伸关系

穗分化时期		品种	节根层数	茎秆开始伸长节间	茎秆最长节间	可见叶叶数	展开叶叶数
雄穗	雌穗						
伸长		晚	4	5	4	8~9	6.5~6.8
		中	3~4	4	3	7	5.5
		早	2~3	3	2	5~6	4.0
小穗原基		晚	5	7	5~6	10~11	7.5~7.8
		中	4~5	5~6	4~5	8~9	6.5~6.8
		早	3~4	4	3~4	8	5.6~5.7
小穗		晚	5~6	9~10	6~7	12	8.8~8.9
		中	5	7	5	10~11	7.5~7.9
		早	3~4	5	4	8~9	6.0
小花	伸长	晚	6	10~11	7	13	9.8~9.9
		中	5	9	6	12	8.8
		早	4	6	4~5	9	6.7~6.8
雄长雌退	小穗	晚	7	13~14	8~9	15~16	11.6~11.9
		中	6	10~11	7	13~14	9.9
		早	5	7	5~6	10~11	7.8~7.9
四分体	小花	晚	7	15~16	9~10	16~18	12.7~12.9
		中	6~7	12~13	8~9	14~15	10.9
		早	5~6	9~10	6~7	12~13	8.8~8.9
花粉充实	性器官形成	晚	8~9	19~20	10~12	19~20	15.9~16.9
		中	7	16	9~10	17~18	13.8~14.9
		早	6	13~14	8~9	14~15	11.9
抽雄	果穗增长	晚	8~9		11~13	20~21	19.9~21
		中	7		10~12	18	15.9~17.9
		早	6		8~9	14	13.9~14.0
开花	吐丝	晚	8~9		11~14	20~21	20~21
		中	7~8		10~14	18	18
		早	7		9~10	14	14

一般研究和阐述其器官的同伸关系用展开叶为标准,这是因为叶片展开过程贯穿根层形成,叶片、叶鞘、节间伸长和雌、雄穗分化的全过程。玉米一般每展开 1.7～2.3 片叶生长一层节根,其关系受栽培条件和品种的影响而有差异;玉米拔节到抽穗前伸长速度最快的节间多数为新展开叶着生的节间,少数为其上 1 或下 1 节间;当 1～3 叶展开时,开始伸长的叶鞘是 $n+1$,当 4～6 叶展开时开始伸长的叶鞘为 $n+3$,当 9～14 叶展开时伸长的叶鞘为 $n+6$(张瑞歧,1979)。玉米下部与中部叶面积与其节间长度、叶片功能期呈同步增长,也就是说,随着叶位的增加,叶面积增大、节间增长、功能期增长,中部叶位节间长度达最大值;在中部叶位之上,随着叶位的增高,叶面积渐小、节间渐短,功能期也渐短。

2.5　作物生长发育的生态条件

作物的生长发育过程是作物内在的生物学因素和外在的环境因素共同作用的结果。不同作物对生态环境的要求不同,不同生育阶段对生态环境的要求也不同。

2.5.1　小麦生长发育对生态条件的要求

2.5.1.1　小麦萌发—出苗过程对生态条件的要求

(1)温度。小麦种子萌发要求的最低温度为 1～2℃,最适温度为 15～20℃,最高温度为 30～35℃。在日均气温 16～18℃ 条件下,播种后 6～7 d 可出苗。

(2)水分。萌发的最适土壤水分为田间最大持水量的 75％～80％。低于 55％ 时出苗明显受抑制,出苗不齐。高于 80％ 则由于缺少通气条件而影响出苗。

(3)其他。土壤溶液含盐量高于 0.25％、土壤板结、播种深度不适宜等,也都影响出苗。

2.5.1.2　小麦根系生长对生态条件的要求

(1)水分。小麦根系生长具有明显的向水性,根系的生长对土壤水分反应敏感。研究表明,小麦根系最适宜的土壤相对持水量(水分含量占田间持水量的百分比)为 75％～80％。高于 80％ 时,由于氧气不足,生长会明显受抑;低于 55％ 时,水分胁迫明显,根系生长明显受阻。但土壤上层适度干旱会促使根系下扎。有研究表明,在土壤相对持水量为 55％～60％ 时,小麦根系长度最大。在生产上,灌水次数多、水量小时,根生长浅。控制前期灌水次数,灌足水量,有利于根系随水下扎和后期抗旱。

(2)土壤养分。土壤肥力高,根系发达。氮肥适宜,可促进根系生长,提高根系活力;但氮肥过多,地上部旺长,根系生长减弱。磷能促进根系伸长和分枝,由于小麦苗期土壤温度低供磷强度弱,生产上增施磷肥往往有促根壮苗的效应。

(3)温度。根系生长的最适温度为 15～20℃,最低温度为 1～2℃,超过 30℃ 根系生长受到抑制。适期早播,根量多,下扎深;过晚播,根少而分布浅。

(4)土壤紧实度。良好的耕作技术有利于根系发育,长期浅耕或同一深度的耕作,极易形成坚硬的犁底层,造成大量根系横向生长,是后期不抗旱易干的重要原因。因此,深耕或深松打破犁底层,是促进根系发育的良好措施。

2.5.1.3 小麦茎秆生长对生态条件的要求

(1)温度。茎秆一般在10℃以上开始伸长;12～16℃是最适伸长温度;形成的茎秆矮、短、粗壮;20℃以上伸长快,易徒长,茎秆细弱。

(2)光照。强光对茎细胞伸长有抑制作用,有利于机械组织发育,增强抗倒性。拔节期群体过大,田间郁闭,通风透光不良,常引起基部节间发育不良而倒伏。

(3)养分。氮不足时植株矮小;适量施氮有利于节间细胞伸长,氮过多时茎秆发育不良。磷加速茎发育,提高抗折断能力。氮、磷配合供应有利于茎秆壁的机械组织发育,茎秆健壮。钾促进物质运输和纤维素形成,增强机械组织,使内部充实而抗倒伏。

(4)水分。充足的水分促进节间伸长,干旱条件下节间伸长受到抑制,高产麦田在拔节前控水蹲苗有利防倒。

2.5.1.4 小麦叶片生长对生态条件的要求

光照和温度均影响叶生长。强光使组织分化加强,形成短而厚的叶片;高温则促进叶片的伸长。水分条件对叶片大小和结构都有影响,水分充足形成细长的叶,抗逆性差;控制水分形成的叶片细胞壁较厚,抗逆性强。氮、磷都能影响叶片生长,尤其是氮肥可以促进细胞分裂和伸长,增大叶片面积,延长光合时间,增强光合功能。但施氮过多易造成郁闭。由于水分和氮肥都是可控的,因此常用来调控叶片大小,进而调控群体结构。肥水调控叶片大小有一定规律:当 n 叶伸出时追肥、灌水,受促进最大的是 $n+2$ 叶,其次是 $n+3$ 叶和 $n+1$ 叶。利用这种关系,可以达到控制某一片或几片叶大小的目的。例如,在春二叶伸出时灌水、施肥,则春四叶的叶面积增加最多,春五叶和春三叶次之。这种规律称为叶片的肥水效应。

2.5.1.5 小麦分蘖对生态条件的要求

北方冬麦区在适期播种的条件下,出苗后15～20 d开始分蘖,以后随着主茎叶片数的增加,分蘖不断增加,形成冬前分蘖高峰。入冬,气温降至0℃以下后停止分蘖。越冬期间遇严寒或土壤水分不足,会造成死蘖。返青后,随气温回升至0℃以上,继续发生分蘖。当气温回升至10℃以上时,新蘖大量发生,在起身-拔节期间达到春季分蘖高峰期。冬前和春季两个高峰的大小,以及冬前蘖和春生蘖的比例,与播种期有关,早播冬前蘖多,晚播春生蘖多。无论冬、春小麦,通常在主茎拔节前,全田总茎数(包括主茎和分蘖)达最大值,此后,由于小麦植株代谢中心的转移和蘖位的差别,分蘖开始两极分化。主茎和低位大分蘖迅速成为有效蘖,高位小蘖生长减慢乃至死亡。无效分蘖消亡顺序与发生顺序相反,即"自上而下,由外向内"。分蘖衰亡表现出"迟到早退"的特点,即晚出现的分蘖先衰亡。拔节至孕穗期是无效分蘖集中衰亡时期。

分蘖能否成穗,取决于很多因素。如品种和种子质量,一般来说,冬性品种比春性品种分蘖力强,分蘖成穗率高;其次质量较高的种子分蘖成穗率也较高。播种深度对分蘖成穗率也有很大影响。播种过深,地下茎过长,苗弱蘖少。播量大单株营养面积小,影响分蘖出生数量,而且低密度比高密度分蘖成穗率高;早播低位蘖多,冬前蘖多,而低位蘖比高位蘖分蘖成穗率高;冬前蘖比春生蘖分蘖成穗率高。分蘖发生的最低温度为2~4℃;6~13℃生长缓慢,但生长健壮;13~18℃生长快,但易徒长;18℃以上不利于分蘖发生。田间持水量70%时适于分蘖生长,低于50%或高于80%都不利于分蘖生长。氮不足分蘖受抑制,但过多分蘖增长快,易形成大群体。磷不足时分蘖少,成穗率低。氮、磷配合有利于分蘖发生和成穗。

2.5.1.6 小麦籽粒形成与灌浆对生态条件的要求

(1)温度。小麦籽粒形成和灌浆的最适温度为20~22℃,高于25℃和低于12℃均不利于灌浆。在适温范围内随温度升高,灌浆强度增大,但高于25℃时,会促进茎叶早衰,显著缩短灌浆持续时间,粒重降低。黄淮冬麦区小麦生育后期常受到干热风危害,造成青枯逼熟,粒重下降。在灌浆期间白天温度适宜,昼夜温差大,有利于增加粒重。

(2)光照。光照不足影响光合作用,并阻碍光合产物向籽粒中转移。籽粒形成期光照不足减少胚乳细胞数目,灌浆期光照不足降低灌浆强度,影响胚乳细胞充实,均会导致粒重下降。群体过大,中、下部叶片受光不足也影响粒重的提高。

(3)土壤水分。籽粒生长期适宜的土壤水分为田间持水量的70%左右,过多过少均影响根、叶功能,不利灌浆。一般应在籽粒形成和灌浆前期保持较充足的水分供给,但在灌浆后期维持土壤有效水分的下限,可加速茎秆贮藏物质向籽粒运转,促进正常落黄,有利于提高粒重。

(4)养分。后期适当的氮素供给,有利于维持叶片光合功能。但供氮过多,会过分加强叶的合成作用,抑制水解作用,影响有机养分向籽粒输送,造成贪青晚熟,降低粒重。磷、钾营养充足可促进物质转化,提高籽粒灌浆强度,因此后期根外喷施磷、钾肥有利于增加粒重。

2.5.2 玉米生长发育对生态条件的要求

2.5.2.1 玉米对温度的要求

玉米原产于热带,是喜温作物,它的生物学零点温度是10℃。在整个生育期内只有达到品种要求的一定有效积温才能生长发育达到成熟。高产夏玉米全生育期需积温2 200℃以上,开花至成熟阶段需积温1 000℃以上。

在播种至出苗阶段,最低温度为6~7℃,春玉米播种时的适宜温度为10~12℃,在28~35℃时发芽最快,温度低时发芽会变慢。玉米出苗的适宜温度是15~20℃,温度过低则生长缓慢,过高则苗旺而不壮。玉米苗期是以根系生长为主,土壤温度在20~24℃时,对玉米根系的生长发育较为有利。当地温降至4.5℃时,根系基本完全停止生长。在幼苗期,玉米可以抵御短期内−2~3℃的低温冷害。春玉米一般在日均温度达到18℃的时候开始拔节。拔节至抽雄期的生长速率在一定范围内与温度呈正相关关系。穗期在光照充足,水分、养分适宜的条件下,日平均温度为22～24℃时,既有利于植株的生长,也有利于幼穗的发育。玉米花期要求日平均温度为26～27℃为宜,此时空气温、湿度适宜,可使雄、雌花序开花协调,授粉良好。低于18℃时,不利于开花授粉。当温度高于32℃时,如果同期土壤水分条件和空气湿度较低(低于30%),则会造成花粉不育,花丝枯萎,严重影响授粉,造成秃顶、缺粒。在玉米籽粒形成和灌浆成熟期间,仍然要求有较高的温度,以促进同化作用。在玉米成熟后期,一般气温开始降低,这在一定程度上有利于干物质的积累。此期间较为适宜于玉米生长的日平均温度为20～26℃。在此范围内,温度越高,越有利于籽粒干物质的积累,千粒重越大。当温度低于16℃时,玉米的光合作用降低,影响淀粉合成、运输和积累,导致粒重降低,影响产量。

2.5.2.2　玉米对光照的要求

玉米原产于热带,其系统发育形成了高温短日照的特性。为保证正常的生长发育,一般要求播种至乳熟阶段每天日照时数至少为7～9 h,乳熟至成熟每天日照时数要大于8 h。在保证正常成熟的条件下,日照时数越多,光照越强,产量越高。

玉米作为C_4作物,具有高光效和高光合饱和点的特性。在自然条件下一般不会达到其光饱和点,相反,在我国玉米产区,玉米生长季一般阴雨天较多,玉米产量受到光照条件的限制。因此,一般情况下,在晴天较多的年份玉米产量就高。

2.5.2.3　玉米对水分的要求

玉米苗期需水量少,仅占总需水量的18%～22%。抽雄前至籽粒形成期间需水量最大,每日达5.5～7.0 mm,是玉米需水的关键时期。籽粒形成时期需水量又减少,占总需水量的30%～35%。我国在研究玉米需水下限指标时认为,玉米生育期内总降水量若少于150 mm一般不能获得籽粒产量,在此基础上每增加25 mm,每亩(1亩=1/15 hm²)可增加生物产量50 kg,籽粒产量20 kg;玉米一生获得降水量(不含底墒水)不得少于375 mm,否则即使底墒很好,籽粒、秸秆产量也显著减少。叶修棋(1992)等认为在年降雨量为80～1 000 mm,并在玉米生长期间每月月均降雨100 mm的地区,最适宜玉米生长。

参考文献

[1] Large E G. Growth stages in cereals:illustration of the Feeke's scale. Plant Pathology,1954,3(4):128-129.

[2] Zadoks J C,Chang T T,Konzak C F. A decimal code for the growth stages of cereals. Weed Research,1974,14:415-421.

[3] 侯玉虹.基于农田气候实时监测的玉米产量性能模拟研究.沈阳农业大学博士学位论文,2009.

[4] 王树安.作物栽培学各论(北方本).北京:中国农业出版社,1995.

〔5〕于振文,王志敏,尹钧.小麦//于振文,赵明,王伯伦,等.作物栽培学各论.北京:中国农业出版社,2003.

〔6〕张军.植物的生长、分化和发育//武维华,等.植物生理学.北京:科学出版社,2003.

〔7〕赵明,王庆祥,王空军,等.玉米//于振文,赵明,王伯伦,等.作物栽培学各论.北京:中国农业出版社,2003.

第3章

作物群体与光合生产力

3.1　作物群体和群体结构

作物生产是一个群体生产过程,作物群体生产起源于作物群体光合作用,同时受到群体组成和群体结构的影响和制约。

3.1.1　作物群体

同一农田中共同栽培的作物构成作物群体。从系统学的组成、结构和功能的角度来看,作物群体一般是由单一作物品种组成的,其功能是提供农产品。我们研究作物群体的目的是提高作物群体的产量和效率,而作物群体的产量和效率则是由作物群体结构所决定的。

3.1.2　作物群体结构

作物群体结构包括数量性状、几何性状以及大田切片性状和垂直结构3个方面。在作物生长发育过程中群体结构是动态变化的。

3.1.2.1　作物群体结构数量性状

作物群体结构的数量性状指标主要有群体密度(单位面积植株或单茎数量)、叶面积和叶面积指数、叶面积持续期、生物量和作物生长速率等。

1. 群体密度

在具有分蘖特性的禾谷类作物中,分蘖成穗是群体产量的重要组成部分,甚至是一些作物群体产量的主要构成部分。在作物生长发育过程中群体密度随着分蘖的发生和消亡表现出显著的群体密度动态变化。这对于作物个体和群体的产量形成都影响重大。在没有分蘖或没有明显分蘖的作物群体里,由于存在个体竞争,群体密度也往往会发生变化,比如弱小植株死亡或者失去形成产量的能力(例如玉米空秆)。因此,群体密度的动态变化和调控是群体结构研究的重要内容。

2. 叶面积和叶面积指数

叶片是作物截获光能并进行光合作用的主要器官。叶片的数量性状一般用叶面积或叶面积指数来描述。叶面积的大小和发展动态是衡量群体结构是否合理的依据之一,也是决定群体产量的重要指标。叶面积发展动态因品种、密度、肥水等因素的不同而异。根据叶面积指数变化曲线的特点,一般可将群体叶面积的发展分为:指数增长期、直线增长期、稳定期和衰亡期。一个理想的高产作物群体的叶面积发展过程应该是"前快、中稳、后衰慢"。

3. 叶面积持续期

作物群体不仅要叶面积指数足够高,而且要维持的时间长,群体光合生产力才可能高。叶面积持续期的大小及在不同生育期的分配比例,反映了品种特性和栽培管理水平。如果前期叶面积过大,就会导致叶片互相遮光,下部叶片因受光少而枯黄,功能期缩短,导致叶面积持续期不高,生育后期的比例降低;相反,生长前期叶面积过小,虽然功能期较长,但达不到理想的叶面积持续期;只有叶面积适宜,功能期较长的田块,叶面积持续期才会长,在各生育阶段的分配才较合理。

4. 生物量和作物生长速率

作物的生长速率可以用一定时间内单位面积生物量变化的多少来表征。群体生物量的高低和作物生长速率的快慢反映了作物群体光合干物质的净生产能力。是衡量和评价作物群体结构的重要指标。作物群体生长速率一般呈现"慢-快-慢"的节律特征。它即受到作物个体生长规律的制约,又受到群体结构的调控。

3.1.2.2　作物群体结构几何性状

作物群体结构的几何性状既包括作为整体的冠层高度、群体形状、群体种植方向、株距和行距等方面,也包括由众多个体几何性状形成的平均几何性状,比如平均茎叶夹角、叶向值和叶方位角等。叶面积相同的两个作物群体,当茎叶夹角和叶向值或叶片方位角不同时,叶层内光分布不同,叶片的净同化率也不同,单位时间生产的干物质也不相同。茎叶夹角是叶片平面与茎秆垂直方向的夹角,是决定群体透光和受光姿态的重要指标。茎叶夹角越小,说明叶片竖挺上举,植株越紧凑。茎叶夹角的大小主要决定于品种的遗传特性,受种植方式的影响较小。叶向值(LOV)是表示叶片挺拔、上冲和在空间下垂程度的综合指标。叶向值越大,表明叶片挺拔、上冲性越强,株型越紧凑。叶方位角定义为叶平面法线方向的水平投影与正北方向的夹角。叶方位角的变化主要受播种方式的影响,冠层内光分布的不均匀性和叶片的趋光运动,是叶方位角千差万别的主要原因。

3.1.2.3　作物群体大田切片性状和垂直结构

从器官的功能性状和空间分布性状来看,群体结构可以分为3层:叶层,也称光合层,主要功能是进行光合作用和蒸腾作用;茎层,也称支持层,它支持着叶层,使其充分接受阳光并进行温度和气体交换;根层,也称为吸收层,主要功能是进行水分和养分的吸收。在研究作物群体结构时,为了解作物群体光合器官(叶片等)与非光合器官(茎、穗等)的空间配置状况,或者玉米群体的垂直结构,需要对作物群体进行"大田切片"或称"分层割取"。用大田切片法研究作物群体结构,一般是对一定土地面积内的作物群体,在不同的生育时期自上而下划分为若干层,测定干物质、叶面积等指标。

3.2 作物群体动态

作物群体作为个体的集合,其生长发育进程受个体生长发育支配,但又体现出整体性特征。一般将群体内 50% 的个体出现某一生育时期的特征的时间定义为群体的生长发育时期。在作物的生长发育进程中作物群体结构会发生规律性的变化。

3.2.1 小麦的群体动态

3.2.1.1 群体密度

小麦作为具有明显分蘖特性的作物,其一生中群体密度呈现明显的变化规律(图 3.1)。小麦出全苗后的群体密度成为基本苗。进入分蘖期后,群体密度开始呈几何基数增长。至分蘖末期,小麦群体密度一般会增大 3～6 倍。天气变冷后,分蘖停止,小麦进入越冬期。在越冬期部分分蘖会因为低温而死亡,特别是对于冬前旺长小麦群体,其群体密度会明显下降。冬季的严寒也会造成部分植株分蘖死亡。到返青期,随着热量条件的改善,新的分蘖开始迅速萌发,在起身期前后群体密度达到最大。分蘖力强的多穗型小麦群体密度可达 100万/亩以上,分蘖力弱的大穗型品种一般为 70 万～80 万/亩。进入拔节期后,植株和分蘖迅速生长,植株和分蘖之间资源竞争矛盾加剧,大量的新生分蘖和弱小植株枯萎死亡。在拔节到开花阶段群体密度呈现迅速下降趋势。开花后群体密度已经基本稳定,但依然有少量弱小植株死亡,群体密度呈现稳定中略有下降态势。成熟期,多穗型品种一般要求群体密度(穗密度)达到 40 万/亩以上,大穗型品种要求 30 万/亩以上。

3.2.1.2 绿叶面积

群体绿叶面积一般用绿叶面积指数(LAI)来表征。小麦生育期内叶面积指数的动态变化一方面受个体的叶片生长、叶片数目增加和叶片衰老控制,另一方面受群体密度控制。出苗后随着叶片的生长 LAI 增大,分蘖发生后,叶片数目和单叶生长共同促进 LAI 迅速增大。在越冬前一般要求 LAI 达到 1.0～1.2。越冬期部分叶片衰亡,LAI 略有减小。返青后,植株和叶片进入快速生长期,LAI 迅速增大。在孕穗期前后,LAI 达到峰值,一般认为适宜的LAI 为 5.0～7.0。此后叶片开始衰老,LAI 减小。在灌浆期能否维持较高的 LAI,以及绿叶持续时间的长短,对籽粒灌浆和最后籽粒产量具有重要的影响。

图 3.2 为冬小麦群体绿叶面积指数动态。

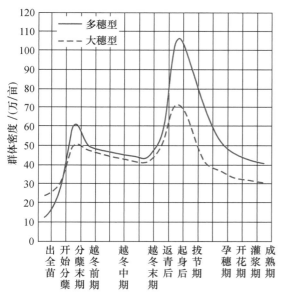

图 3.1 冬小麦群体密度动态

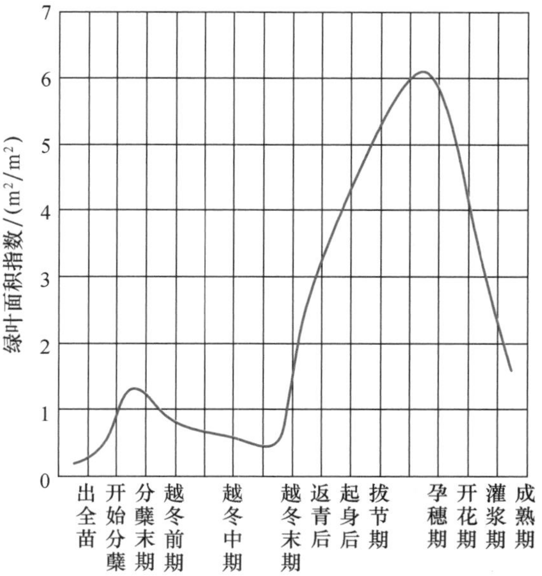

图 3.2 冬小麦群体绿叶面积指数动态

3.2.1.3 干物质积累

随着小麦的生长,生物量不断累积。图 3.3 显示了冬小麦地上干物质的累积进程。冬小麦在冬前分蘖期有一个干物质快速积累的过程,在冬前地上干物质积累达到全生育期的 10% 左右。90% 的地上干物质是在返青后积累的。

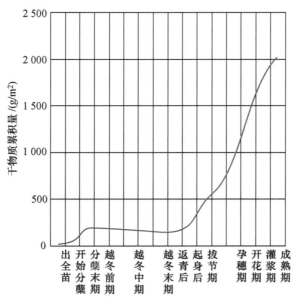

图 3.3 冬小麦群体地上干物质累积进程

3.2.2 玉米的群体动态

3.2.2.1 群体密度

普通玉米虽然也具备发生分蘖的潜力,但是在顶端优势的控制下一般不发生分蘖,同时在普通玉米的栽培上也不允许分蘖发生。玉米的群体密度主要是由播种密度决定,苗期定苗后一般不再发生变化。

3.2.2.2 绿叶面积

夏玉米群体的最大绿叶面积指数一般出现在抽雄-吐丝期。密植的紧凑型玉米群体最大绿叶面积指数可达 7.0 左右,普通株型的玉米一般也要求达到 6.0 左右。优良的夏玉米群体要求开花后绿叶面积尽量维持在较高水平上的时间长一些。一般玉米群体在绿叶面积达到最大后 40~60 d 会出现明显衰退,绿叶面积指数快速下降。为保证干物质的充分转移,一般要求尽量等到叶片都明显呈现枯黄,绿叶面积小于 1.0 之后才收获,见图 3.4。

3.2.2.3 干物质积累

夏玉米生长速率呈现"慢快慢"的节律。在苗期和穗期随着植株的生长,叶片数目和面积的增加,生长速率逐渐加快;高产夏玉米群体在开花-灌浆期可达 30 g/(m²·d)以上,一般在灌浆初期生长速率达到最大;此后随着叶片的衰老,生长速率逐渐减小(图3.5)。整个生育期地上干物质积累量呈现不断增长趋势,在收获期达到最大。一般而言,收获期地上干物质积累总量与群体密度有一定的正相关关系(但其籽粒产量未必随群体密度增加而一直增加),但在群体密度过大的时候收获期地上干物质积累总量会下降(图 3.6)。

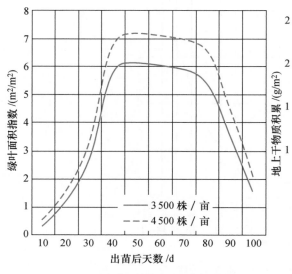

图 3.4 夏玉米群体绿叶面积指数动态

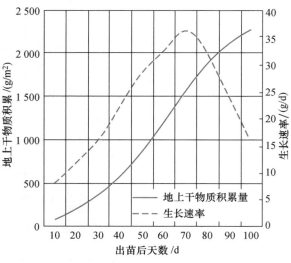

图 3.5 夏玉米地上干物质积累和生长速率动态

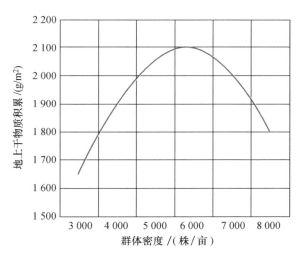

图 3.6 夏玉米地上干物质积累总量与群体密度的关系

3.2.3 影响群体动态的环境因子

温度、水分、养分等环境因子会影响到作物个体的生长发育,同时也会影响到作物群体生长发育动态和群体结构。

3.2.3.1 温度

低温会抑制作物生长,会引起出苗不全,分蘖不足,群体密度降低,叶面积偏小,干物质积累速率和总量减小。低温冷害对作物群体的影响更加明显。低温冷害能直接引起作物生长发育受阻,光合作用和籽粒形成等生理生化过程不能正常完成,群体产量显著下降。而温度偏高,又可能造成冬小麦冬前旺长,影响安全越冬。温度偏高会引起呼吸速率迅速提高,净光合速率下降,还能引起作物的光合器官早衰,灌浆期缩短,严重影响产量形成。我国黄淮海平原小麦生长后期的干热风危害甚至能大面积造成小麦严重减产甚至绝收。

3.2.3.2 水分

在我国大部分冬小麦区冬小麦生产都受到自然降水不能满足冬小麦耗水需求的问题。干旱会影响到种子的出苗和出苗质量,还影响到群体结构的建成。在水分临界期缺水还能造成作物产量不能形成。夏玉米生产正值雨季,往往受到涝害的危害。涝害一般还伴随有群体倒伏,群体结构发生严重破坏,显著影响产量。

3.2.3.3 养分

养分对作物群体和群体结构也有明显影响。以氮肥为例(图3.7),氮肥不足会影响到冬小麦群体密度、绿叶面积指数和作物生长速率。但是过量施氮则会引起冬小麦营养生长阶段群体过大,反而影响灌浆期穗密度、绿叶面积指数和作物生长速率。

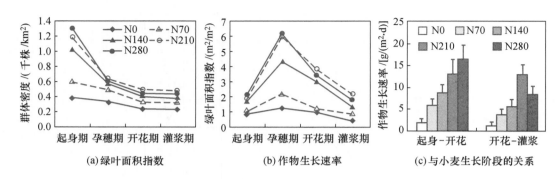

图 3.7　不同施氮水平冬小麦群体的群体密度

（N 后数字表示施氮量，单位为 kg/hm²）

3.3　作物群体微环境

3.3.1　光分布

作为能量本源的光能的传输与转化是生命存在的物质基础，也是生态系统存在和发展的驱动力。光合有效辐射是绿色植物光合作用中只能利用太阳辐射中波长 380～710 nm 的可见光部分，它在作物群体内的分布状况与光能利用率和产量有密切的关系。群体内的分布越均匀，各层叶片获得的光合光量子通量密度（PPFD）越多，整个群体利用光能的效率就越高。作物的光能利用和合理的群体结构是作物高产栽培要着重解决的问题。作物的产量归根于光能的利用，而构建合理的群体结构，才能获得较大的光合器官，产生更多的光合产物，从而获得较高的产量。作物以群体进行生产，良好的群体结构是作物高产的重要特征，作物冠层内的光照强度与群体结构密切相关，并影响光能利用率和产量。

在生产实践中，作物冠层叶片并不总能得到充足的光能，因而使得叶片实际上处于"光饥饿"状态，并导致作物减产。因此，弄清冠层内的光分布规律，特别是与光合作用密切相关的光合有效辐射的分布规律，是作物生产研究的一个重要内容。当太阳辐射到达作物冠层顶后，50％以上的光合有效辐射（PAR）被作物冠层吸收，即冠层截获的 PAR，一部分被作物冠层反射回天空，其余的 PAR 经过作物叶片层层反射和吸收后，以透射的形式到达作物冠层底部，而到达作物冠层不同层次的光合强度常采用比尔-朗伯特定律（The Law of Beer-Lambert）来描述。作物种类、种植密度与结构、生长期、叶角分布和太阳高度角不但会影响冠层辐射截获量的大小，而且会影响到辐射在冠层中的传输与分布。群体密度对光在冠层内部的分布具有决定性的作用。PAR 的截获比率随冠层深度呈指数增长，在同一冠层深度，密度的群体的截获率明显高，并且越到下部越明显（图3.8）。高密度群体虽然可以截获更多的辐射，但也容易造成中下部叶片光照不足。当光照严重不足时，中下部叶片会出现净光合过小甚至小于零的情况，造成群体光合生产力降低。

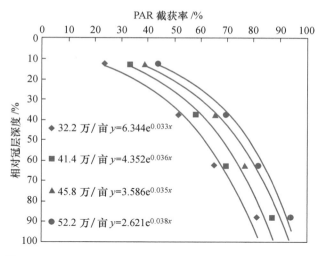

图3.8 不同密度冬小麦群体中 PAR 截获率的垂直分布特征

（相对冠层深度＝距离冠层顶部距离/冠层总高度×100%）

3.3.2 温度

作物群体冠层温度受气温影响最大,同时还受到蒸腾作用的降温作用和叶片吸收太阳辐射增温作用的影响。图3.9显示了作物群体冠层温度和气温的日变化过程。冠层温度和气温的最低值都出现在日出前时刻。太阳升起后,气温和冠层温度开始升高。一般在上午的开始阶段,冠层温度会因为蒸腾作用的降温作用而略低于气温。气温和冠层温度的最低值一般出现在14:00~16:00时,此后开始降低。在中午和下午叶片热量积累明显,因此冠层温度一般会明显高于气温。日落后冠层温度和气温继续降低,直至日出前时刻降至最低。在夜间,作物群体呼吸作用的存在使得冠层温度要略高于气温。

温度在群体内部具有一定的垂直变化规律。对于高秆作物玉米来说表现得较为明显。在晴天中午时刻,此时冠层上方温度较高,冠层下部由于叶片的遮阳作用温度较低,且随着冠层下深度的增加温度逐渐降低(图3.10)。高密度群体的冠层温度会高于低密度群体。而且低密度群体内部温度随垂直深度下降的速率要略缓于高密度群体。

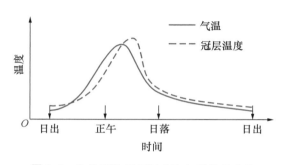

图3.9 作物群体冠层温度和气温的日变化

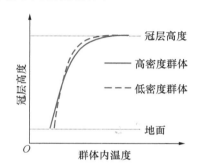

图3.10 正午时刻作物群体内温度的垂直变化

3.3.3 CO₂

作物群体内 CO_2 浓度在光合作用和呼吸作用的影响下呈现一定的日变化特征。在一个晴朗温暖适合作物群体光合作用的日变化中,冠层上部的 CO_2 浓度日变化可达 60~80 $\mu mol/mol$。日出后,光合有效辐射强度达到群体光合光补偿点之前,是 CO_2 浓度一天中的最高值。当光合有效辐射大于光补偿点并进一步增强后,CO_2 开始迅速下降,在日落前,在光合有效辐射降到群体光合作用的光补偿点以下后,CO_2 浓度开始升高,日落后一段时间内,气温还较高,此时群体呼吸作用强烈,CO_2 浓度迅速升高,至日出前,达到最大值。

在黑暗或者弱光条件下,群体表现为净呼吸,并且 CO_2 在冠层底部富集,群体内 CO_2 浓度下高上低。在白天,特别是光照和温度都较高的中午前后,作物群体内 CO_2 浓度由上向下呈现高-低-高的变化(图 3.11)。一般而言,作物冠层的中上部位置,叶片光合作用最为强烈,CO_2 浓度最低。而在地面附近,一方面土壤呼吸会增加 CO_2 浓度,另一方面叶片在弱光条件下净光合速率较低甚至表现为净呼吸,因此地面的 CO_2 浓度最高。CO_2 浓度的垂直变化在高密度群体内表现得更为明显(图 3.12)。

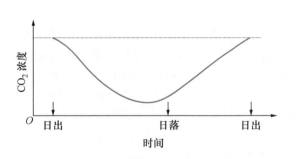

图 3.11 作物群体内 CO_2 浓度的日变化

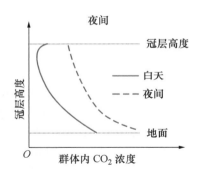

图 3.12 作物群体内 CO_2 浓度的垂直变化

3.4 作物群体光合

3.4.1 群体内的叶片光合

群体光合是建立在群体内所有叶片的光合基础上的。在作物群体内,影响叶片光合的因素错综复杂,因此叶片光合也是千差万别。从大田切片的纵向来看,叶片朝向决定了叶片的受光情况,因此是影响叶片光合的首要形态因子。从大田切片的垂直方向来看,叶位即叶片在冠层中所处的垂直位置是影响叶片光合的首要形态因子。不同叶位的叶片,其光照等环境条件差异很大,而且不同叶位叶片生长的先后顺序也决定了不同叶位之间叶片生理功能的差异。

作物不同叶位叶片之间在生长发育和生理形态结构方面具有一定的差异,特别是在生长中后期,叶片开始由下向上逐渐衰老,不同叶位之间叶片的光合能力会出现一定差异。童淑媛等（2009）观测了抽雄期玉米不同叶位叶片的光合速率,发现在光合有效辐射 1 000 $\mu mol/(m^2 \cdot s)$ 条件下的第 9～19 叶位叶片间的净光合速率无显著差异,但它们与第 6～8 叶的差异达到显著水平(图 3.13)。

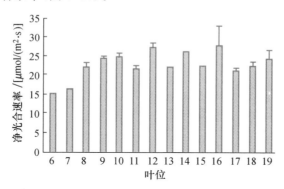

图 3.13 抽雄期玉米不同叶位叶片的光合速率差异
[测定时光合有效辐射=1 000 $\mu mol(m^2 \cdot s)$](引自:童淑媛等,2009)

单叶光合能力强弱是决定群体光合作用的基础。然而作物生产是田间条件下的群体生产。由个体所组成的群体在新的条件下产生了质的变化,不再是单纯个体的总和,群体光合作用也不再是单叶光合的累加,形成了自己独特的作用规律,它较之单叶光合更为复杂,与干物质生产更为密切。

3.4.2 群体光合—单叶光合—籽粒产量的关系

3.4.2.1 叶片光合与群体光合的关系

单叶光合是群体光合的基础,但是群体光合有比单叶光合更复杂的光合特性。在大部分情况下,作物群体的中上部叶片光合速率与群体光合速率具有良好的正相关关系。但在某些情况下,单叶光合与群体光合还可能出现相反的变化。例如,在强烈光照条件下,作物上部叶片光合速率会因为受强光抑制而下降,而群体光合速率则可能因为中下部叶片受光增多、光合增强而上升。因此,在单叶尺度上经常出现的"光合午休"现象一般不会在群体尺度上出现(董树亭,1991)。

在数值上,群体光合也不等于单叶光合的简单累加。这是因为,第一,在群体中除了叶片外,叶鞘、茎秆、麦芒、颖壳等绿色器官也都能进行光合作用;第二,群体中除了可以进行光合作用的绿色器官外,还有根等表现为净消耗的器官。徐恒永和赵君实(1995)通过器官剪除法,分析各个光合器官对群体光合的贡献比率,发现叶片光合贡献率在 48.2%～64.7%,是小麦冠层群体光合的最主要贡献者;不同层次叶片群体光合能力有显著差异,随着叶位的降低,光合能力依次下降;旗叶光合能力最强,其光合占群体光合的 26.3%～32.1%,倒二叶次之,占冠层光合的 15.61%～22.57%;茎鞘对群体光合的贡献率达到 32.21%～41.63%;穗部的光合的贡献率也达到 10.06%～12.08%(表 3.1)。

表 3.1　小麦光合器官对群体光合的贡献率　　　　　　　　　　　　　　　　　%

品种	旗叶	倒二叶	倒三叶	倒四及以下叶	茎鞘	穗
Jihe02	30.35	22.57	9.78	2.95	35.31*	
Yan1934	26.33	17.09	11.13	3.82	41.63*	
Hesheng1	26.97	16.48	1.87	2.90	41.18	10.06
Laizhou953	32.13	15.61	2.93	5.00	32.21	12.08

* 茎鞘＋穗部总光合数值。

3.4.2.2　叶片光合、群体光合与产量形成的关系

在作物群体中叶片是光合作用的主体,小麦的旗叶和玉米的穗位叶被公认是所有叶片中对籽粒产量贡献最大的叶片。因此,大量的关于叶片光合与产量关系的研究是基于小麦旗叶和玉米穗位叶展开的。毫无疑问,单叶片光合提高会促进产量形成。但是在很多试验中单叶片光合速率与作物产量之间并不总是表现为正相关关系(Good 和 Bell,1980;董树亭,1992)。这表明作为群体光合生产最终结果的作物产量很难由某一时期的某一叶片来直接反应。

群体光合则被认为与产量有更直接的关系(董树亭,1992;徐恒永和赵君实,1995;Cabrera-Bosquet 等,2009)。徐恒永等(1996)研究发现,小麦抽穗至灌浆期的冠层光合能力与产量呈正相关,尤其是灌浆初期群体光合能力最强,与产量的相关更密切($r=0.93$);玉米开花期以后的冠层光合速率与产量呈极显著的正相关关系($r=0.87$)。

3.4.3　群体光合的影响因素

3.4.3.1　群体叶面积

群体光合主要是由绿色叶片完成的,群体光合速率(Pn)一般随群体叶面积指数(LAI)的增大而增大,但是在较大 LAI 阶段,群体光合速率的增长速率会降低,群体光合速率与叶面积指数之间具有二次曲线关系(图 3.14)。

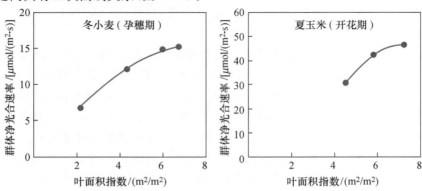

图 3.14　冬小麦和夏玉米群体光合速率与叶面积指数的关系

3.4.3.2 光照强度

光合有效辐射(PAR)是群体光合的直接驱动能源,因此群体光合速率会随 PAR 的增强而增大。在一个日变化中,群体光合速率(Pn)与光合有效辐射呈二次曲线关系(图 3.15)。

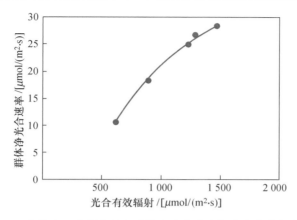

图 3.15 日变化中开花期冬小麦群体净光合速率与光合有效辐射的关系

3.4.3.3 养分对群体光合的影响

适量施肥,一方面能保证作物群体充足的营养,提高单叶光合速率;另一方面还能扩大群体叶面积,两者共同促进群体光合。但是过量施肥往往引起前期作物群体过大,恶化花后群体光合生产条件,反而引起群体光合降低。例如,在冬小麦氮为 0,70,140,210,280 kg/hm² 共 5 个氮肥用量处理中,在孕穗期,群体净光合速率随施氮量增加而升高,而在开花和灌浆期,氮 280 kg/hm² 处理群体净光合速率却明显低于 210 kg/hm² 处理(图 3.16)。

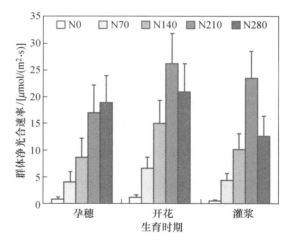

图 3.16 不同施氮量处理下冬小麦群体的净光合速率
(N 后数字表示施氮量,单位为 kg/hm²)

3.4.3.4 水分对群体光合的影响

水分是调控群体结构和叶片光合生理的重要影响因子。以 3 个水分处理(田间持水量的 60%,75% 和 90% 分别标记为 60%fc,75%fc 和 90%fc)下小麦群体光合试验为例,干旱(60%fc 处理)能明显限制群体叶面积发展并影响叶片光合性能,从而显著降低群体净光合速率;75%fc 处理一方面能维持较高的叶片光合活性,同时又能形成适宜的群体结构,因此在对产量形成起重要作用的开花-灌浆阶段维持较高的群体光合速率;而过度潮湿的环境(90%fc 处理),在起身-拔节期能引发过多的无效分蘖,同时还会引发更多的病害发生,造成开花-灌浆期群体光合速率明显低于适宜土壤水分(75%fc)处理(图 3.17)。

3.4.4 群体光合动态变化规律

3.4.4.1 群体光合速率日变化

作物群体光合日变化一般为单峰曲线,峰值出现在光照强度大的正午前后。一般而言,上午温度、水分、群体内 CO_2 浓度比下午更有利于叶片光合,因此群体光合速率一般在上午要高于下午(图 3.18)。在小麦单叶尺度上经常出现的"光合午休"现象在群体尺度上极少发生(董树亭;Morgan 等;杜宝华等)。

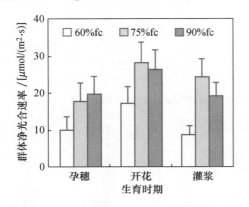

图 3.17 不同水分处理下冬小麦群体的净光合速率

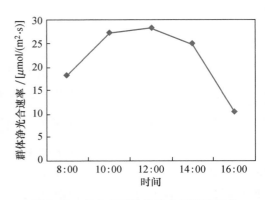

图 3.18 冬小麦群体净光合速率日变化

3.4.4.2 群体光合的季节动态

大部分研究者观测认为,小麦群体光合速率在整个生育期内的变化呈单峰曲线开花后至灌浆初期达最大值(董树亭,1992;杨吉顺等,2010)。但也有人认为,小麦一生中群体光合速率呈双峰曲线,以孕穗期和灌浆期较高,在双峰中间的扬花期有一个稍低的低谷。群体结构对群体光合速率的季节动态会产生一定影响。董树亭、岳寿松等的研究结果表明,小播量、小群体的光合能力在灌浆期仍有提高,并能维持较长的时间;而大播量、大群体的光合速率在拔节后上升快、开花前便达到最大值,开花后则下降迅速,不利于灌浆期的光合生产。

3.4.4.3 群体光合与产量结构要素的关系

刘柞昌等(1980)认为,小麦拔节前的群体光合速率主要和有效穗数有相关关系。孕穗前光合速率与穗粒数呈正相关,开花后光合速率和千粒重的相关系数最高。董树亭(1991)研究指出,灌浆期群体光合速率与千粒重、籽粒产量呈显著正相关。徐恒永和赵君实(1995)探讨了小麦灌浆期不同光合器官对群体光合能力的贡献,结果表明灌浆期群体光合能力与干物质积累及籽粒产量呈显著的正相关。

参考文献

[1] Cabrera-Bosquet L, Albrizio R, Araus J L, et al. Photosynthetic capacity of field-grown durum wheat under different N availabilities: A comparative study from leaf to canopy. Environ. Exp. Bot. , 2009, 67: 145-152.

[2] Good N E, Bell D H. The Biology of Crop Productivity, New York, Academy Press, 1980: 3.

[3] 董树亭. 高产冬小麦群体光合能力与产量关系的研究. 作物学报, 1991, 17(6): 461-469.

[4] 凌启鸿, 等. 作物群体质量. 上海: 上海科学技术出版社, 2000: 2-15.

[5] 刘柞昌, 赖世登, 余彦波, 等. 小麦光合性状遗传的初步研究. 遗传, 1980, V2(1): 29-32.

[6] 马超. 群体结构对夏玉米光合特性及物质积累的影响. 河南农业大学硕士学位论文, 2010.

[7] 马溶慧. 高产小麦群体质量指标及其与产量关系的研究. 河南农业大学硕士学位论文, 2005.

[8] 童淑媛, 宋凤斌, 徐洪文. 玉米抽雄期不同叶位叶片生理特性的研究. 江苏农业学报, 2009, 25(1): 44-48.

[9] 王之杰. 高产小麦群体光辐射特征与光合特性研究. 河南农业大学硕士学位论文, 2001.

[10] 武兰芳, 欧阳竹. 不同种植密度下两种穗型小麦叶片光合特性的变化. 麦类作物学报, 2008, 28(4): 618-625.

[11] 徐恒永, 王庆成, 赵君实, 等. 小麦玉米亩产吨粮群体光合性能与配套技术的研究. 山东农业科学, 1996, 1: 14-20.

[12] 徐恒永, 赵君实. 高产冬小麦的冠层光合能力及不同器官的贡献. 作物学报, 1995, 21(2): 204-209.

[13] 杨吉顺, 高辉远, 刘鹏, 等. 种植密度和行距配置对超高产夏玉米群体光合特性的影响. 作物学报, 2011, 36(7): 1226-1233.

第4章

作物产量形成及其生理生态基础

作物产量的形成过程始于通过光合作用对大气 CO_2 的同化过程,实质上就是由光合作用驱动的能量吸收转换与物质转移分配的一个系统过程。也就是说,作物生产是由光合作用驱动的一个系统过程,在这个系统中关键因素包括:一是对光合有效辐射(PAR,400~700 nm光波)的截获,二是能量的吸收转化,三是物质同化积累与分配生长,四是生命单位的维持。所以,获取高产在概念上是简单的,就是在时间上和空间上最大限度地截获太阳辐射,光合作用得以高效利用截获的辐射,同化产物得以最佳比例在根、茎、叶、籽实中分配,并且把这些过程的成本最小化(Loomis 和 Amthor,1999)。栽培作物的目的是获得较多的满足人们需要的有经济价值的产品,由于人们栽培目的所需要的主产品不同,它们被利用为产品的部分也不同,所以,通常把作物产量分为生物产量和经济产量。作物产量是其全生育期生物量积累的一部分,在进入生殖生长前必需建立有效的根系和冠层结构(茎、叶)。玉米、小麦、水稻作为世界上最重要的三大禾谷类粮食作物,以收获尽量多的籽粒为经济产量目标。这些作物的产量是指单位耕地面积上的群体产量,即个体产量和产品器管数量所构成。自 20 世纪 50 年代以来,通过遗传改进、增施氮肥和改善栽培管理,在作物产量潜力开发提高上取得了显著的进展(Evans,1997)。如以玉米为例,过去 50 年产量增长中遗传改进贡献 50%,管理措施贡献 50%(Duvick,2005)。

作物产量的形成,是利用太阳光能把无机物转变为有机物的过程,如何促使作物充分利用照射到地表的太阳辐射进行光合作用、提高作物辐射利用效率是增加作物产量的一个根本问题。实际上,作物产量的形成是一个复杂的系统过程,受多种生态环境条件和生长生理因子影响。从系统观点考虑,为了进一步挖掘提高作物产量,首先应适当加大群体扩大有效光合面积以截获光能辐射,其次通过改变株型调整群体冠层结构以改善光能传输分布,然后创造适宜生长环境、延长光合时间以提高光能转化利用效率。

4.1　作物的产量潜力及其形成基础

4.1.1　产量潜力的定义

作物的产量潜力（yield potential）是一个被广泛使用却很难用严格的方法定义而令人困惑的概念。Evan(1993)把产量潜力定义为：产量潜力是一个栽培品种在其不受养分和水分条件限制，病虫、杂草、倒伏等其他胁迫有效控制的最适宜生长环境条件下的产量（Evans 和 Fischer,1999）。根据这一定义，可以进一步做如下解释。

(1)产量是指最后收获时产品的质量，应特指干物质含量。每种作物栽培品种在成熟时间的差异对产量具有显著的影响。玉米收获方式对于评价其遗传进展是很重要的。每种作物栽培品种之间在成熟时间上的差异对产量具有显著的影响。对于集中选择早熟品种的地方，就高投入的水稻而言，可能每个品种的产量并没有增加，但在每天的生长量上却有显著增加。关于生长期的另一个极端熟期不确定作物的问题，是其收获可以推迟多长，同样，这些作物每天的生长量是较好的度量方法。

(2)定义中的"栽培品种"和"环境"意指产量潜力，是品种和环境相互作用的结果。环境既包含区位也包含年度，通过太阳辐射、温度和日照长度产生影响。

(3)定义中的"适宜环境"意指作物的阶段性生长与生长环境，包括种植制度，存在一种合理匹配，但并不是必须完全适合。

(4)考虑到多种胁迫同时出现或未知胁迫因子存在，以及栽培品种与因子水平之间可能的相互作用，要实现"养分和水分没有限制，并且倒伏和其他非生物胁迫得到有效控制"并不是容易的。

(5)另外，"病、虫、草"或"其他生物胁迫得到有效控制"也不是容易的，而且控制还可能产生负效应。土壤病原菌通常被忽略，前茬作物的生物相克或微生物效应甚至可能构成生物胁迫。

"潜在产量"（potential yield）经常被用作"产量潜力"的同义词。Evan 和 Fisher(1999)建议把这一术语用于某一种作物在给定环境条件下可达到的最高产量，例如，在模拟模型中看似合理的生理和农学假设环境条件下的最高产量。"产量潜力"将主要用于栽培品种间的比较，而"潜在产量"主要用于不同作物和不同环境之间的比较，以及评价将来极有可能对产量的限制（Evans 和 Fischer,1999）。

由此可见，作物产量潜力是由自然的遗传特性、生物学特性、生理生化过程等内在因素决定的，表现受外部环境物质、能量输入和作用效率所制约。作物产量潜力的实现在于环境因子与作物的协调统一。要提高作物产量潜力，必须对品种进行遗传改良，提高其光合效率，采用先进的栽培管理技术，改善作物生长环境条件，提高作物的群体光能利用率。

图4.1(a)表示的是栽培种和农作管理措施之间最简单的相互作用。其中A是早期品种释放时的农艺水平，B是新品种释放时的农艺水平。从点1和到点4的产量增长由品种上的、农艺上的及品种和农艺互作的正效应组成，而不能简单地分割成育种和农艺部分。许

多研究测定现代农艺措施下作物产量潜力的增长（图中从点 2 到点 4 的距离，通常假设为点 2 值的百分数），实际上也包括了农艺措施与栽培品种之间的相互作用成分。生产中的真实案例如图 4.1(b)所示为小麦品种和氮素水平的相互作用；图 4.1(c)为玉米杂交种与种植密度的相互作用。可见互作效应是非常明显的。

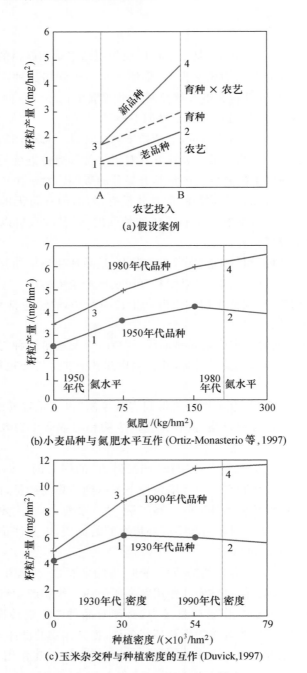

(a)假设案例

(b)小麦品种与氮肥水平互作 (Ortiz-Monasterio 等,1997)

(c)玉米杂交种与种植密度的互作 (Duvick,1997)

图 4.1 栽培品种与农艺措施相互作用（Evans 和 Fischer,1999）

提高产量潜力是大部分植物育种家的一个固定目标,根据许多公开发表的测定结果判断每年的增长率为$0.5\%\sim2.0\%$。就短期而言,随着一段时期的快速增长,产量潜力的增长率是很不规律的,如在采用小麦矮秆基因后的一段时期内就出现了明显的停滞不前。但是,从长期来看,产量潜力的改进大体上呈线性变化,而且,无论是玉米还是小麦均还没有出现产量增长达到最高的迹象。从已经发生的变化或没有发生的变化方面分析,产量潜力增长的生理基础对于指导进一步增加产量是非常重要的,也可以为模型模拟作物产量和潜在产量提供基础。

不同作物所采取的增产途径不同,即使在禾谷类作物中,有许多性状发生了改变,但我们只是列举了少数几个典型性状。在小粒谷物中,矮秆基因的成功导入迅速改变了作物的抗倒性能,才使得"绿色革命"成为可能,同时促使同化产物由用于茎秆生长转向用于更多小花发育和籽粒生长,导致收获指数不断提高而同时增加了产量潜力。尽管在收获指数上还有一些进一步提高的余地,但已明显有限,因而就得探寻提升产量潜力的其他渠道(Evans 和 Fischer,1999)。小麦收获指数的提高主要与直到开花期更多末梢小花的发育有关,决定了每平方米更多籽粒的形成。其中与之有关的一个重要因素是减缓了最初那些籽粒的起始生长,这种明显的现象不仅仅是现代小麦品种所具有的特点,而且玉米和高粱也有类似情况。

玉米与小麦形成明显对比,其杂交种产量潜力的改善并不是一定缘于植株高度的降低或收获指数的提高(Tollenaar,1989;Duvick,1992)。玉米产量潜力的增加主要因为改善了其耐密性,如经验选择是植株雄穗较小、叶片倾向直立、缩短开花和抽丝的间隔时间以改善小花发育以及籽粒形成。玉米还表现出明显很强的"持绿"特性,促使叶片光合活性持续时间增加(Duvick,1997)。同样,在大豆和水稻上,冠层光合活性缓慢衰减也是现代品种的特性,这些特性的改变来自于农艺措施和作物保护的改善,而且有可能进一步改进。

4.1.2 产量潜力的生理生态基础

光合潜力与产量增长的关系一直是学术界争论的一个问题。

人工选择毫无疑问能够并且也确实改进了各种胁迫条件下的作物光合作用,如虽然玉米叶片光合潜力似乎没有增加,却可以经受冷凉夜晚或轻微干旱(Dwyer 等,1991;Nissanka 等,1997)。因而使我们不得不在叶面积大小和单位叶面积 CO_2 交换速率之间进行权衡,这就造成许多作物其野生亲本的 CO_2 交换速率明显高于其现代栽培品种(Evans,1993)。而且,CO_2 交换速率的最大值只有在植株需求量达到最高时才得以表现,而栽培作物之间的比较却总是不能保证这样的条件。因此,栽培作物籽粒形成期的对比研究可能显示 CO_2 交换速率和产量潜力形成之间的正相关关系,它所反映的是对光合速率的需求量而并非光合能力。然而,也有少数栽培作物的对比研究表明光合能力的变化与产量潜力的变化相一致。例如,澳大利亚小麦栽培种,在土壤中等氮素水平条件下表现为 CO_2 交换速率的最大值的增加与矮秆基因 Rht 相关,而且叶片氮、磷酸核酮糖酸羧化酶活性、叶绿素含量和电子传递能力也相应增加,并伴随叶绿素 a/b 比率的下降。这些变化可能是源于选择叶片绿色性状,随着矮秆基因导入后植株更能有效地利用氮素,但这只是农艺与育种之间协同作用的另一个例子(Evans 和 Fischer,1999)。

根据 Monteith(1977)原理,一个地区某一作物的初级生产力(P_n)和产量潜力(Y_p)由下列因素决定(Long 和 Zhu,等,2006):

$$P_n = S_t \cdot \varepsilon_i \cdot \varepsilon_c / k \tag{4.1}$$

$$Y_p = \eta \cdot P_n \tag{4.2}$$

式中,S_t 为一年中太阳辐射总量(MJ/m^2),ε_i 为作物截获太阳辐射的效率,ε_c 为作物把所截获的太阳辐射转变为生物量的效率,即能量利用效率,k 为植物产品的能量系数(MJ/g),η 为收获指数,即把全部生物量转变为收获的经济产量的效率。其中 S_t 由地点和年份决定,k 在各种营养器官间差异不大,只是在油分含量明显高的籽粒中可能含有较高能量,需要在产量构成中考虑,P_n 是一个生长季植物的全部生物量,即初级生产力,这样,Y_p 就取决于 3 个效率,即 ε_i、ε_c 和 η 的组合结果,每个效率都描述了广泛的生理和结构特征:ε_i 取决于作物冠层的发展与形成的速度、持续的有效期、冠层大小及结构;ε_c 取决于冠层内所有叶片的群体光合速率与作物呼吸损失。过去的 50 年里,Y_p 的成功提高在很大程度上是通过提高收获指数 η 获得。现代禾谷类作物品种已经达到 $0.4 \sim 0.6$,许多学者认为继续提高收获指数 η 的难度越来越大,要使 η 增加到大于目前 0.5 的水平已非常渺茫(Han,1995;Mann,1999)。

提高产量潜力 Y_p 也可以通过增加 ε_i 实现,ε_i 决定于作物冠层形成速度的快慢、生长期限和结构大小,通过栽培管理措施促进较早的冠层发展和地面覆盖,可以增加作物生长期内 ε_i 以截获更多太阳辐射(Araus 和 Slafer 等,2002;Long 和 Zhu,等,2006)。如果 ε_i 和 η 接近增长上限,那么,要进一步增加 Y_p 只能通过增加 ε_c 来实现,ε_c 取决于冠层内所有叶片的光合速率和呼吸损失,理论上依赖于冠层所吸收的光能被转换为生物量的效率,即净光合速率,尽管有一些研究不认为提高叶片光合速率与增加产量具有相关关系,但是,通过改变作物冠层结构促使冠层内的太阳辐射分布得到改善,从而使叶片处于光饱和的时间达到最小,却是增加 ε_c 的重要途径之一,在晴天中午可以提高 40% 以上。要进一步增加主要作物的产量潜力 Y_p,在理论上依然主要依赖于提高作物的光合作用(Long 和 Zhu,等,2006)。然而,因为叶片光合速率和产量之间缺乏足够的相关性,加上产量是库有限而非源有限的迹象,导致普遍认为提高叶片光合速率并不能够增加作物产量。因此,在作物产量增加的过程中,首先考虑合理密植增大群体、扩大有效光合面积是提高产量潜力的基础;其次,在适当密植与叶面积条件下,考虑改变植株株型调整群体结构、改善冠层中光能分布;第三,在前两项基础上,再考虑提高叶片光合活性、光能转化与利用效率。

作物潜在的辐射利用效率:当 ε_i 为 0.9、η 为 0.6 或接近最大值时,在一个生长季 ε_c 的最大值 C_3 作物为 0.024、C_4 作物为 0.034,尽管在短时期内可能观察到更高的光能利用效率。对于 C_3 作物,短期内最高的光能利用效率可以达到 0.035,C_4 作物可以达到 0.043。太阳辐射中大约 50% 的能量为近红外波(>700 nm),其光量子能量太低不能激发陆地植物光合反应中心的电荷分离,因此不是光合作用的有效波长(表 4.1)。C_3 植物对光量子的最小需求量为 8,不管波长是不是低于 700 nm,也就是说红光光量子与紫光光量子具有相同的效应,但是,波长 400 nm 的紫外光所含的能量比波长 700 nm 的红外光多 75%,额外的紫外光量子能量以热的形式损失,象征着一种内在的光化学无效能;其他色素如位于表皮细胞中的花青素也吸收一些光能,却不能把能量传递到光合作用而导致无效的吸收。1 mol 690 nm 波长的光量子含 173.3 kJ 能量,但是,当碳水化合物中释放 1 mol CO_2 时要释放出 477 kJ 的能量。因为最少需要 8 mol 的光量子把 1 mol CO_2 转化成碳水化合物,因此碳水化合物合成有一个最大的效率 $477/(8 \times 173.3) = 0.344$,这一步损失了大约 66% 的能量,而 C_4 途径因为需要更多的 ATP,在这一步合成的碳水化合物在光呼吸中有一部分再氧化还有能量损失。理论上,ε_c 最大值在 C_3 植物中达到大约为 0.051,在 C_4 植物中达到大约为 0.060 是可能的(表 4.1)。如果我们与实际中观测到的最大值 $0.035(C_3)$ 和 $0.043(C_4)$ 相比,我们可以发现实际上 ε_c 值较低,只有理论值的 70%。

表 4.1　通过作物叶层光合作用把截获的太阳辐射转变为植株碳水化合物的效率(Long 和 Zhu,等,2006)

项目	损失比例(效率)/%		保留比例/%	
外部光合有效辐射波段的入射能量	50.0(0.5)		50.0	
反射光与透过光	5.0(0.9)		45.0	
非光合色数吸收的光	1.8(0.96)		43.2	
光化学无效能	8.4(0.8)		34.8	
光合类型	C_3	C_4	C_3	C_4
碳水化合物合成	22.8(0.34)	24.8(0.29)	12.0	10.0
光呼吸	3.5(0.7)	0(1.0)	8.5	10.0
暗呼吸	3.4(0.6)	4.0(0.6)	5.1	6.0
最终的 ε_c			0.051	0.060

注:"损失比例"表示从光能截获到碳水化合物积累每一个阶段能量损失的比例,效率在括号中给出。"保留比例"表示沿着转化链在每一个阶段保留了多少能量。C_3 作物(如水稻、小麦、大豆、大麦)与 C_4 作物(如玉米、高粱),C_4 作物没有光呼吸,但需要更多能量进行碳水化合物合成,因此总体上 ε_c 不同。

一个物种在其最适生长环境条件下可以获得最大 ε_c,也许达不到理论上的最大 ε_c。其原因有两个:其一是叶片处在光饱和状态,能量浪费、效率下降。这种状况可以通过改变冠层结构使光的分布更佳而改善,维持叶片在光限制条件下的最大光合效率并增加光饱和状态时的光合速率。其二是通过降低光呼吸使理论 ε_c 增加。这可以通过转变 C_3 作物为 C_4 获得,或者通过改善固定 CO_2 的 Rubisco 特性获得,但是,却是最困难的,实现的可能性不大。

调整冠层结构增加 ε_c:叶片光合随太阳辐射能量的增加呈非线性关系。对于 C_3 作物,叶片光合在光量子通量密度(PPFD)大约为太阳辐射最大值的 1/4 时达到光合饱和状态,所以,截获的高于饱和光强以上的 PPFD 就被浪费掉了。一个发育完整而健壮的作物可能有 3 层或更多层次叶片(也就是 LAI$\geqslant$3),如果叶片总体上呈水平状(图 4.2a,植株 X),最上层的叶片在中午时将截获大部分光照,大约 10% 的光照可以穿透到下一层叶片,而只有 1% 的光照到达更下一层叶片。当太阳在当空时,通过植物冠层顶部几乎平展的叶片截获的 PPFD 将有 1 400 $\mu mol/(m^2 \cdot s)$ 或更多,大约是饱和光强的 3 倍(图 4.2c),所以,被上层叶片截获的太阳能至少有 2/3 被浪费。要改变这样的状况一种较好的安排是使上层叶片截获一小部分光照,允许更多的光照能到达下层叶片。这种状态的获得,可以在上部的叶片更直立、最下层的叶片平展时获得,如图 4.2a 所示植株 Y。对于水平方向上呈 75° 角的叶片,单位叶面积所截获的太阳辐射能量大约为 700 $\mu mol/(m^2 \cdot s)$,恰好足够饱和光合作用,而其他的剩余的直射光[1 300 $\mu mol/(m^2 \cdot s)$]将透射到冠层下部叶片,通过这种方式分布的光能,在晴天中午时植株 Y 的光能利用效率将超过植株 X 2 倍。

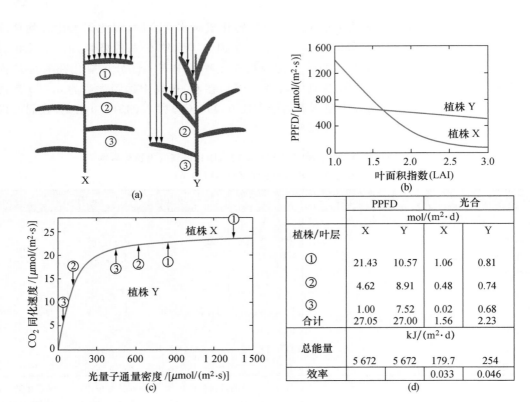

图 4.2

(a)植株 X 主要具有平展的叶片,这样上部叶片①截获了大部分入射的太阳光能,对下层叶片②和③形成遮阴。植株 Y 具有直立的上部叶片,近底部叶片更加平展,这样光的分布更加均匀。(b)植株 X 和植株 Y 随着叶面积指数增加在中午不同冠层深度的 PPFD。(c)光合 CO_2 吸收速率对 PPFD 的响应。曲线下面的前头表示在植株 Y 冠层中 3 层叶片的平均 PPFD,曲线上面的前头表示在植株 X 冠层中 3 层叶片的平均 PPFD。(d)通过曲线 C 计算得到的植株 X 和植株 Y 3 层叶片 1 d 中 PPFD 总量和光合 CO_2 吸收速率。光能效率的计算为以碳水化合物储存的能量与截获的太阳辐射能之比(Long 和 Zhu,等,2006)。

4.1.3 作物产量构成因素及相互关系

作物产量形成过程是指作物产量的构成因素形成和物质积累的过程,也就是作物各器官的建成过程及群体的物质生产和分配过程。不同作物有各自不同的生长发育特点和产量形成特点,但从作物产量形成过程来看,各类作物均可概括地划分为生育前期、中期和后期 3 个阶段。生育前期为营养生长阶段,光合产物主要用于根、茎、叶及分蘖的生长;生育中期为生殖器官分化形成和营养器官旺盛生长并进期,生殖器官形成的多少决定产量潜力的大小,生育后期是结实成熟阶段,营养器官停止生长,光合产物大量运往籽粒,穗和籽粒干物质重量急剧增加,直至达到潜在贮存量。一般来说,前一个时期的生长过程有决定后一个时期生长程度的作物,营养器官的生长和生殖器官的生长相互影响,相互联系,生殖器官所需的养分,大部分由营养器官供应,因此,只有营养器官生长良好,才能保证生殖器官的形成和发育良好(于振文,2003)。

作物产量的形成主要是通过绿色叶片的光合作用。农作物全部干物质约有95％来自光合作用,只有大约5％来自根系吸收的矿物质。所以提高作物对光能的利用是增加作物产量的最主要的手段。

作物产量构成因素及其相互关系:作物产量是指单位土地面积上的作物群体的产量,即由个体产量和产品器官数量所构成。作物的产量(经济产量)构成因素是构成主产品(经济产量)的各个组成部分,通常可分为单位面积株数、单株产品器官数、产品器官重量,如玉米、小麦、水稻等禾谷类作物为单位面积穗数、每穗粒数和粒重。单位土地面积上作物产量随产量构成因素数值的增大而增加,但是,作物在群体栽培条件下,由于群体密度和种植方式等不同,个体所占营养面积和生育环境也不相同,植株和器官生长存在差异。一般来说,当密度增加到个体之间发生相互影响时,产量构成因素很难同步增长,往往彼此之间存在着负相关关系。如小麦单位面积产量是由单位面积穗数、每穗粒数和粒重构成的。在一定范围内,产量随着单位面积穗数的增加而提高;如果穗数过多,每穗粒数减少,粒重下降,产量也会降低。如果单位面积上穗数的增加能弥补并超过每穗粒数和粒重减少的损失,仍表现为增产,当三因素中某一因素增加不能弥补另外两个因素减少的损失时,就表现为减产。因此,只有在三者相互协调的情况下,才能获得高产。建立合理的群体结构,合理解决群体发展与个体发育的矛盾,充分利用光能和地力,协调发展穗数、粒数、粒重,是达到高产的根本途径。

4.2 养分亏缺对作物光合作用的影响

4.2.1 养分亏缺对作物小麦光合的影响

在正常光照条件下测得土壤养分亏缺状况下小麦叶片光合速率与土壤养分均衡状况下小麦植株叶片光合速率没有明显差异(图4.3),强光下土壤N素亏缺叶片的光合速率与对照比也没有显著变化;同时正常光照下测定的离体无遮阴叶片和强光下测定的没有遮阴叶

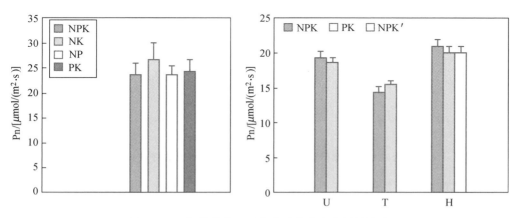

图 4.3 不同营养水平对小麦叶片光合作用的影响

右图:U,1 200 $\mu mol/(m^2 \cdot s)$光强下原位测定;T,1 200 $\mu mol/(m^2 \cdot s)$下离体测定;H,[1 600 $\mu mol/(m^2 \cdot s)$]强光下原位测定;NPK′,[1 600 $\mu mol/(m^2 \cdot s)$]强光下无遮阴叶片的测定。

片的净光合速率都没有显著差异,这些测定结果说明,土壤养分均衡条件下小麦植株叶片间发生的相互遮阴并不是导致土壤 N、P 亏缺时光合速率没有变化的原因。

但是较长光诱导过后的全营养处理小麦叶片光合作用明显高于营养亏缺的(图 4.4),不同营养条件下最大羧化速率(Vc_{max})和最大电子传递速率(J_{max})的变化(图 4.5),以及不同 N 水平下光响应曲线(图 4.6)也充分说明土壤 N、P 和 K 亏缺还是会导致饱和光强下小麦光合能力的下降。土壤 N 和 P 亏缺导致的小麦叶片叶绿素和二磷酸核酮糖羧化酶(Rubisco)含量的变化(图 4.7)是导致光合作用下调的重要因素。

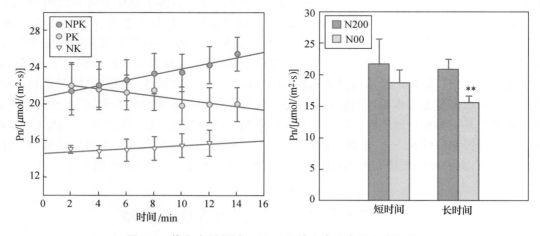

图 4.4 饱和光诱导对 N、P、K 亏缺小麦光合速率的影响

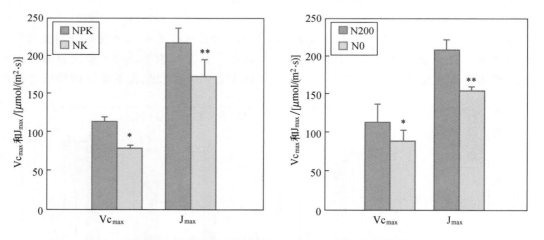

图 4.5 N、P、K 亏缺对小麦旗叶最大羧化速率(Vc_{max})和最大电子传递速率(J_{max})的影响

喷施低浓度亚硫酸氢钠后,在田间光强下对照小麦光合速率明显增加,而 N 亏缺叶片的光合速率没有显著差异(图 4.8)。同时 CO_2 响应曲线测定结果显示,喷施低浓度亚硫酸氢钠的对照叶片的电子传递速率和羧化速率有明显的增加(图 4.9),而土壤 N 素亏缺叶片则 CO_2 没有显著的变化(图 4.10)。这说明由喷施低浓度亚硫酸氢钠引起的循环电子传递速率的提高,显著地改善了由于对照叶片 C、N 对同化力的竞争而导致光合速率的影响。

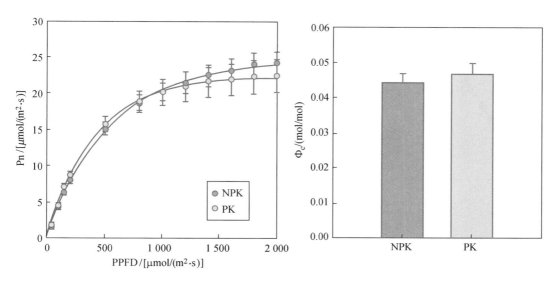

图 4.6　N 亏缺对小麦叶片光响应曲线及其量子效率的影响

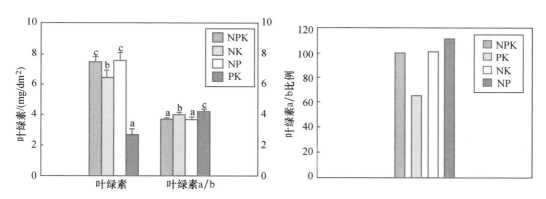

图 4.7　N、P、K 亏缺对小麦旗叶叶绿素和 Rubisco 含量的影响

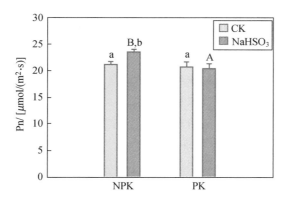

图 4.8　低浓度亚硫酸氢钠处理对小麦叶片光合速率的影响

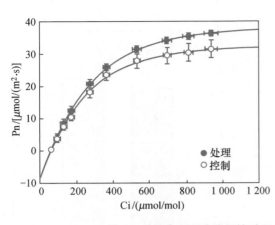
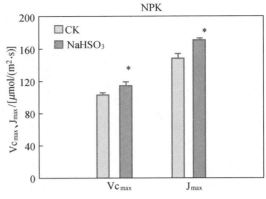

图 4.9　低浓度亚硫酸氢钠对 N 充足小麦叶片的 CO_2 响应的影响

Ci 为胞间二氧化碳浓度；* 表示处理和对照存在显著性差异（$P<0.05$）。

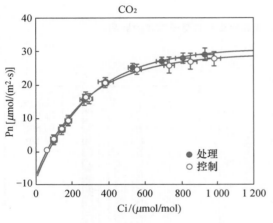
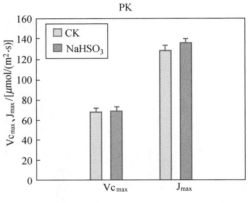

图 4.10　低浓度亚硫酸氢钠对 N 亏缺小麦叶片的 CO_2 响应的影响

利用 PAM—2000 进行的叶绿素荧光实验证明，土壤 N 素亏缺下小麦旗叶的最大光化学潜能（Fv/Fm）和光下系统Ⅱ实际光化学效率（Yield）要明显低于对照。喷施低浓度亚硫酸氢钠对 Fv/Fm 没有影响，但对 N 亏缺下的 Yield 有明显的促进作用（图 4.11 和图 4.12）。对电子传递速率的影响与对光下系统Ⅱ实际光化学效率相同（图 4.12）。说明低浓度亚硫酸氢钠对光合的促进不是来自于线性电子传递。N 亏缺条件下的非光化学萃灭（NPQ）显著高于对照，而低浓度亚硫酸氢钠对它们都有明显的促进作用（图 4.13）。因此可以得出低浓度亚硫酸氢钠对叶片光合的

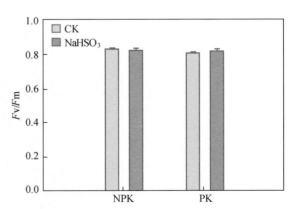

图 4.11　低浓度亚硫酸氢钠对不同 N 水平下小麦旗叶最大光化学潜能（Fv/Fm）的影响

促进作用主要来自于循环电子传递速率的增加,其最终会导致小麦产量的增加(一般来说,产量有 $5\%\sim10\%$ 的增加幅度)。

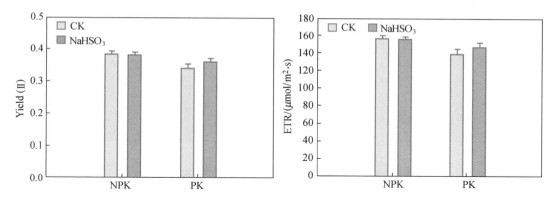

图 4.12　低浓度亚硫酸氢钠对不同 N 水平下小麦旗叶光下实际光化学效率(Yield)
和电子传递(ETR)的影响

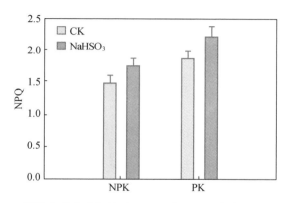

图 4.13　低浓度亚硫酸氢钠对不同 N 水平下小麦旗叶 NPQ 的影响

4.2.2　养分亏缺对作物玉米光合的影响

土壤中 P 素和 K 素亏缺会导致玉米叶片光合作用显著降低(图 4.14),气孔导度的降低可能是导致土壤中 P 素亏缺条件下光合速率降低的一个重要原因;但是,田间自然光下 N 亏缺,玉米叶片光合作用不仅没有降低反而有所增高,而在强光下土壤 N 素亏缺的玉米叶片的光合速率则显著低于对照(图 4.14)。Pn-Ci 曲线(图 4.15)显示,正常光下土壤 N 素亏缺的玉米叶片中 PEP 或 RuBP 的再生能力(曲线的后半段)明显高于对照,而高光下的再生能力却明显地低于对照,这说明在常光下土壤 N 素亏缺条件下 N 同化和 C 同化对同化力的竞争可能缓和,而高光下由于同化力供应相对比较充足,N 同化引起的同化力量的竞争没有常光下明显。对不同土壤 N 素水平下玉米叶片的光响应曲线以及量子效率的计算结果也证明了这一点;在弱光下土壤 N 素亏缺的玉米叶片的光合能力显著高于对照,而高光区的光合能力则反之(图 4.16)。显然,也可能是正常土壤 N 素条件下对 P 和 K 等其他营养元素的额外需求得不到满足所致。

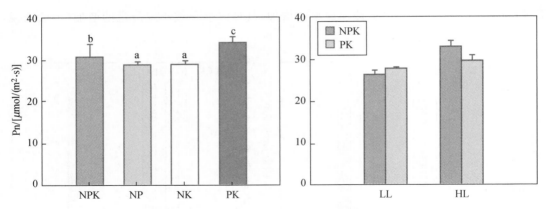

图 4.14　N、P 和 K 亏缺对玉米叶片光合速率的影响

[LL：1 000 μmol/(m^2 · s)下测定；HL：1 500 μmol/(m^2 · s)下测定]

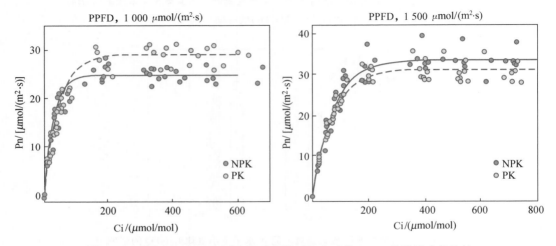

图 4.15　常光(左)和强光(右)下 N 亏缺对玉米叶片 Pn-Ci 曲线影响的比较

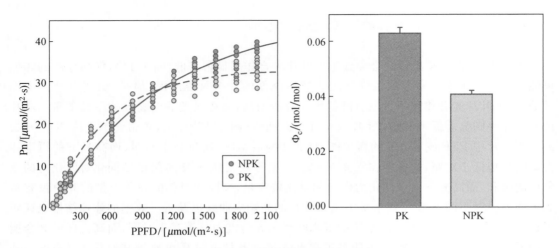

图 4.16　N 亏缺对玉米叶片光响应曲线及其量子效率的影响

我们推测田间光强下土壤 N 素亏缺叶片光合比对照高的原因可能在于土壤 N 素亏缺条件下植株 C、N 的同化力竞争比较缓和所致,因为玉米属于 C_4 植物,它在浓缩 CO_2 时需要消耗 ATP,而且由于灌浆期需要将叶片内代谢产物转运到籽粒中,又要消耗一部分能量,因此灌浆期玉米叶片的 C、N 在同化力竞争比较激烈,而高光下由于同化力供应相对比较充足,N 同化引起的同化力量的竞争没有田间光强下明显,因此在高光强下对照的优势就比较明显。因此我们在此基础上,进行了叶绿素荧光相关测定,分析它们在电子传递上的差异,以及亚硫酸氢钠处理后在光合速率以及电子传递上的变化。

喷施低浓度亚硫酸氢钠后,在田间光强下对照玉米光合速率明显增加,而 N 亏缺叶片的光合速率没有显著差异(图 4.17)。同时 CO_2 响应曲线测定结果显示,正常光下亚硫酸氢钠处理的 N 亏缺的玉米叶片中 PEP 或 RuBP 的再生能力(曲线的后半段)没有明显差异,而对照的再生能力却显著上升(图 4.18)。同时,我们用 PAM—2000 对玉米叶片进行了叶绿素荧光分析,实验结果显示 N 亏缺叶片的体内电子传递速率和系统 Ⅱ 量子明显低于对照,而亚硫酸氢钠处理对其系统 Ⅱ 的电子传递速率有明显促进(图 4.19),这从一个侧面验证,早期研究认为亚硫酸氢钠喷施对光合作用的促进主要是由于循环电子传递的加快,而与非循环电子传递无关。

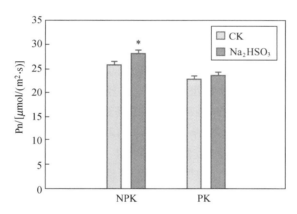

图 4.17 亚硫酸氢钠处理对不同 N 处理玉米穗位叶光合速率的影响

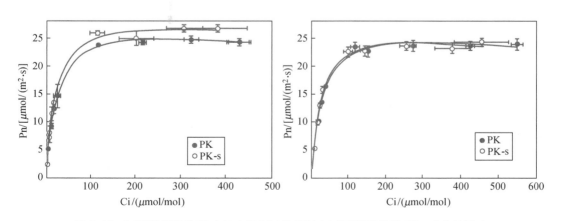

图 4.18 亚硫酸氢钠处理对 N 充足(左)和亏缺(右)玉米穗位叶 CO_2 响应的影响

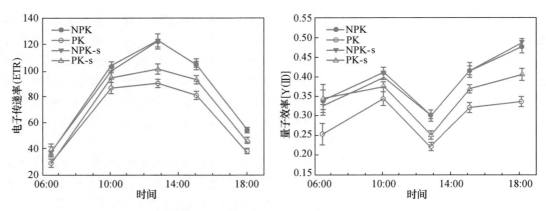

图 4.19　亚硫酸氢钠处理对不同 N 供应条件下体内电子传递速率(左)
和系统 Ⅱ 量子效率(右)日变化的影响

4.3　不同种植结构对小麦生长动态的影响

4.3.1　同一种植方式不同种植密度对小麦群体生长的影响

　　单位面积内具有适宜的穗数,是获得小麦高产的基础。在我国黄淮海平原主要种植有多穗型和大穗型两种类型品种。多穗型品种分蘖力较强,分蘖成穗率高;大穗型品种分蘖成穗率较低,穗大粒多。选用多穗型品种济麦 20(或济麦 22)和大穗型品种维麦 8 号,设置 90株/m²(R90),180 株/m²(R180),270 株/m²(R270),360 株/m²(R360)和 450 株/m²(R450)5个基本苗种植密度,观测研究了两种类型小麦品种生长发育与群体结构形成规律。

　　随着种植密度增加,不仅分蘖能力明显下降,而且有效分蘖明显减少,分蘖成熟率低;单位面积总茎数在拔节前有明显差异,在开花后、特别是在成熟时只有低密度和高密度的总茎数具有显著差异,而在 R90 和 R180 之间没有明显差异,在 R270、R360 和 R450 3 个种植密度之间也没有显著差异,说明种植密度增大到 270 株/m² 以上时,有效分蘖维持在相对稳定水平(图 4.20 和图 4.21)。

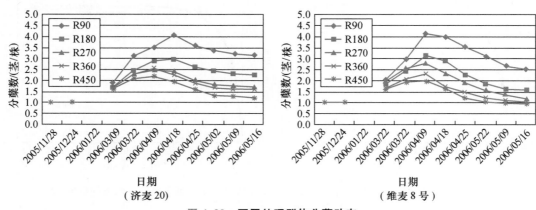

图 4.20　不同处理群体分蘖动态

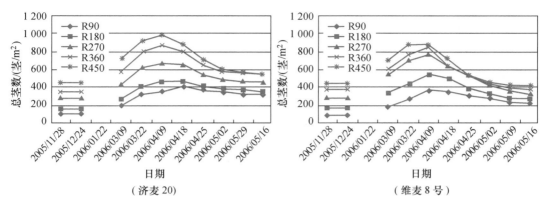

图 4.21　不同处理单位面积总茎数动态

不同处理的单茎叶面积（LA）和群体叶面积指数（LAI）均在挑旗孕穗期达到最大，LA 在处理之间没有表现明显差异，而 LAI 在处理之间具有明显差异，并且 LAI 表现为多穗型品种大于大穗型品种，多穗型品种种植密度增加到 360 株/m²、大穗型品种增加到 270 株/m² 时，LAI 不再随密度增加而增大，与单位面积总茎数的动态变化趋势相一致（图 4.22 和图 4.23）。

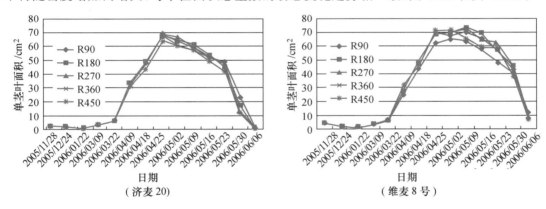

图 4.22　不同处理个体叶面积

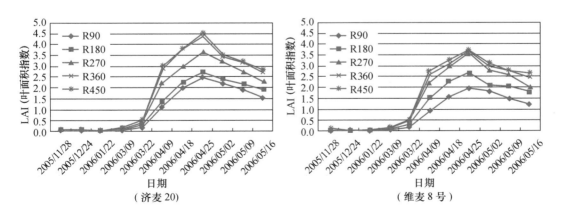

图 4.23　不同处理群体叶面积指数

从全生育期来看,种植密度在 R270 以下时,随种植密度增大群体对辐射截获量也相应增加,在 R270 以上时,密度增大群体对辐射截获量不再增加,各处理在生育前期差异较小,后期 R270 以上和 R270 以下差异明显增大,两个品种表现一致(图 4.24)。说明,种植密度增加到 270 株/m² 时群体对 PAR 的截获量不再增加,在种植密度小于 180 株/m² 条件下群体 PAR 的截获量明显较低,漏光损失较多。群体对辐射的截获与 LAI 和群体大小密切相关。

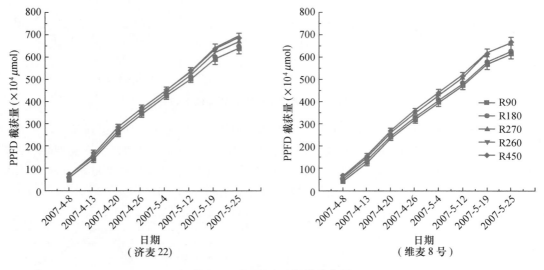

图 4.24　不同处理辐射截获量

从空间上来看,不同处理对辐射截获的差异主要表现在植株倒二叶和旗叶部位,两个品种也表现出不同趋势。济麦 22 旗叶和倒二叶部位对辐射的截获率,均表现为 R270 最高,从 R90 到 R270 表现为增加,从 R270 到 R450 表现为下降,而最下层绿叶下方的截获率没有明显差异(图 4.25)。维麦 8 号旗叶和倒二叶对辐射的截获率与济麦 22 一样也有相同的趋势,但各密度之间差异不明显。究其原因,可能是与群体大小和叶倾角有关。

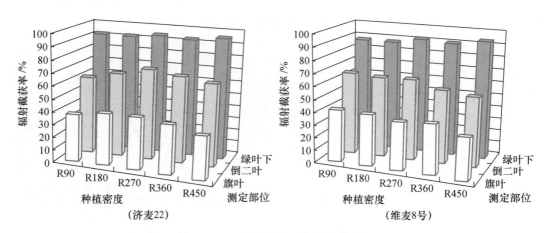

图 4.25　不同处理冠层内辐射截获率

4.3.2 同一密度不同种植方式对小麦群体生长的影响

以冬小麦山农 919 为供试品种,按照种群基本苗数为 $204×10^4$ 株/hm²,设置在同一种植密度下不同水平分布方式种植,即行株距分别为 7 cm×7 cm,14 cm×3.5 cm,24.5 cm×2 cm,49 cm×1 cm共 4 种种植方式,分别用 A(P7-7)>B(P14-3.5)>C(P24.5-2)>D(P49-1)表示。

小麦单株分蘖数受品种特性、光、温、水等环境条件的影响,而种群分布的差异会直接导致冬小麦生长局部生境改变,进而影响环境条件。调查结果表明,同一处理随时间变化规律为,冬前较低,返青期达高峰,至抽穗期达到较稳定状态;越冬前,不同种群分布方式下分蘖数量顺序为 A>B>C>D,但彼此间差异不显著,越冬后分蘖数量明显增加,A、B 处理增加较高,但到 4 月 10 日各处理的分蘖数均有下降,与 3 月 15 日比较,A 下降幅度最大,达 49.1%,到 4 月 24 日,各处理分蘖数基本稳定,A、B、C、D 处理间差异不显著,表明不合理的种群分布对分蘖及其成穗具有很大的影响。在同一生育时期种群的不同分布方式中总茎数和叶面积指数(LAI)的大小均表现为 A(P7-7)>B(P14-3.5)>C(P24.5-2)>D(P49-1)(图 4.26),产生这一现象主要是由于株距较小的植株也较小,所以个体与个体之间对光、水等的竞争不激烈,而随着植株个体的增大,相邻个体间的竞争加剧,导致叶面积指数下降。

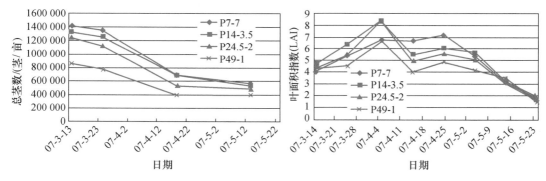

图 4.26 不同种植方式群体动态

在挑旗-孕穗期,把群体冠层内茎按其高度分为大、中、小 3 种,则 4 个处理的大茎数量差异不显著,而中、小茎数量差异显著(图 4.27),这些中、小茎的大部分在生长后期很可能退

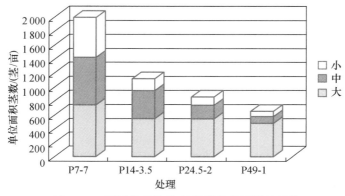

图 4.27 不同处理孕穗-抽穗期单位面积总茎数

75

化成为无效蘗。群体的分布方式又直接影响到群体内辐射的传输分布,挑旗孕穗期辐射截获率虽然行内差异较小,以 B(P14-3.5)略高于其他处理,但行间差异明显,D(P49-1)处理明显低于 B(P14-3.5)和 C(P24.5-2),B(P14-3.5)又略高于 C(P24.5-2)(图 4.28)。

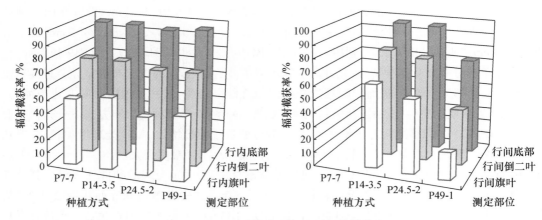

图 4.28 不同种植方式处理的辐射截获率

4.3.3 不同种植结构下玉米群体动态与辐射截获

玉米群体叶面积指数与种植密度相关,随种植密度(R)增加而相应增大,但是,45 cm 行距与 60 cm 两个行距的叶面积指数差异不显著。低密度、相同密度条件下,同一时期农大 108 LAI 略大于郑单 958,高密度时同一时期两个品种的 LAI 基本一致(图 4.29)。

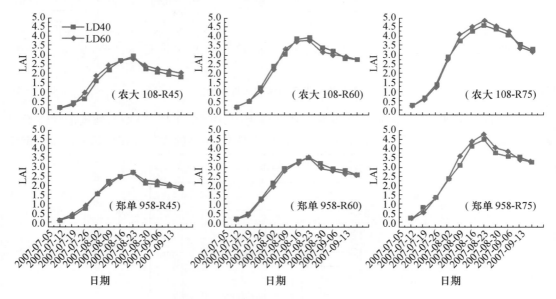

图 4.29 不同密度处理的玉米叶面积指数

不同群体结构对冠层辐射的传输与分布具有明显影响,总体上表现为同一植株高度群体越大,辐射截获率越大。低密度时同一高度表现为农大 108 品种的辐射截获率大于郑单

958,高密度时两个品种差异不明显。同一植株高度的辐射截获率在不同行距之间具有明显差异,除农大 108 在低密度 R45 时表现为 60 cm 行距大于 45 cm 行距,其余均为 45 cm 行距的辐射截获率明显大于 60 cm 行距的辐射截获率(图 4.30)。这一现象与叶面积指数的表现不一致,说明玉米群体叶面积指数的大小并不能完全反映群体对辐射截获状况。玉米群体冠层内的辐射截获分布,除与群体大小有关外,可能还与叶片在茎上着生的倾斜角度和空间分布有关,今后需要进一步深入研究。

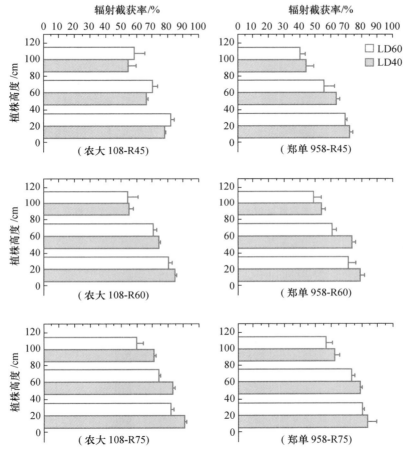

图 4.30　不同密度处理辐射截获率(2007 年 7 月 26 日)

4.4　不同种植结构下作物叶片光合特征

4.4.1　不同种植密度条件下的小麦叶片光合特征

田间种植条件下,测定比较发现不同种植密度对光合作用具有明显的影响,而且造成差异的主要因素是叶片的光照条件不同所致(图 4.31);而最大羧化速率(Vc_{max})和最大电子传递速率(J_{max})的变化揭示了高密度下下层叶位叶片光合能力的显著降低(图 4.32);高密度下不同叶位的叶绿素 a/b 比变化也说明了不同受光条件已经对植物叶绿体内色素构成产生影响,高种植密度下小麦叶片的叶绿素含量显著下降,说明不同种植密度导致的植物营养状况的改变也是影响光合作用的重要因素(图 4.33)。

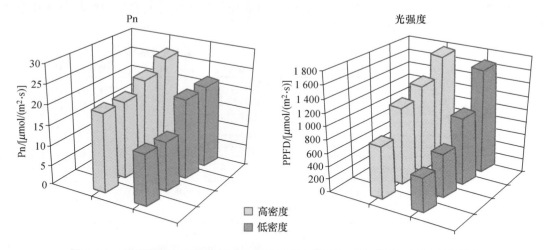

图 4.31 不同种植密度和叶位对小麦叶片光合速率(左)和光照情况(右)的影响

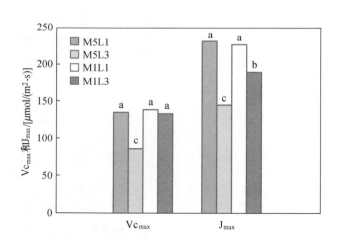

图 4.32 不同种植密度和叶位对小麦叶片 Vc_{max} 和 J_{max} 的影响

测定不同密度不同部位叶片的光合速率日变化,发现不同种植密度条件下上部和中部倒 3 叶的光合速率(Pn)日变化均呈单峰曲线,2 个品种表现基本一致,净光合速率在 12:00 左右达到最大,济麦 20 上部叶片 $Pn(CO_2)$ 的最大值在 22.41~24.45 $\mu mol/(m^2 \cdot s)$,维麦 8 号上部叶片 Pn 的最大值为 20.89~21.84 $\mu mol/(m^2 \cdot s)$,同时,冠层内叶片自上而下光合速率明显下降(图 4.34)。值得注意的是,济麦 20 的下部叶片在正午 12:00 时出现了"波谷",究其原因,可能是因为分蘖力强,形成的群体结构较大叶片较密闭,正午时对下部叶片产生的遮光作用较大所致。

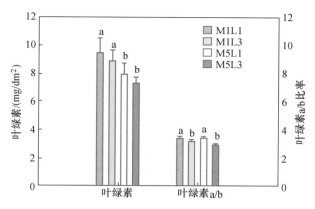

图 4.33　不同种植密度和叶位对小麦叶片叶绿素含量和叶绿素构成的影响

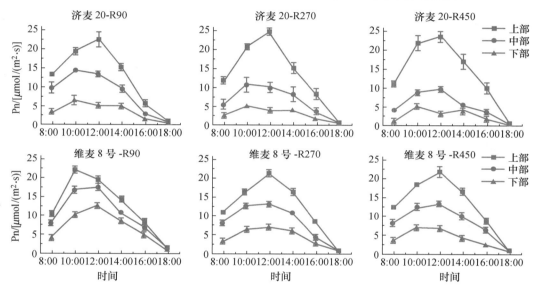

图 4.34　灌浆初期不同处理叶片的光合速率日变化

（武兰芳与欧阳竹,2008）

　　为了更好地说明种植密度和品种对不同部位叶片光合速率的影响,利用光合速率日变化曲线积分获得日光合总量并进行差异显著性比较(表 4.2)。结果表明,上部叶片的日光合总量在密度和品种之间差异不显著,但是,中部叶片和下部叶片的日光合总量却随密度增加呈现显著下降,而且,在品种之间表现出明显差异。种植密度从 R90 增加到 R450,中部叶片与上部叶片的日光合总量相差值,济麦 20 分别达到 35.16%,52.17% 和 62.23%,而维麦 8 号却只有 17.76%,35.42% 和 36.55%;下部叶片与上部叶片的日光合总量相差值,济麦 20 分别是 71.24%,78.52% 和 81.59%,而维麦 8 号分别为 44.53%,64.73% 和 70.72%。可见,在同一种植密度条件下,维麦 8 号品种中、下部叶片的日光合总量大于济麦 20 号的对应叶片。由此说明,种植密度对冠层内中、下部叶片的光合速率具有显著影响,随着种植密度增加,中、下部叶片的日光合总量随之降低,并且,维麦 8 号与济麦 20 相比,降低幅度相对较小,说明,在种植密度相同的条件下,多穗型品种的中、下部叶片日光合总量低于大穗型品种。

表 4.2　不同处理的叶片日光合总量及其差异显著性　　　mmol/(m² · d)

指标	济麦 20			维麦 8 号		
	上部	中部	下部	上部	中部	下部
R90	250.66a A	162.54a A	72.08a A	247.57a A	203.59a A	137.32a A
R270	267.55ab A	128.04 b B	57.53ab A	242.65a A	160.72 b B	85.58 b B
R450	278.66 b A	105.14 c C	51.31 b A	256.56a A	162.72 b B	75.61 c B

注:a,b,c代表0.05%差异水平;A,B,C代表0.01%差异水平。以下相同。

蒸腾速率(Tr)日变化如图 4.35 所示:中部叶片与上部叶片的变化趋势非常接近,下部叶片在中午 12:00 前与上述两片叶相差较小,中午 12:00 以后开始明显降低,与上述两片叶的相差较大,品种和密度之间的变化趋势基本一致。通过对蒸腾速率日变化曲线积分获得不同部位叶片日蒸腾总量,可见随密度增加而日蒸腾总量呈下降趋势,但是,却表现出不同的差异显著性(表 4.3)。济麦 20 的上部叶片在 3 个密度之间均没有达到显著差异,而中部叶片和下部叶片均在 R90 和 R270 与 R450 之间达到极显著差异;维麦 8 号的叶片和中部叶片在不同密度之间没有达到极显著差异,而下部叶片在 R90 与 R270 和 R450 之间达到极显著差异。济麦 20 在 R90、R270、R450 3 个密度条件下,下部叶片与上部叶片相比,其日蒸腾总量分别下降 16.66%、16.75%和 23.55%;维麦 8 号在 R90、R270 和 R450 3 个密度条件下,下部叶片与上部叶片相比,其日蒸腾总量分别下降 11.26%、18.23%和 18.04%。由此说明,种植密度增加主要是对冠层内下部叶片的蒸腾速率产生显著影响,随着密度增大,下部叶片的日蒸腾总量显著下降。同时,多穗型品种济麦 20 3 个部位叶片的日蒸腾总量均明显大于大穗型品种维麦 8 号对应部位叶片的日蒸腾总量,与光合作用的表现正好相反。

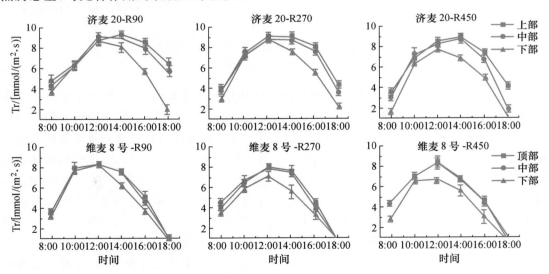

图 4.35　灌浆初期不同处理叶片的蒸腾速率日变化

表4.3　不同处理的叶片日蒸腾总量及其差异显著性　　　　　　　　mol/(m² · d)

指标	济麦 20			维麦 8 号		
	上部	中部	下部	上部	中部	下部
R90	136.55a A	134.64a A	113.68a A	111.29a A	108.52a A	99.37a A
R270	134.61a A	129.38a AB	19.05a A	104.56 b A	105.13a A	85.49 b B
R450	127.27a A	119.48 b B	97.29 b B	103.38 b A	102.21a A	84.73 b B

　　水分利用效率(WUE)是同一时间内叶片同化CO_2的数量与其水分蒸腾量的比值,本研究采用的是叶片日光合总量与日蒸腾总量之比。总体上表现为:叶片自下而上其水分利用效率明显增大,上部叶片的 WUE 随着密度的增加而增大,中部叶片和下部叶片的 WUE 却随着密度的增加而下降,2 个品种的变化趋势表现一致,但是,济麦 20 各部位叶片明显低于维麦 8 号对应部位叶片的水分利用效率。差异显著性检验结果表明,不同密度对不同部位叶片水分利用效率影响达到了显著或极显著水平(表4.4)。济麦 20 顶部旗叶的水分利用效率为 1.84~2.20 mmol/mol、R90 与 R450 达到了极显著差异,中部倒 3 叶为 0.88~1.21 mmol/mol、3 个密度之间均达到了极显著差异;维麦 8 号旗叶的水分利用效率为 2.22~2.45 mmol/mol、R90 和 R450 之间表现出极显著差异,中部叶片和下部叶片分别为 1.54~1.87 mmol/mol 和 0.89~1.38 mmol/mol、R90 与 R270 和 250 之间达到极显著差异、R270 和 R250 没有达到显著差异。因为水分利用效率是光合速率和蒸腾速率共同影响的结果,从中、下部叶片来看,虽然日光合量和日蒸腾量均表现为随着密度增大而下降,但是下降幅度表现为光合大于蒸腾,所以,叶片水分利用效率表现为随密度增大而下降;同时,品种间可见明显差异,主要源于中、下部叶片的日光合量表现为济麦 20 小于维麦 8 号,而对应日蒸腾总量却是济麦 20 大于维麦 8 号。

表4.4　不同处理条件下叶片的水分利用效率及其差异显著性　　　　　　　　mmol/mol

指标	济麦 20			维麦 8 号		
	上部	中部	下部	上部	中部	下部
R90	1.84aA	1.21aA	0.64aA	2.22aA	1.87aA	1.38aA
R270	1.99bAB	0.99bB	0.53bA	2.34bAB	1.57bB	1.00bB
R450	2.20bB	0.88cC	0.51bA	2.45bB	1.54bB	0.89bB

　　辐射利用效率(RUE)是同一时间内CO_2同化量与叶片接受的辐射总量的比值,本研究采用的是叶片日光合总量与叶片截获的光合有效辐射日总量之比。随着密度增加,叶片辐射利用效率呈明显增加趋势,同时,叶片自上而下也表现为增加,两个品种的表现基本一致,但是,济麦 20 各部位的叶片 RUE 却明显低于维麦 8 号的对应叶片(表4.5)。济麦 20 各部位叶片 RUE 在密度 R90 和密度 R450 之间达到了极显著差异,上部叶片相差 18.72%,中部叶片相差 33.45%,下部叶片相差达到 39.47%;维麦 8 号上部叶片在 3 个密度之间的差异虽然没有达到显著水平,但是,R450 也比 R90 高出 9.88%;中部和下部叶片在 R90 与 R270 和 R450 达到极显著差异,而 R270 和 R450 之间没有显著差异,R450 与 R90 相比,中部叶片相差 21.18%,下部叶片相差 25.39%。由此说明,虽然冠层内植株中、下部叶片的光合速率

因为其截获的辐射(PPFD)减少而下降,但是,对辐射利用效率并没有下降,反而增加。

表 4.5　不同处理条件下叶片的辐射利用效率及其差异显著性　　　mmol/mol

指标	济麦 20			维麦 8 号		
	上部	中部	下部	上部	中部	下部
R90	15.67aA	19.46aA	19.21aA	22.06aA	24.27aA	26.07aA
R270	19.03bB	20.78aA	29.89bB	23.84aA	29.80bB	33.49bB
R450	19.28bB	29.24bB	32.15bB	25.32aA	30.79bB	34.94bB

气孔导度(Gs)的日变化呈单峰曲线,早晚较低,中午 12:00 最大(图 4.36)。气孔既是作物光合作用 CO_2 气体交换的通道,也是蒸腾作物 H_2O 散失的通道,作物通过调节气孔开度,控制水分的蒸腾和 CO_2 的同化,叶片吸收太阳辐射进行光合作用能量转换的同时,通过水分蒸腾降低叶面温度以使叶片避免高温伤害。由于上午随着辐射和气温不断升高,叶片气孔导度也随之增大,光合速率和蒸腾速率也相应增大,午后开始下降。从图 4.36 可以看出,随着密度增加,下部叶片与上部叶片气孔导度的相差值增大,2 个品种均在 R450 密度时,下部叶片的气孔导度明显下降。在低密度 R90 时,上部叶片对下部叶片的遮光较少,下部叶片接收较多的太阳辐射,叶气温差较小,气孔导度下降幅度较小;而在高密度 R450 时,上部叶片对下部叶片的遮光严重,下部叶片接收太阳辐射相对较少,叶气温差较大,气孔导度下降幅度较大。

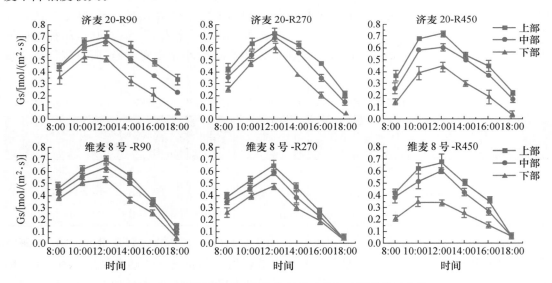

图 4.36　灌浆初期不同处理条件下叶片气孔导度的日变化

胞间 CO_2(Ci)的日变化趋势与光合速率的日变化趋势正好相反,总体上表现为:早晚光合作用较弱时 Ci 较高,中午光合作用较强时 Ci 较低(图 4.37)。这样的变化也正是光合作用利用 CO_2 的结果。从图 4.37 可以看到,冠层内各部位叶片 Ci 的日变化在密度之间差异不明显,而在两个品种之间的表现却明显不同。济麦 20 品种中、下部叶片的 Ci 大于维麦 8 号,同时值得注意的是,济麦 20 品种的下部叶片在中午 12:00 时 Ci 出现升高的现象,这恰好与其光合速率降低相对应。Ci 的变化结合气孔限制值（Ls）的变化，是分析判断光合作用气孔限制和非气孔限制的重要依据。Ls 是用以表征由于气孔导度降低引起进入细胞间的 CO_2 减少以及由此带来的对光合速率的影响。不同处理条件下各部位叶片的 Ls 日变化如图 4.38 所示，从中可以看出，除济麦 20 下部叶片在中午出现了下降"波谷"，其余叶片均呈单峰曲线，与 Pn 日变化趋势相似，而与 Ci 变化趋势正好相反（图 4.38）。分析原因，济麦 20 下部叶片中午 Pn 的下降，是由非气孔限制因素引起，而济麦 20 中部叶片和维麦 8 号中、下部叶片 Pn 的降低，则主要是受气孔限制因素影响。

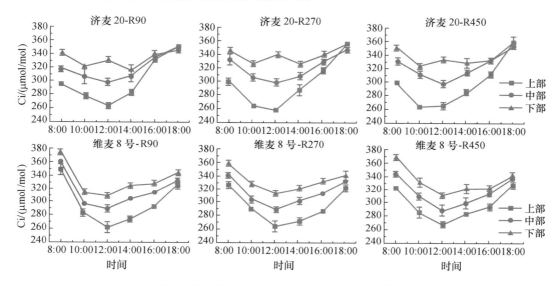

图 4.37　不同处理条件下叶片胞间 CO_2（Ci）浓度的日变化

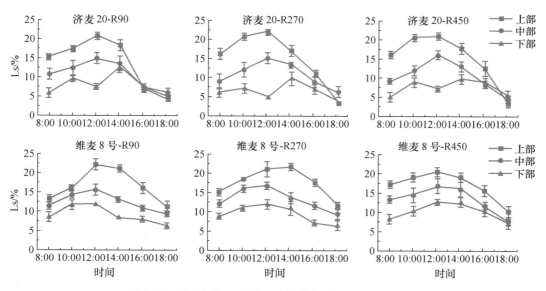

图 4.38　灌浆初期不同处理叶片的气孔限值（Ls）日变化

4.4.2　不同种植密度条件下的玉米叶片光合特征

因为群体结构对冠层内 PAR 分布状况的影响,从而引起不同群体结构玉米不同部位叶片光合作用具有明显差异(图 4.39),郑单 958(ZD958)玉米植株上面 3 片功能叶在不同种植密度下净光合速率没有显著差异;农大 108(ND108)却表现为显著下降,这可能与 ZD958 玉米叶片趋向直立导致中、下部叶片受光条件的改善有关,而 ND108 植株叶片为平展型,下部叶片受到上部叶片遮光影响。

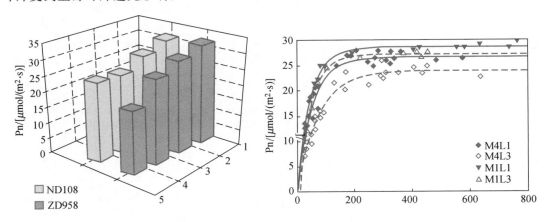

图 4.39　不同群体结构玉米不同部位叶片光合作用特征

4.5　不同群体构成与产量表现

4.5.1　不同种植密度下小麦群体整齐度与产量表现

从产量构成因素来看,单位面积穗数随种植密度增加呈增加趋势,济麦 22 高于维麦 8 号,每穗粒数和籽粒重量均随种植密度增加呈下降趋势,济麦 22 低于维麦 8 号(图 4.40)。最终,理论产量表现为济麦 22 高于维于 8 号,济麦 22 品种的产量在种植密度之间具有显著差异,以 R270 产量最高,为 727.46 g/m²,R450 产量最低,为 645.07 g/m²,维麦 8 号品种的产量在各种植密度之间没有显著差异。这是由单位面积穗数、穗粒数和粒重共同作用影响的结果。

成熟时不同种植密度的平均株高没有表现出明显差异(图 4.41),但是,在不同群体内的高低茎的数量却表现明显差异,随着种植密度增大,群体内平均株高以上(大株)的茎数明显下降,而平均株高以下(小株)的茎数显著增多(图 4.42),说明种植密度越大,植株的整齐度越差。而植株高度的差异,直接影响到穗部产量性状,大株的穗粒数和粒重明显高于小株的穗粒数和籽粒重(图 4.43 和图 4.44),而且,不论是大株还是小株的穗粒数和籽粒重,均表现为随密度增加呈下降趋势。因此,群体株高的整齐度是影响产量的一个重要因素。

从籽粒重量分析,不同部位籽粒重量的大小依次为 CP>BP>CD>AP>BD,维麦 8 号

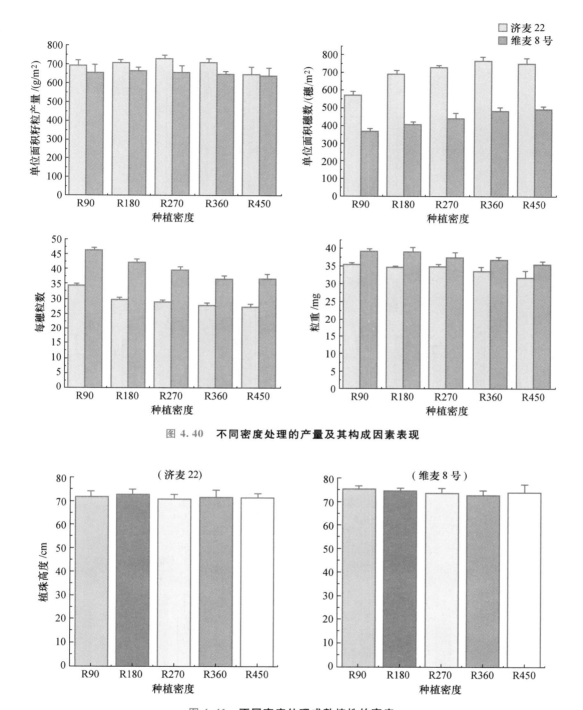

图 4.40 不同密度处理的产量及其构成因素表现

图 4.41 不同密度处理成熟植株的高度

各部位籽粒重量均大于济麦 22,维麦 8 号各部位籽粒重均随种植密度增大呈减小趋势,济麦 22 的基部和顶部籽粒重量变化不大,中部籽粒重量随密度增加呈下降趋势(图 4.45)。

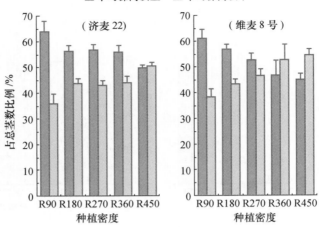

图 4.42　不同密度处理条件下植株株高低占总茎数的比例

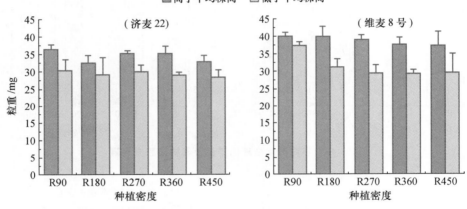

图 4.43　不同密度处理条件下高低茎的粒重

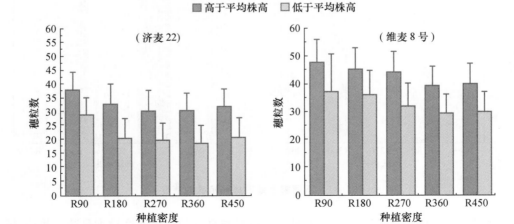

图 4.44　不同密度处理条件下高低茎的穗粒数

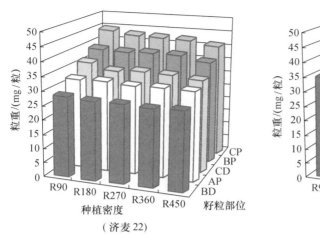
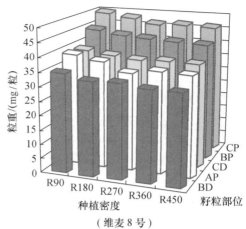

（济麦22）　　　　　　　　　　　　（维麦8号）

图 4.45　不同密度处理特殊部位籽粒重量

（AP:顶部近轴;BP:基部近轴;CP:中部近轴;BD:基部远轴;CD:中部远轴。下同）

　　从籽粒数量分析,不同部位籽粒对穗粒数的贡献表现为 CP 最高,BD 最小,种植密度增加,基部和顶部近轴籽粒呈增加趋势,基部和中部远轴籽粒呈减少趋势,中部近轴籽粒没有变化(图 4.46)。由此说明,种植密度增加主要是引起大粒重量下降、小粒数量下降,从而对产量产生影响。

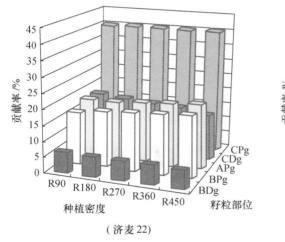
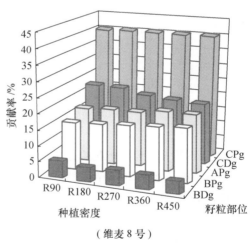

（济麦22）　　　　　　　　　　　　（维麦8号）

图 4.46　不同密度处理特殊部位籽粒对穗粒数的贡献

4.5.2　不同种植方式条件下小麦群体整齐度与产量表现

　　从图 4.47 和图 4.48 可以看出,因为种植方式不同,成熟时植株整齐度具有明显差异,同一群体内植株高度的不同,引起产量构成因素明显不同,处理 A(P7-7)虽然总茎数最多,但数粒却最少,处理 D(P49-1)虽然总茎数最少,但穗粒数却最多,这样的群体均不利于获得高产。

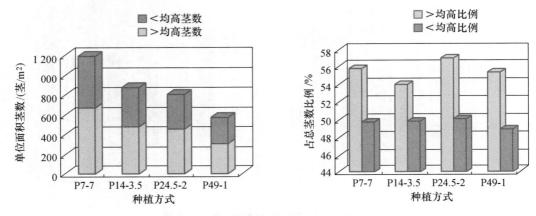

图 4.47 不同种植方式下总茎数及高低茎数比例

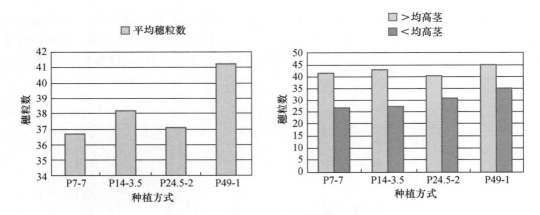

图 4.48 不同种植方式下穗数及高低茎穗数

从表 4.6 看出,不同处理的冬小麦株高没有显著差异,这可能与分蘖数量、单株小穗数较少有关;每株小穗数和不孕小穗数在 $P<0.01$ 水平上变化相似,B 和 D 处理间达到极显著差异,其他处理间无显著差异,千粒重 D 处理比 A 处理高 7.7%,达到极显著差异($P<0.01$);测产结果为 B>A>C>D,其中 B 处理与 A 处理间差异不显著,但显著高于其他处理($P<0.05$),D 处理极显著低于其他处理($P<0.01$),分析结果进一步表明:产量与小穗数呈正相关($r=0.870\,9$),与千粒重呈负相关($r=-0.774\,4$),与其他指标无明显的相关性;初步表明 A、B 处理产量较好,而 D 处理产量表现最差。

表 4.6 冬小麦种群不同分布方式下植株性状与产量构成

处理	株高 /cm	穗长 /cm	小穗数	不孕小穗	穗粒数	千粒重 /g	产量 /(kg/hm²)
A	78.6aA	13.9abA	19.0abcAB	4.2bcAB	38.9abA	39.2bB	7 897.5abA
B	79.8aA	13.5abA	19.5aA	4.8aA	36.7abA	40.1abAB	8 214.5aA

续表 4.6

处理	株高/cm	穗长/cm	小穗数	不孕小穗	穗粒数	千粒重/g	产 量/(kg/hm²)
C	78.8aA	13.1bA	18.5bcAB	4.5abAB	35.5bA	39.6bAB	7 601.1bA
D	78.0aA	13.4abA	18.3cB	3.7cB	37.8abA	42.2aA	6 747.0dB

注:均值后小写与大写字母分别表示 5% 和 1% 的显著水平。

4.5.3 不同种植结构条件下玉米产量形成

在不同种植密度条件下,最终产量表现为郑单 958 大于农大 108,农大 108 在 3 种种植密度的产量差异不明显,郑单 958 表现为 R60、LD40 的产量最高,行距之间产量比较总体上表现为 LD40＞LD60,特别在低密度时 LD40 的差异更加明显,高密度时差异减小(图 4.49)。穗粒数和千粒重均表现为随密度增加呈下降趋势,穗粒数在行距之间表现出差异,千粒重在行距之间没有表现出差异(图 4.50 和图 4.51)。

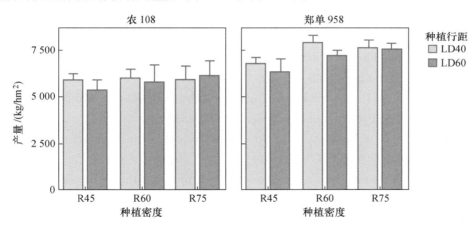

图 4.49 2006 年不同种植密度处理的玉米产量

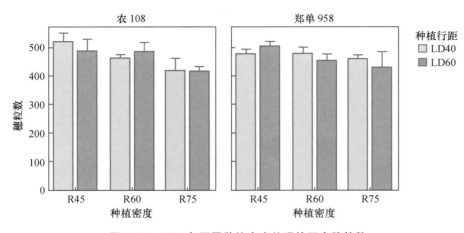

图 4.50 2006 年不同种植密度处理的玉米穗粒数

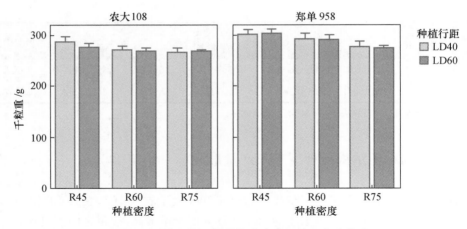

图 4.51　2006 年不同种植密度处理的玉米千粒重

参考文献

［1］Duvick D N. The contribution of breeding to yield advances in maize（*Zea mays* L.）. Advances in Agronomy,2005:86.

［2］Evans L T. Adapting and improving crops：the endless task. Philosophical Transactions of the Royal Society of London Series B-Biological Sciences,1997, 352：901-906.

［3］Evans L T, R A Fischer. Yield potential：Its definition,mesurement and significance. Crop Science,1999,39 (11-12)：1544-1551.

［4］Long S P,X Zhu,et al. Can improvement in photosynthesis increase crop yield?. Plant,Cell and Environment,2006,29：315-330.

［5］Loomis R S,J S Amthor. Yield potential,plant assimilatory capacity and metablic efficiencies. Crop Science,1999,39：1584-1596.

［6］武兰芳,欧阳竹.不同种植密度下两种穗型小麦叶片光合特性的变化. 麦类作物学报,2008,28(4)：618-625.

［7］于振文.作物栽培学各论.北京：中国农业出版社,2003.

第 5 章

作物群体生产力调控

5.1　作物群体生产力调控的理论基础

作物生产是一个群体生产过程,高的群体生产力是作物生长发育过程中群体光合产物高效积累的结果,是产量因子之间相互制约、平衡调节的结果,也是群体内个体－个体、个体－群体之间相互协调、矛盾统一的结果。作物群体生产力调控就是对群体生产力形成过程中的各项因子进行综合考虑,系统调整,以获得高的生产力和产量。指导作物群体生产力调控的基础理论可以概括为以下 3 大理论:第一,作物产量构成理论;第二,作物群体光合性能理论;第三,作物群体的库源理论。

5.1.1　作物产量构成理论

作物产量构成理论最早由英国农学家 Engledow 于 1923 年提出,该理论将禾谷类作物产量分解成穗数×穗粒数×粒重。其他作物,如棉花,则为株数×单株铃数×铃重×衣分。该理论直观地反映了产量构成因素,便于从这些因素的形成过程中了解产量的形成规律,并针对性地采取措施,至今仍在作物产量的研究中广泛应用。禾谷类作物的穗数、穗粒数、粒重被简称为产量三因素。

提高作物产量可通过提高产量因素中的任何一个或全部来实现。但大量研究发现,三因素间,穗数和粒数、粒重之间常呈负相关关系(图 5.1a,b,c)。作物群体产量调控要通过协调三因素之间的矛盾,使得三者的乘积达到最大值。常用的策略是先使得穗数和粒数的乘积达到最大,再努力提高粒重,实现数量和质量的统一,获得高产(图 5.1d)。综合国内外生产实践和科学研究,在协调三因素矛盾方面大致经历了 3 个发展阶段。①由增穗增产到稳穗增粒增产;②由依靠主穗发展到依靠分蘖;③探索促大穗提粒重,数量质量并举途径。

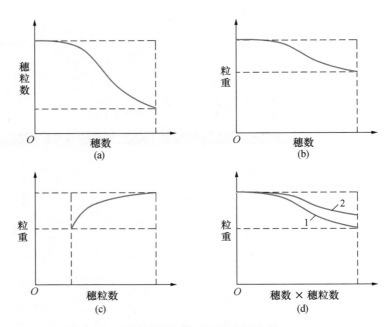

图 5.1　产量结构三因素之间的关系

（箭头表示增大方向；虚线指示参数的极值；d 中曲线 1 为较低产量群体特征曲线；2 为较高产量群体特征曲线）

5.1.2　作物群体光合性能理论

光合性能理论认为，光合生产是作物有机物质的唯一来源，提高光合效率，增加光合产物的积累是提高作物群体产量的根本途径。群体光合生产力主要决定于叶的光合生产力，它包括绿叶面积的大小，绿叶面积持续天数和单位叶面积的净同化速率。即：

$$群体光合生产力＝光合势（绿叶面积×持续天数）×净同化率 \tag{5.1}$$

群体绿叶面积和持续天数及净同化率之间往往呈现负相关。因为随着群体叶面积的增大，叶片之间互相遮阳，资源竞争激烈，叶片的寿命和净同化率因此均表现为缩短和下降。在群体叶面积扩展的初期，增加叶面积增加群体光合生产的正效应大于寿命缩短和净同化率下降的负效应，密植能增产；但当叶面积超过一定限度后，负效应大于正效应，密度越高，产量越低。因此，群体光合研究一直围绕着协调适宜叶面积和提高单位叶片光合效率关系展开。研究的重点是：①确定适宜叶面积的大小及其出现时间；②分析产量因素与适宜叶面积的关系；③关于群体叶面积的功能持续期及其效率。

5.1.3　作物群体库源理论

作物源库概念于 1928 年被首次提出，并于 20 世纪 60 年代后在植物生理学物质运输机理研究的基础上得以快速发展，逐渐形成库源理论。该理论主要从物质的运输和分配角度分析了作物光合生产、运输和经济产量的形成，弥补了光合性能理论中对于运输和分配理论的不足。

　　源库概念通常以同化物输出或输入的特点来描述。生产和输出同化物的器官和组织被称为源；接受和储存同化物质的器官和组织被称为库。而且源库是相对的、动态的，可因其所起作用的不同而变化。源的光合产物供应能力称为源强度，以源的大小（叶面积）与源活力（光合速率）的乘积表示。库强度则是库容量与库活性的乘积。源库关系是源强度与库强度的关系，在形态上是作物总颖花量（或总可育小花数）与群体叶面积的关系；而反映在源活力和库活力的质量关系上，则表现为总结实粒数与叶面积的关系。源库理论研究的重点问题是谁是限制产量的主要因子和如何协调源库关系形成高产。

5.2　作物群体质量指标

　　作物群体质量指标包括形态和生理两个方面，在具体研究中可以细化为多个具体形态或生理指标，而且形态指标和生理指标是彼此互相关联的。在大面积高产栽培实践中，为便于群体研究和指导生产，一般将形态指标和生理指标综合起来，主要从形态上反映其生理质量，统称为形态生理综合质量指标。禾谷类作物高产群体的形态生理综合质量指标主要有如下几项。

5.2.1　生殖生长阶段群体光合生产力是群体质量最核心的指标

　　作物群体产量形成过程是光合产物不断积累的过程。在营养生长阶段光合产物的积累主要用于构建营养器官，不断扩大源，并将部分光合产物存储在营养器官内。在生殖生长开始后，特别是进入开花期后，光合产物转向形成并充实生殖器官（产量库），而且原先存储在营养器官的部分光合产物也流向生殖器官，形成经济产量。在栽培学和生产上，一般将开花作为光合生产两个阶段的分界，将作物经济产量用公式表达为：

$$经济产量 = 花后光合积累量 + （花前存储物质 × 转移率） \tag{5.2}$$

　　作物禾谷类作物经济产量（产量）中 60% ~ 90% 的干物质是由花后光合产物形成的（Yang 和 Zhang，2006）。作物花前在茎、叶、根等器官储存并可转移的物质是较为有限的，而且许多实践表明，其转移率是与花后光合积累能量成反比的。因此，提高经济器官生长期（开花至成熟）的群体光合生产力，获得高的光合生产积累量是高产群体最核心的质量指标。其他的一切形态生理指标都要从是否有利于提高这一核心指标来评定。

5.2.2　花期达到适宜叶面积是衡量群体质量的首要形态指标

　　充足的叶源是作物生产的基础。叶片是作物群体最重要的源，是光合产物的主要形成者。作物群体光合积累量是由群体叶面积、叶功能持续时间和单位叶面积光合速率共同决定的，用公式可以表达为：

群体光合积累量 ＝ 单位叶面积光合速率×（群体叶面积×绿叶功能持续时间）

(5.3)

充足的叶面积是群体光合生产的基础,但是并不是叶面积越大越好。单位土地面积上的立体空间和光照、养分、水分资源都是有限的,单位土地面积上的叶面积(两者比值为叶面积指数 LAI)过大的群体内,叶片互相遮光严重,光竞争激烈,特别是基部叶片得不到足够的阳光,会处于净消耗状态(呼吸速率大于光合速率),另外植株和叶片之间的养分和水分竞争也会加剧,同时病虫害容易发生,还有在后期易于发生中下部叶片早衰和倒伏,这些都会严重影响群体的光合积累,不利于经济产量的形成。因此,作物群体光合生产需要有适宜的 LAI。

开花期 LAI 是作物群体叶面积质量的首选考察指标。因为,作物开花期植株形态已经完全建成,此后是籽粒灌浆结实时期,叶片光合产物主要用于直接供给籽粒灌浆。而且开花后叶片也开始逐渐衰老,叶片功能维持时间的长短直接影响到灌浆时间的长短和籽粒粒重,开花—灌浆期 LAI 是群体光合生产力的重要影响因子。因此,在作物群体—叶面积关系研究中,一般以开花期的 LAI 来作为研究指标。

开花期 LAI 是否适宜,是花后能否形成高效群体光合和较高光合物质积累的重要标志。Brougham(1956)将冠层光截获率达到 95% 时的 LAI 称为临界 LAI,认为超过该值后,基部叶片基本处于光饥饿状态,不利于群体光合生产。Watson(1958)将获得最大群体净光合速率和最大作物生长速率(CGR)时的 LAI 称为最适 LAI。在作物群体叶面积发展过程中,不论从光截获-光合关系还是从呼吸-光合平衡的观点出发,其 LAI 终究是有限度的,过大或过小的 LAI 都不利于花后群体光合干物质积累。衡量这一 LAI 限度的标准是获得最大的 CGR。Loomis 和 Williams(1963)认为,临界 LAI 和最适 LAI 虽然概念不同,但都描述了相同的量,即获得最大 CGR 时的最小 LAI。这里的"最小"是个临界值概念,既是最小也是最大,即最适 LAI。它包含了 3 个基本含义:第一,具有适宜的冠层光截获率(一般为 95% 左右);第二,群体基部的受光量在光补偿点的 2 倍以上,基部叶片能维持正常生理功能,能自给自足并就近供给根系;第三,群体能保持最高的群体净光合速率和 CGR。

对于以籽粒为经济器官的禾谷类作物而言,最适 LAI 出现在开花之前的营养生长末期。此后作物进入旺盛的生殖生长阶段,开始以形成籽粒为生长中心,叶片也开始衰老,此后 LAI 开始逐渐减小,在 LAI 进入迅速减小状态时标志着灌浆进入后期。开花—灌浆期绿叶面积的持续时间的长短对维持较高的光合势并完成籽粒灌浆,形成大粒尤其重要。综合来看,保证在单株具有必要数量的绿叶数、群体达到适宜 LAI 的基础上,花后保持较长光合持续期,是塑造经济器官生长期高光效群体的最基础性的质量指标。在库源关系质量指标中,叶源是最重要的源。协调库源关系,协调源系统中根源、茎(鞘)源和叶源的关系,最主导的因素是最适宜 LAI 及其功能持续期。所有其他群体质量指标的优化,都必须以此为前提条件。

5.2.3　在适宜叶面积基础上扩大总库容量形成高产

适宜 LAI 保证了适宜的叶源,在此前提下,扩大"库"是提高群体经济产量的主攻方向。

适宜 LAI 条件下大的总库容量(总粒数×粒重)是在成熟期判断群体质量的指标。扩大总库容对群体形成高产的意义包括两个方面。首先,增大单位面积内经济器官总"库容"是高产的基础。另外,较大的库容和较高的库活性对源的同化效率和同化物的运输与分配也有积极的促进作用,能增强运输和转移。实践证明,在群体叶面积适宜的情况下,尚未出现限制产量的经济器官的最高限量值。因此,在适宜 LAI 条件下,库容量越大,群体质量越高,总库容量的大小是作物生长后期群体质量的指标。

总库容量首先是由成穗数的多少决定的,在作物生长前期的基本苗生长、茎蘖分化和穗形成阶段要通过合理的密度和营养调控,形成足穗壮棵。在小穗分化和颖花分化阶段要供给充足的水分养分,减少不孕颖花,提高可结实小穗数,努力提高个体库数量,增加穗粒数。在开花期达到适宜叶面积的同时要保证充足的养分,维持叶源处于较高的光合作用状态,同时维持高的库活性,提高籽粒灌浆效率,获得大穗大粒。总之,在保证开花期适宜叶面积的基础上,要重点扩大总库容量。总库容量指标既包括库容的数量、大小等形态指标也包括库活性等生理指标。

5.2.4　在适宜 LAI 范围内提高粒叶比

在适宜叶面积条件下要提高经济器官的总容量,势必要求提高经济器官(库)和叶面积(源)的比例,该比例一般使用粒叶比来表征。粒叶比＝籽粒数/叶面积(/cm²)反映了单位叶面积的负荷量,而粒重/叶面积(mg/cm²)则直接反映了单位叶面积对籽粒产量的贡献。

$$作物经济产量 ＝ 适宜叶面积 × (粒重 / 叶面积) \tag{5.4}$$

由上式可见,提高作物经济产量有三条途径:第一,提高适宜叶面积;第二,提高库源比(粒叶比,粒重/叶面积);第三,两者同时提高。在群体生物量较小、产量较低的作物群体,提高适宜叶面积是较为容易的途径。在群体生物量已经较大的作物群体,提高适宜叶面积获得高产的潜力已经较小,因此提高库源比是其主攻途径。在大田生产条件下,适宜 LAI 的群体库源比越高,产量越高,且未发现最大限量值。因此,提高库源比是妥善处理库源矛盾,不断提高产量的群体综合质量指标。

在育种实践上,今后宜在原有紧凑型株型的基础上,把提高库源比作为作物高产育种的主攻目标,在形态上努力实现小叶、大库(大穗、大粒)。在栽培实践中,在达到适宜 LAI 的同时,以提高库源比为调控措施的出发点。凡促进经济器官生长量作用大于叶面积的增长的技术为优良、合理的栽培技术;反正,促进叶面积增长作用大于经济器官增长的技术,为不良、不合理的栽培技术。

5.2.5　提高有效和高效叶面积率

高产群体首先要控制好适宜的 LAI,同时又要调整叶系组成,改善冠层结构。LAI 相同的不同群体,由于冠层结构不同,产量也可能出现较大差异。关于冠层结构,从不同层次叶系的分布,叶倾角、受光姿态与光合、呼吸及干物质生产积累的关系方面进行的研究非常多。以库源比关系来研究叶系的合理组成为高产群体叶系的合理组成找到了可以直接用于指导生产的形态质量指标。这一指标是利用不同叶组叶片与经济器官形成和生长直接的同步性、相关性,控制与经济器官生长关系不大的叶组叶片的生长,促进与经济器官同步性和相关性大的叶组叶片的生长,提高它们在适宜 LAI 中所占比例,达到既控制群体适宜叶面积,又促进经济器官扩大库容的目的。优化叶系组成包含两项内容即提高有效叶面积率和高效叶面积率。

1. 有效叶面积率

禾谷类作物着生在有效茎蘖(能成穗的茎蘖)上的叶片面积称为有效叶面积,着生在无效茎蘖(不能成穗的茎蘖)上的叶片面积称为无效叶面积。无效茎蘖叶片的光合产物主要供给无效茎蘖的生长,虽然也有部分同化产物分配到根部和有效茎蘖,但是整体来看它们与有效茎蘖的关系还是以竞争为主。因此,减少无效茎蘖和无效叶面积率是优化叶系组成,提高库源比,形成高产的重要内容。

2. 高效叶面积率

在作物开花结实期,有效茎蘖上存活的有效绿叶,依据其与结实器官生长的密切程度分为高效叶面积和低效叶面积。高效叶面积一般有以下几个形态和生理特征:一是叶的分化和生长与经济器官的分化形成有紧密的同步关系,高效叶面积的比率高,经济器官的数量和容量也大,两者间密切相关;二是叶片着生部位紧靠经济器官,便于光合产物的就近运输;三是经济器官生长充实所需光合产生的主要供给者;四是冠层的中上层,功能持续期较长。低效叶片的分化、生长和经济器官的分化、生长同步性低或不同步,对经济器官的生长充实的养分直接供应量较少,生育后期功能持续期也不及高效叶片。但是它们是开花结实期间茎秆充实、根系生长和生理活动所需养分的主要供应者。为进一步提高群体的库源比,必须在提高有效叶面积率的基础上,提高叶系中的高效叶面积率,但又必须使低效叶面积保持适当的比例,才是群体内部各器官互相协调的形态质量特征。

一般认为,塔式株型最有利于群体的光能利用,即顶部叶片较直立,接近地面时叶片逐步变为水平的冠层是理想的叶片配置。另外在时间上,在灌浆前期顶部叶片较直立,在后期下部叶片衰老后,顶部叶片由较直立变为较水平,也能充分发挥高效叶片组的光合生产能力,对促进灌浆和籽粒产量提高有积极意义。

5.2.6　优良的茎秆质量

茎秆除承受支撑、联络、输导、光合、储藏功能外,对合理配置叶系,改善受光姿态,提高光合效能也有重要意义。优良的茎秆要求有以下两项质量指标。

1. 强壮的茎秆强度和较大的茎鞘重量

在开花期,单茎茎鞘重达到最大值。单茎茎鞘生物量越大,其穗粒重也越大。这是因为:第一,壮秆是大穗的组织结构和物质基础;第二,单茎茎鞘生物量大,其茎鞘内储存的物质也较多,对提高结实率和粒重起到稳定性作用;第三,壮秆是提高抗倒伏能力的物质基础;第四,随着单茎茎鞘重的增加,叶片的比叶重增加,叶片比较直立,结实期叶面积的衰减也较慢。

2. 穗下节间长度在株高中占较大比例

穗下节间长度在株高中占比例较大,其实质是控制了基部节间的伸长,有利于形成抗倒力强的壮秆。在控制基部节间伸长的同时也控制了无效叶面积（分蘖）和低效叶面积的生长。而促进穗下节间的伸长，适当提高其在株高中的比例，又能减少颖花（或小穗、小花）的退化，增加可孕颖花（或小穗、小花）和增加穗位叶片面积。茎秆节间的长度比例，也是反映茎秆综合生理功能的群体质量指标。

5.2.7　高活性的根系指标

根系是最主要的吸收器官，还具有合成、运输和部分储藏功能。在库源关系中，根源是影响叶源功能强弱和持续期长短的重要方面，尤其是籽粒灌浆期叶系功能的强弱和持续期长短主要取决于根系功能和衰老的早迟。植株的根系数量、重量、体积、表面积、氧化力等是根系的常用指标，但是单一指标很难全面描述根系的活力。有研究者以抽穗期根系活量（氧化力）与颖花数量之比来作为衡量根系质量的指标（王余龙等，1991）。这一指标将库（颖花）与根源量联系起来。不同群体，如果颖花量相同，则以颖花根活量高者为优；如果颖花根活量相同，则以颖花量多者为优。

5.3　作物群体质量优化调控途径

作物经济器官生长期各项群体质量指标为群体优化调控明确了目标。而作物生育进程中的叶龄模式为在时间上对作物各个器官的分化、生长进行调控提供了量化指标和依据。两者的结合，为高产栽培技术由经验的、定性的描述走向科学的、定量的研究，形成了作物群体质量栽培技术体系。它主要包括3个方面的基本内容。

5.3.1　群体质量调控总体思路

凌启鸿等（2000）总结群体质量调控研究认为，群体质量调控的总体思路应该是：第一，高产群体的培育，首先应该着眼于结实期群体的高光效、高积累；第二，应尽可能压缩群体的起点和前期的总生长量，为经济器官分化形成期各器官的健壮发展预备出充足的空间；第三，充分发展个体，合理利用分蘖、分枝在群体发展中自我调控作用。在前期小群体基础上，通过壮个体去发展优质群体，最后满足高产群体所具备的各项质量指标要求。这种"小群体、壮个体、高积累"的途径，有利于协调群体发展过程中产量因素之间、叶面积与叶质量之间、叶源与根源与茎源之间，以及库源之间的矛盾，形成结实期的高积累群体。

5.3.2　按叶龄模式调控群体质量

群体质量指标主要是针对作物经济器官生长期的形态生理的，但这些指标多数是群体定型的最终指标，不是生长过程中可以直接掌握调控的诊断指标，因此作物生长过程中的诊断指标更具有指导实践的意义。依据叶龄模式来对生长发育过程中的个体－群体进行调控是形成最终高质量群体结构的主要手段。

以小麦为例,为塑造抽穗至成熟期各项群体质量指标,可以根据叶片与其他各部位器官的同伸、同步、异步和相关的生理学原理,来对各项指标进行调控,首先是促进穗早发,提高成穗率,完成适宜穗数后控制无效茎蘖和小穗,保证形成适宜穗数,此后是主攻大穗,提高穗质量,形成高积累。其要点是:①在控制适宜 LAI 的基础上,提高有效和高效叶面积比例,提高粒叶比和群体总颖花量;②提高单茎茎鞘重,增加颖花根活力,协调结实期根源-茎源-叶源,提高库强度和源强度;③提高结实率、粒重和经济系数。

按叶龄调控的总原则是控叶扩库,其技术上是控制叶的无效和低效生长,促进库的形成和生长,以利在控制适宜 LAI 基础上提高库强度和源强度。以结实期的源、库质量目标为依据,在生长前期凡有利于增加库而不直接增加结实期叶面积的叶龄期都应予以适当促进;凡叶的生长旺于库的生长或者只有叶的生长而无库的分化生长的叶龄期,应予以控制;在生长中心由叶转向库,叶片生长开始逐渐变小的叶龄期,应予以积极促进。

5.3.3 调控群体质量的关键技术

1. 优化作物生育期进程与季节的同步性

各作物都有一个最佳的开花结实期,这是提高经济器官生长期群体光合生产力的必要外部条件。如小麦在冬前应达到适宜叶龄完成有效分蘖,促进根群发育,延长穗分化时间,以稳住返青期的长势,控制无效分蘖,从而有利于拔节长穗期攻取大穗,在稳定适宜 LAI 基础上扩库强源。

2. 合理确定基本苗和行间距

基本苗的确定,应以充分发挥个体生长优势为前提,走小壮高的栽培路线,根据高产群体所需的适宜穗数以及个体分蘖成穗潜力来计算合理基本苗。在合理基本苗确定后,还必须注意培养匀苗、壮苗,合理的行间距配置,对群体内部光照等微环境具有决定性作用。在中高纬度地区,在适当密植的基础上,适当扩大行距、缩小株距,有利于改善生长后期中下部叶片的光照环境,有利于培育高光效群体。

3. 肥水调控群体生长动态

群体的合理调控较大程度上依赖肥水两个因素,一般情况下肥料起到主导作用。肥料的运筹要符合作物高产的吸肥规律、土地供肥规律、高产群体质量指标的形成规律,以提高肥料吸收利用率和施肥经济效益。在当前以化肥为主且重视氮肥的主流施肥措施中,在作物群体质量调控上需要重视"稳氮增磷钾"和"前肥后移"技术。水分调控方面,在首先满足作物整体需水特别是保证水分临界期需水的基础上,依据土壤水分条件、作物的需耗水规律和作物器官生长发育规律,适时对无效茎蘖或低效叶面积进行必要的控制生长,并在生长前期适当控水以促进根系的向下生长。

5.4　小麦群体质量及其调控

5.4.1　小麦群体质量指标

5.4.1.1　开花至成熟期群体光合生产力是小麦群体质量的核心指标

小麦籽粒干物质的 60%～90% 是来自花后的光合产物积累,并且随着产量水平的提高,花后积累干物质量对产量的贡献越大。因此,产量水平的高低主要决定于群体花后光合生产能力。花后干物质积累量反映了小麦群体的优劣,是其群体质量的核心指标。凌启鸿等(2000)综合各地资料认为,亩产 600 kg 的小麦,在成熟期生物产量需要达到 1 300 kg 以上,花后干物质积累量在 500 kg 以上;亩产 500 kg 的小麦群体成熟期生物产量一般要达到 1 100～1 300 kg,花后干物质积累量要达到 350 kg 以上。

5.4.1.2　适宜 LAI 是小麦高产群体质量的基础指标

提高开花至成熟期的群体光合生产力,其基础的生物学条件是 LAI 大小适宜且功能持续期长。不同区域环境条件、不同品种、不同株型小麦的最适 LAI 有所差异。亩产 500 kg 小麦群体最适最大 LAI 一般要求在 6.0～7.0,亩产 600 kg 小麦群体最适最大 LAI 一般要求在 7.0～8.0。最适最大 LAI 要求出现在孕穗期,在不影响收获的前提下绿叶功能持续期越长越好。孕穗期适宜 LAI 是通过合理的叶面积发展动态来实现的。高产小麦群体各时期适宜 LAI 值大致为:越冬始期 1.5 左右,拔节期 4.0～5.0,孕穗期 6.5～7.5,乳熟期 3.0～4.0。

5.4.1.3　在适宜 LAI 条件下,提高总结实粒数

作物产量形成是源库发展的结果,足库强源才能获得高产。源是库形成与充实的物质基础,而库容的大小与充实度是源的经济价值的实现。小麦籽粒数的多少反映了库容量的大小,总结实粒数和粒重是群体质量的重要指标,提高总结实粒数和粒重是进一步高产的形态指标,也是提高群体结实期光合生产力的生理指标。大量实践证明,粒数不光是产量形成的基础,同时较多的粒数还会一方面促进灌浆期叶片的光合生产能力,另一方面促进光合产物向籽粒的运输。提高总结实粒数的途径是在适宜穗数基础上,主攻每穗发育小花数,减少小花的退化,增加可孕小花数,提高每穗结实粒数。不同的株型穗型的适宜穗数是有差异的,一般而言,大穗型品种要求达到每亩 30 万穗以上,小穗型品种要求达到每亩 50 万穗以上,中间型品种要求在 40 万以上。

5.4.1.4　粒叶比是衡量群体库源协调水平的综合指标

在稳定适宜 LAI 基础上,提高总结实粒数和粒重,实现产量的不断提高,从库、源关系上必须通过提高粒叶比来实现。粒叶比是库源关系协调水平的一种数量关系。由于

稳定了群体适宜 LAI 这个基础,提高粒叶比就能提高籽粒产量。粒叶比有两种表示方法,其一是总结实粒数与孕穗期最大叶面积之比(粒数/最大叶面积),即单位叶面积负载的库容大小;其二是成熟期籽粒重于孕穗期最大叶面积之比(粒重/最大叶面积),即单位叶面积对籽粒产量的贡献,是源库互作的最终结果,反映了源的质量水平和库对源的调运能力。

小麦的粒叶比受遗传因素控制较大,栽培措施也能对其进行有效的调控。小麦生长发育过程中叶与穗粒的形成存在着同步性和异步性,不同生育期叶和穗粒形成的同步性和异步性也不同。依据此同步性和异步性可以用栽培措施对库源比、粒叶比进行有效调控。在源库生长平行阶段,促叶同时也促穗,对粒叶比影响较小;在源生长强于库的阶段,促叶的作用大于库,会降低粒叶比;而在库生长大于源的时期,促库的作用大于叶,会提供粒叶比。衡量调控措施是否合理,应以是否有利于提高总结实粒数和粒叶比为指标。凡促进叶的作用大于穗粒的措施是不合理的措施,凡促进穗粒数的作用大于叶增长的措施为合理的措施。

5.4.1.5 有效和高效叶面积率

在适宜的群体 LAI 基础上提高粒叶比,其唯一途径是通过提高有效及高效叶面积率来实现。在小麦孕穗期能较为明显地分辨有效茎和无效蘖。大量实践表明,在孕穗期适宜 LAI 条件下有效叶面积率达到 90% 以上时可实现亩产 500 kg 以上。

高效叶组可以根据孕穗期叶片着生叶位来大致判断。在孕穗期,小麦叶片已经全部出现,小麦单茎一般存活 5 叶,这些叶是开花结实期的全部叶源。其中顶部 3 叶是对籽粒形成作用重要的高效叶片,其叶面积占总叶面积的比例为高效叶面积率。上三叶的出生生长与穗部雌雄蕊分化至四分体形成同步,上三叶的大小,特别是顶部第一、二叶的面积和长度与结实小穗和可孕小花的发育密切相关。小麦顶部三叶片叶面积率与穗粒数呈极显著正相关关系(凌励,1997)。顶部三叶片距离穗部最近,生理年龄最轻,受光条件最好,花后寿命最长的叶片,因此是籽粒灌浆光合产物的主要贡献者。虽然高效叶组对籽粒灌浆有直接的贡献,基部叶片却是根部生长和维持功能所需光合产物的主要供给者,特别是在生育后期,维持根部活性对维持顶部三叶片的光合生产具有重要作用,因此基部非高效叶片的功能维持也是具有重要作用的。实践证明,高产群体在植株建成后,高效叶面积率以 70%~75% 为宜。

5.4.1.6 高产群体的茎秆长度及其组成

高产小麦群体要有适当的株高,各节间长度配比要有利于提高群体光能利用率和协调大穗与抗倒伏的矛盾。高产群体个节间的绝对长度一般不大于中低产群体,但其穗下节间和倒 2 节间的长度往往较长,占有总茎秆长度的比率要明显大于中低产群体,一般可达 45%~50%。这样的茎秆有利于拉开顶部三叶片的距离,有利于顶部高效叶片组的光合生产。

5.4.1.7 稳定适宜穗数前提下较高的茎蘖成穗率

高产群体都具有较高的茎蘖成穗率,即其适宜的穗数是由较小密度的群体在较高的茎蘖成穗率基础上形成的。在生产上,到达同样适宜穗数的不同群体中,茎蘖成穗率高的群体往往具有较高的结实粒数、粒叶比较大、花后干物质积累量也较大,最后籽粒产量也较高(封超年等,1998)。

小麦的茎蘖和茎蘖分化是一个动态过程,该过程从提高小麦茎蘖成穗率,确保在足穗基础上形成大穗的生育时期上来分析,可分为有效分蘖可靠叶龄前促进生长,无效分蘖叶龄期至拔节期控制生长,拔节至孕穗期促进生长3个时期。

1. 有效分蘖可靠叶龄期促进生长

预测分蘖是否能成穗,主要根据分蘖到拔节期所具备的条件。依据小麦叶龄模式,有效分蘖可靠叶龄期的叶龄通式为:主茎总叶数－伸长节间数－拔节时分蘖叶片数＋3。适期播种且基本苗合理的小麦群体,应该在越冬前完成有效分蘖叶龄数(5～7叶),并且形成具有相当数量的次生根的壮苗特征,这可以为足穗奠定基础。

2. 无效分蘖叶龄期至拔节期控制生长

适期播种的小麦从进入越冬一直到拔节期的最高分蘖期,为无效分蘖期。此时期应该控制地上部生长,抑制无效分蘖的发生,压缩高峰苗数,同时也能抑制基部叶片的生长并控制基部节间长度,在抑制地上部生长的同时一般会对根部有积极的促进作用,而且此时控制生长只是对茎蘖叶片起到抑制作用而不影响幼穗分化。

3. 拔节至孕穗期的促进

此期进入源库都旺盛生长的时期,并逐渐过渡到以库生长为主。此时期促进植株生长主要会对有效茎蘖生长和成穗有利,并且还可以减少小花退化,提高粒数,同时还对上部三片高效叶片的生长有积极促进作用,这对灌浆期形成大粒意义重大。

高产小麦群体的茎蘖成穗率一般要求达到40%以上。在茎蘖动态过程中要求:第一,有合理的基本苗起点;第二,在有效分蘖可靠叶龄期群体茎蘖数等于或略高于穗数;第三,返青时控制无效分蘖;第四,拔节前的一个叶龄(最大茎蘖时期)茎蘖峰值一般控制在预期穗数的2～2.5倍;第五,孕穗期茎蘖数相当于预期穗数的1.05～1.1倍;第六,在开花期完成预期穗数。最终茎蘖成穗率为40%～50%。

5.4.2 小麦高产群体调控技术

5.4.2.1 适期播种

适期播种使小麦叶龄进程与最佳季节进程保持同步是获得高产的首要措施。根据当地的气候特点和小麦对环境条件的要求,把小麦一生的叶龄期有顺序地安排在适宜生育季节里。这样不但可以充分利用当地的光热等自然资源,而且能够为保证小麦冬前早发、返青至拔节期稳长、拔节至抽穗生长健壮、结实期不早衰提供良好的气候生态条件。

高产小麦一生叶片在冬前冬后的安排(表5.1),大体遵循如下的规律,越冬前出完所有的有效分蘖叶龄数(春性品种5～6叶,半冬性品种6～7叶),其余的6～7叶,在越冬期至孕穗期长出。

表 5.1　半冬性品种的冬前冬后的叶龄安排

总叶数	冬前叶龄	越冬	返青	拔节—孕穗
13	1～7	8	9	10～13
14	1～8	8	10	11～14
	有效分蘖期	无效分蘖期		巩固有效蘖及促大穗期

如果晚播或迟发,冬前叶龄进展缓慢,主茎叶片数有可能减少,有效分蘖叶位数减少,这将带来一系列的不利后果。第一,不能充分利用冬前的光温资源,在越冬期群体不能形成预期穗数的茎蘖数。第二,有效分蘖可靠叶龄期推迟到越冬至返青期,穗数确定期与拔节期之间的间隔时间短。为了促进有效分蘖,往往造成拔节前后的旺长;加上冬前养分消耗少,返青期至拔节期土壤供肥强度大,更加剧了中期旺长态势。第三,冬前次生根发生少,难以发生冬长根的优势,较多的次生根发生在春季,不但总根量少,而且根系入土较浅,不利于抗倒伏和防早衰。第四,拔节推迟,基部节间伸长期处于温度较高的条件下,不利于壮秆形成。第五,麦穗分化时间明显缩短,每穗小穗数和粒数变少,抽穗推迟,灌浆结实期也缩短,结实期常遇高温或干热风为害,粒重也会下降。相反,如果过早播种,叶龄进程超前安排,春性品种冬前长出 7～8 叶或更多,便造成过早拔节,易遭冬春冻害,影响产量。

因此可根据达到高产所要求的品种类型和苗龄指标适期播种。由于大穗型小麦品种基本苗较大,而且以主茎成穗为主,所以为了防止徒长,播种期要比中穗和多穗型小麦晚 5 d 左右,日平均气温在 14～16℃时播种为宜。由于小穗型小麦品种基本苗小,而且以分蘖成穗为主,所以播种期比大穗型小麦要早,日平均气温在 16～18℃时播种为宜。

5.4.2.2　合理密植

合理密度是优质群体的起点,是形成高产的基础。小麦品种不同,建成高产群体所要求的密度也不同。为了确定合理的基本苗数,凌启鸿建立了如下的经验公式:

$$合理基本苗数(x)=每 666.67 \ m^2 适宜穗数(y)/单株可靠成穗数(ES) \quad (5.5)$$

单株可靠成穗数,可根据各品种分蘖可靠叶龄期应有的理论同伸茎蘖数(R),以及茎蘖的实际发生率(r)来估算。即 $ES=R×r$。

有效分蘖可靠叶龄期的分蘖数和最后成穗数的关系,存在着 3 种情况。第一种是基本苗过多,群体过大,有效分蘖可靠叶龄期的总茎蘖数大大超过预期的穗数,最后单株的实际成穗数少于有效分蘖可靠叶龄期的茎蘖数。这种情况,往往出现倒伏,或穗形变小,不宜高产。第二种是基本苗过少,或迟发,群体过小,群体在有效分蘖可靠叶龄期以后才够苗,这可能会出现单株实际成穗数少于有效分蘖可靠叶龄期的茎蘖数。这种群体的穗数往往不足,亦不易高产。第三种是基本苗适当,个体发育好,群体合理,有效分蘖可靠叶龄期正好够苗,最后单株成穗数和有效分蘖可靠叶龄期的茎蘖数基本相同。虽然在有效分蘖叶龄期内发生的分蘖,也有部分不能成穗,但这部分不能成穗的分蘖数一般易为此后发生的动摇分蘖所补偿。所以从群体角度看,可以把有效分蘖可靠叶龄期前发生的分蘖做能成穗来理解,即 $x=y/RN-n-t N+3/r$。茎蘖发生率 r 的发生率因品种特性不同有很大的变化。大穗型品种分蘖成穗能力差,要实现高产所要求的成穗数,可适当加大播量;中穗和多穗型品种分蘖成穗能力强,可适当减少播量,依靠分蘖成穗,提高个体质量。

5.4.2.3　优化行距配置

在合理密度确定以后,还必须注意培育壮苗、匀苗问题。小麦行距配置形成的冠层结构差异,直接影响植株空间分布和群体内部农田小气候,进而对冠层的光能利用分配和群体的光合效率起决定性作用。小麦籽粒产量以群体光合为基础,合理的行距配置有助于提高群体光合性能并发挥品种增产潜力,获得高产。因此,采取不同的行距配置创建合理的群体结构,提高并稳定生育中后期群体光合性能,是小麦实现高产的保证。在高产栽培中,行距配置的改革已经取得很大的成功。

行距的配置应依品种类型而定。较多的试验研究均表明:多穗型品种应适当扩大行距,缩小株距,增加拔节之前行内拥挤,以有效地抑制前期群体的扩张,最终实现产量 3 因素的协调发展;而大穗型品种应采用适当缩小行距,增大株距,以提高分蘖成穗率,由此获得较适宜的穗数,从而实现产量的提高,但缩小行距也有一定的限度,并不是越窄越好。生产中常采用的行距是 15 cm 等行距和 20 cm 等行距。

5.4.2.4　肥料调控

肥料调控一是指根据产量水平设计合理的肥料使用量;二是改变过去重基肥而轻追肥的施肥模式,采用基追肥并重或者前肥后移的模式;三是增加磷、钾肥的使用比例,尤其是注重拔节至抽穗期的磷、钾肥使用。随着近年来化肥施用量增加并成为肥料主体的情况下,黄淮冬麦区的小麦施肥近年本着"稳氮、增磷、补钾、配微"原则,施肥时期上推广了"氮肥后移"的技术。冬小麦栽培中氮素的施用采用基肥与追肥相结合的模式。氮肥基追比对不同穗型小麦品种的产量影响不同。就多穗型品种而言,减少基氮用量、增加追氮比例,其成穗数、穗粒数均增加,千粒重较高,产量明显增加;就大穗型品种而言,重施底氮,少量追氮,有利于协调大穗型品种产量构成,产量较高。对于多穗型品种而言,较为适宜的氮肥基追比为 5∶5 或 3∶7;大穗型品种氮肥基追比掌握在 7∶3 左右为宜。在高产条件下对多穗型小麦品种实施氮肥后移是获得超高产的关键。成穗率较高的中穗、多穗型品种,在小麦拔节期追施氮肥;对于成穗率较低的大穗型小麦品种,为提高穗数,应在起身后拔节前进行追肥,但拔节前使用氮肥不利于提高籽粒品质,因此氮肥要分 2 次追施,即起身期和开花期随水追肥。

5.4.2.5　水分调控

黄淮海地区小麦生育期间雨水较少,常遇干旱,有时候还会遇到高温逼熟现象。小麦生育期间一般都需要灌溉才能高产。高产田一般施肥量较大,群体发展快。控制无效分蘖和后期养根保叶显得尤为重要。小麦高产田的灌溉基本遵循着"灌足底墒水、推迟拔节水、补浇抽穗扬花水"的"三水"模式。这一模式的原理目即以底墒水去满足有效分蘖的发生和形成壮苗的需要,用推迟拔节水去满足大穗和防倒的需要。控掉中间的分蘖、越冬、返青的灌水,是为控制无效分蘖和低效叶片的发生和生长,也是提高群体质量的关键技术。在"三水"的基础上,如遇严重干旱,可适时补充灌溉。

不同类型的小麦品种因产量形成的主攻方向不同,灌溉调控措施也不同。拔节期浇水,可有效控制无效分蘖的发生,防止倒伏,促进穗大粒多。对于成穗率较高的小穗型品种,在小麦拔节期灌水。对于成穗率较低的大穗型小麦品种,为提高穗数,应在起身后拔节前进行灌水管理。多穗型小麦,在浇好开花水的基础上,一般不再浇灌浆水;对于大穗型小麦,由于后期叶面积系数小,土壤失墒快,且籽粒大、粒重高,后期仍保持较大灌浆强度,因此若墒情不足,在浇开花水的基础上还要浇灌浆水以保证后期灌浆所需水分。

5.5 玉米群体质量及其调控

5.5.1 玉米高产群体质量指标

5.5.1.1 提高吐丝期至成熟期的物质积累量

玉米吐丝期以前的光合干物质主要用于构建植株根、茎、叶、幼穗等器官,形成灌浆期光合生产的群体结构基础。在吐丝前 10 d 左右,开始有小部分碳水化合物积累在茎、叶和叶鞘内,成为吐丝后籽粒灌浆的物质来源。吐丝后果穗是光合产物的输入中心,吐丝至成熟期的光合产物除小部分用于维持营养器官的生理功能外,绝大部分用于籽粒的充实,形成籽粒产量。因此,玉米籽粒产量以吐丝期为界,一部分来自吐丝期以前叶片茎鞘等器官的储存物质,另一部分来自吐丝期后的光合产物。籽粒产量与吐丝期前的生物量呈二次曲线关系,吐丝期前过大的生物量往往引起群体密度过大,不利于后期籽粒形成。籽粒产量与吐丝期后干物质产量呈线性正相关关系。综合来看,控制吐丝期群体适宜的生物量是增加群体花后干物质积累量的基础,花后群体干物质积累量的增加则同时提高成熟期总生物量和籽粒产量。

玉米高产栽培,重点是提高花后群体的光合生产力,但首先要培育吐丝期的高光效群体基础,控制群体在吐丝前的干物质积累量在适宜范围内,建立合理的群体结构;充分发挥群体花后的高光效潜力,主攻提高吐丝期至成熟期的干物质积累量,最终实现高产。

5.5.1.2 控制吐丝期群体适宜的 LAI

叶系是光合物质生产的源,玉米生长发育过程中,因为开花终止了叶的发育,所以群体最大 LAI 一般出现在抽雄吐丝期。因此,要实现群体高光效,群体应该在此时能截获几乎全部的光能,达到最高的光合作用水平。玉米群体的光合生产量由光合势和净同化率决定。试验证明,随着吐丝期 LAI 的增大,光合势增加,但同化速率下降(陆卫平,1994)。LAI 过大或过小都不利于形成最高的花后干物质积累量,只有适宜的 LAI 才能统一光合势和净同化率之间的矛盾,形成最大的光合生产量。

适宜 LAI 是由品种株型、当地日照强度及基部叶片的光补偿点共同决定的。在生产实践中一般是通过吐丝期最大 LAI 与产量试验来经验性确定。综合大量试验来看,具备高产潜力的紧凑型玉米的最适 LAI 为 5.0~5.5。吐丝期适宜 LAI 是高光效群体最基本的质量指标。

5.5.1.3 增加总结实粒数

提高花后干物质积累量夺取玉米高产,必须从协调群体源库关系入手。玉米吐丝期后,群体的主要受容系(库)是籽粒,群体总粒数多即库容量大,对光合产物的需求量也大,从内源方面为提高灌浆结实期的光合生产量创造了条件,也为提高光合产物对籽粒的分配率奠定了基础。

玉米籽粒产量由穗数、穗粒数、粒重组成。穗数和穗粒数一般呈负相关关系,因此一般用穗数与穗粒数的乘积即总粒数来衡量群体总库容。足够的总粒数是高产的前提,总粒数不足,粒重再高也难以获得高产。大量试验观测表明,相同品种玉米的千粒重往往变化不大,而总粒数则会受栽培措施影响变化较大。因此,产量提高的主要方面在于提高总结实粒数。在保证较高的总结实粒数的基础上再促进粒重,才能实现高产和更高产。

5.5.1.4 粒叶比是综合反映群体源库协调水平的质量指标

如何在有限的最大最适 LAI 条件下,不断提高总粒数? 凌启鸿等(2001)认为,其途径只能是通过提高群体的粒叶比。粒叶比是库源协调程度的数量化表示方法,是综合反映库源关系的生理质量指标,在适宜 LAI 条件下,粒叶比越高群体质量越高。

玉米群体粒叶比用成熟期结实粒数或粒重与比吐丝期群体叶面积之比来表示。玉米群体亩产量(Y)与粒叶比(粒重/叶面积)的关系为:

$$Y = LAI \times 粒叶比 \times 666.7 \tag{5.6}$$

从上式可见,玉米群体增产可以从 3 个方面入手:第一,保持粒叶比不变,增加 LAI,从而形成更多的粒数;第二,控制 LAI 在适宜范围,增加粒叶比,使单位叶面积承担较多的籽粒数,扩库强源,提高群体的物质生产能力及物质积累对籽粒的分配,提高产量;第三,既提高群体 LAI 又提高粒叶比,可实现籽粒产量的进一步提高。从实践来看,在稳定适宜的叶面积的基础上,强化叶片活性,提高粒叶比是形成高产的可行途径。

5.5.1.5 改善叶系组成

玉米在吐丝期,群体的最大叶系已经建成,叶系的组成不同直接影响粒叶比和花后的光合效率及产量形成。首先要尽量避免空秆株或者尽量减少空秆株的出现。其次对于结穗株而言,尽管所有绿叶均参加籽粒形成,但以穗位叶为代表的中部叶片(棒三叶)因其功能期与果穗分化形成同步,并离籽粒库最近而对籽粒产量形成具有较大的作用,称之为高效叶片。在有限的适宜群体 LAI 条件下,要尽量提高高效叶片面积比例。

空秆株的出现主要是种植密度过大造成的,另外还与品种的耐密性、种子的均匀度和群体的整齐度有关。在种植密度偏大,群体整齐度差的群体里,大苗欺负小苗,小苗成弱苗,弱苗成空秆。因此,高产玉米栽培要求在适度密植的前提下,努力提高群体的整齐度,尽量减少或者消灭空秆。

玉米吐丝后的高效叶片可以依据叶位来进行大致判断。玉米一生不同叶位叶片的生长形成与花后源库的形成具有异步性和同步性。苗期生长的叶片在吐丝期已经消亡,它们对所有茎节及叶片的分化和果穗的形成具有基础作用;拔节期至倒 9 叶生长的叶片已是花后叶源的组成部分,但叶片生长与果穗分化异步,与基部节间伸长同步,对壮秆形成相关联。果穗着生在花后群体的中部,果穗部位叶片及其上部相邻的两个叶片是果穗生长和籽粒灌浆的主要光合产物供给者。此三片叶的叶面积大小,光合性能和功能持续期长短对最终产量具有重要影响。

5.5.1.6 提高茎系结构质量

壮秆是增强抗倒伏能力、改善叶系受光态势和协调源库的基础。群体的抗倒伏能力,除了受群体密度影响外,主要与植株的高度和茎秆的强度有关。胡昌浩等(1998)研究指出,在我们1950—1990年的玉米品种更替过程中,株高和穗位高都有增大趋势,但是穗位高占株高的比例呈显著减小趋势。另外,茎秆基部节间的粗度呈增大趋势。总体来看,植株的抗倒伏能力越来越强。穗位高/株高比例反映了植株重心的高低,重心相对下降有利于提高抗倒性能,利于稳产和高产。

另外,株高是否均匀一致也是群体的整齐度的主要衡量指标。株高均匀,群体整齐度高的群体,空秆率低,后期群体有效叶面积率高,群体光合效率高,产量也高。

5.5.1.7 根系性状

根系是作物最主要的吸收器官,并具有合成、运输和部分存储功能,在源库关系中,根作为根源的作用是决不可忽视的,尤其是花后结实期叶系功能的强弱和持续期长短主要取决于根系功能和衰老的早迟。根系发达、分布深广、活力旺盛无疑是高产群体的基础。气生根是玉米根系的特殊组成部分,气生根数对根系质量诊断具有重要意义。主要表现在气生根数的发生与穗分化具有同步性,群体气生根数直接反映总根量的多少,增加气生根数与提高花后结实期的根系活力具有一致性,气生根数与花后干物质积累及产量呈正相关。气生根数表述根系质量,是最直观的形态生理数量指标,应用方便,是玉米特有的。

5.5.2 玉米高产群体的调控

玉米生产中围绕高产群体质量指标建立高光效群体,首先要安排最佳抽穗吐丝期,为玉米灌浆结实争取最佳的气候条件,这是高产群体质量的前提条件;以控制最适叶面积、增加总粒数、提高花后物质生产能力为主攻目标;从播种建立群体开始,通过足苗匀苗去弱株确保足穗壮株,提高整齐度,按叶龄进程调控群体发展、改善叶系组成、增加粒叶比、主攻大穗,使群体随生育期按预期的目标发展。栽培调控归纳为"足、壮、高"的技术路线,即以足苗足株确保足穗;以壮苗壮株,充分发挥个体生产潜力,主攻大穗;提高花后光合生产与物质积累夺取高产。

5.5.2.1 保证玉米生育期与最佳季节的同步

根据当地生态气候条件,选择品种,安排适期播种,使得玉米生育进程与季节物候协调,充分利用温光水资源,趋利避害,是稳产高产的前提。其中关键是要使玉米开花结实期处于最佳温光水生态条件下,这是提高籽粒生长期群体光合生产力的必要外部条件,对高产最为重要。

5.5.2.2　在适宜穗数的基础上主攻大穗

高产实践和研究表明,在适宜穗数的基础上增加穗粒数是协调穗数和穗粒数矛盾,增加群体总粒数的有效栽培策略。玉米的群体密度和穗密度是产量构成3因素中最容易控制的,适宜穗数是协调产量构成3因素的主导因素。目前玉米高产品种株型基本都是紧凑型的,适宜亩穗数一般在5 000左右,其中紧凑型中小穗玉米一般要求达到5 500株/亩以上。在达到适宜穗数基础上,减少小株、弱株,避免空秆出现,提高群体整齐度,培育壮秆,攻取大穗,提高总粒数是保证高产追求更高产的基本栽培目标。

5.5.2.3　提高群体植株整齐度

提高植株整齐度,降低空秆率是衡量群体质量和栽培水平的重要标志。在群体适宜株数确定后,降低空秆率要靠提高个体间的整齐度来实现。由于玉米种子大小差异是禾谷类作物中最大的,加之旱作直播土壤出苗环境差异较大,较难保证苗期植株的整齐度。另外玉米出叶及生长速度快,植株间难以保证平衡。如果因种子质量及播种、密度、施肥等栽培管理不当,植株间的差异会更大。在传统人工点播的栽培方式中,解决的方法是多粒播种,多次间苗。当前较好的解决方法是,首先选用均匀度高的优质种子,其次是使用播种质量稳定且能够实现补水补肥的播种机械。

5.5.2.4　合理的水肥调控

水肥调控是作物群体质量调控的基本措施,特别是结合作物生长发育动态过程进行适当的水肥促或控,能起到对群体生长动态的良好把握。在玉米苗期,在施足底肥和出苗水保证全苗的前提下,水肥要适当控制,以促进根系向深处发展,俗称"蹲苗"。蹲苗应在拔节前结束,此时应及时追肥、浇水。拔节期应肥水齐攻,促进穗大粒多,此时追施氮肥要占到施氮肥总量的50%。玉米拔节至抽雄期为需水临界期,土壤相对含水量以70%～80%为宜;玉米抽雄至开花期对水分反应十分敏感,是需水高峰期,土壤相对含水量要达到80%左右。这两个时期,若土壤含水量低于适宜含水量的下限时就应及时浇水;同时遇涝应及时排水。注重中、后期施氮的后重式施氮运筹方式对玉米构建较大的合理叶面积指数和良好的叶系结构效果显著,其花后干物质生产速率高,成熟期干物质尤其是籽粒部分的干物质积累量大,可显著改善群体质量。在稳定施氮的水平下增施磷、钾肥都有调控玉米群体质量,增加干物质积累,改变产量结构和显著的增产作用。

参考文献

[1] Yang J C,Zhang J H. Grain filling of cereals under soil drying. New Phytol,2006,169:223-236.

[2] 蔡文良,吴崇海,蔡文秀.超高产小麦品种特点及其合理群体结构调控技术.现代农

业科技,2010 (1)：98-99.

［3］胡昌浩,董树亭,王空军,等.我国不同年代玉米品种生育特性演进规律研究（Ⅰ）产量性状的演进.玉米科学,1998,6(2):44-48.

［4］胡昌浩,董树亭,王空军,等.我国不同年代玉米品种生育特性演进规律研究（Ⅱ）物质生产特性的演进.玉米科学,1998,6(3):49-53.

［5］李娜娜,李慧,裴艳婷,等.行株距配置对不同穗型冬小麦品种光合特性及产量结构的影响.中国农业科学,2010,43(14):2869-2878.

［6］凌启鸿,等.作物群体质量.上海:上海科学技术出版社,2000.

［7］刘万代,樊树平,晁海燕,等.氮肥基追比对不同穗型优质小麦产量及品质的影响.华北农学报,2003,18(2):56-59.

［8］栾春荣,鞠章纲,王建如,等.沿江高沙土地区磷、钾肥配比施用对玉米群体质量的影响.玉米科学,1995,3(2)：71-73.

［9］马国胜,薛吉全,张仁和,等.氮肥运筹对粮饲兼用玉米群体质量与产量的影响.草业科学,2006,23(10)：63-67.

［10］王余龙,等.水稻颖花根活量与籽粒灌浆结实的关系∥稻麦研究新进展.南京:东南大学出版社,1991.

［11］张克禄.两种不同穗型小麦的优质高产栽培技术.安徽农业科学,2007,35 (16)：4785-4786.

［12］朱云集,郭天财,王晨阳,等.两种穗型冬小麦品种产量形成特点及超高产关键栽培技术研究.麦类作物学报,2006,26(6):82-86.

第 **6** 章

光热资源及其利用

　　自然界发生的一切物理过程和物理现象以及一切生物的生命现象和生命活动都直接或间接地以太阳、地面和大气的辐射能量作为自己的能源基础。太阳以电磁波形式不断地向外放射能量,称为太阳辐射,太阳辐射是地球上一切生命过程的基本能量来源。由太阳辐射所形成的光能资源,是自然界中绿色植物进行光合作用的唯一能量来源,植物体中90%～95%的干物质来源于光合作用,其光效应影响动植物的生理生态过程。太阳辐射收入的多寡和群体的转换效率决定了自然界的第一生产力。国内外研究表明,农作物对到达地面的理论光能利用率为5%～10%,而实际利用率一般不到1%,因此,光资源在农业上利用的主要任务在于采用先进的科学技术,极大限度地提高光能转化率,以充分发挥光合生产潜力。太阳辐射能是自然界各种形式能量中的一种,可进行不同形式的转化和利用。本章将对照射到农田上的太阳总辐射、农田辐射平衡特征、光合有效辐射、光能利用率与光合生产潜力进行简述。

6.1　农田辐射特征及其生态效应

6.1.1　农田的辐射状况

6.1.1.1　作物对太阳辐射的反射、投射和吸收能力

　　太阳辐射到达农田植被冠层表面时,将发生如下的过程:一部分辐射能被作物(主要是叶面)反射出去,另一部分被叶面吸收,还有一部分穿过作物空隙或透过叶面穿透到冠层内部各层直到地面。对于不同作物,或者同一作物不同的生育期,其对太阳辐射的反射、吸收和投射能力是不相同的。作物叶片对太阳光的反射能力主要决定于叶子本身的特点,一般

绿色植物对太阳光谱中的黄、绿光部分有较强的反射能力,对红光部分有一个叶绿素吸收带,另外,对红外光部分反射也比较强。作物成熟时,茎叶枯黄,叶绿素吸收带减弱,总的反射率增大,所以作物在整个生长期中总的反射率的变化是比较明显的。不同作物的反射率也是不同的。表 6.1 给出了主要农作物在生育期内平均的反射率变化范围。

表 6.1　各种作物在生育期内的平均反射率变化范围　　　　　　　　%

作物	反射率	作物	反射率
冬小麦	16～23	黑麦	18～23
春小麦	10～25	玉米	11～25
水稻	12～22	燕麦	11～22
棉花	20～22	马铃薯	15～20

引自翁笃鸣等.小气候和农田小气候.农业出版社,1981.

绿色叶片对太阳光谱有两个明显的吸收带,一个在生理辐射(约在可见光范围)部分,另一个在长波辐射部分,植物通过叶片吸收生理辐射,进行光合作用,积累干物质。各种作物由于叶片颜色不同,含水量不同,对太阳光的反射率、透射率、吸收率也不同。

6.1.1.2　太阳光能在植被中的分布

太阳光能进入植被中,由于受到茎叶的层层削弱,有的被反射,有的被吸收;有的透过第一层叶片,进入第二层后被反射、吸收等,也可能从茎叶空隙处通过而直达地面,总之在冠层内发生着对太阳光能的多次反射、吸收和透射过程,这个过程的强弱与植物本身的特征(作物种类、生长发育阶段、种植方式、植株密度等)有关,同时又反过来影响作物本身的生长发育和产量形成。对于上下均匀、植被相当稠密的农田,太阳辐射的削弱过程大致可由下述公式表达:

$$S = S_0 \cdot e^{-Kf(\text{LAR})} \tag{6.1}$$

式中,S 为植物冠层内任一高度上的辐射强度,S_0 为射入植株冠层上的辐射强度,K 为植物的消光系数,$f(\text{LAR})$ 为由植被冠层上表面到冠层内向下累积的叶面积指数函数,它是距植株顶部高度的函数。作物的消光系数是随作物的作物品种、种植密度、生长发育期以及太阳的照射高度而变化,对同一种作物,又随其生育发展的生育期内叶面积的变化而变化。高晓飞、谢云等(2004)于 2001 年 10 月 12 日至 2002 年 6 月 8 日,在中国科学院禹城综合试验站进行了冬小麦冠层消光系数日变化的实验研究,得到了冬小麦消光系数的变化规律。以 2002 年 4 个典型的晴天:4 月 4 日(拔节期),4 月 24 日(抽穗期),5 月 1 日(开花期)和 5 月 23 日(灌浆期),分别代表冬小麦的各个主要生长阶段,分析得出,随着冬小麦的生长到衰老,叶面积指数是先增大后减少,对应的消光系数基本上是持续增大,群体透过的太阳辐射是呈先减少后增大的趋势。这种持续增大与后期的株高增加和穗的出现以及绿叶面积指数的衰减都是有重要关系的。不同时期晴天的消光系数日变化都是呈先减少后增大的趋势,以正午时间最小。因为一日之内冠层结构变化不大,所以消光系数的变化主要是由太阳天顶角的变化所引起的。在天顶角较大的时刻,日消光系数也较大。而且天顶角的影响在冬小麦的生长后期是大于前期的。主要原因是后期植株增高以及穗的出现都起到了重要的截光作用,也正是这种直立物的增加,使得天顶角的影响加大。与晴天情况相比,阴天(散射光)消光系数的变化幅度较小,但变化规律和晴天情况相似,以 4 月 19 日为例,消光系数变化情况为:0.50~0.68,而同期的晴天(4 月 23 日)的消光系数变化为 0.53~0.85。

从式 6.1 和上述研究可得出,太阳辐射强度在植株内的垂直分布趋势是由顶部向下递减,随着冠层中部叶面积的增加而迅速削弱,再往下递减速度又缓慢下来。因此过分密植的农田,不利于下层的透光,自然也不利于作物更有效地利用光能。

6.1.2 农田辐射平衡特征

6.1.2.1 农田辐射平衡方程

任何一个物体都能不断地以辐射方式进行着热量交换。地面和大气与其他物体一样,都在不断地进行着这种热量交换。在某段时间内,物体的辐射收支差值称为辐射平衡,也称为净辐射。当收入大于支出时,辐射差额为正值;反之,为负值。差额为正时,物体有热量盈余,温度将升高;反之,则温度降低。

农田辐射平衡(净辐射),它决定农田中的水、热交换过程,是作物产量形成的能量基础。农田辐射平衡(R)中收入部分包括太阳直接辐射(S)、散射辐射(D)和大气的逆辐射;支出部分包括反射辐射和地面长波辐射。其表达式为:

$$R = (S+D)(1-a) - F \tag{6.2}$$

式中,a 为作用面短波反射率,$(1-a)$ 为吸收率,$F = Es - Ea$ 为有效辐射,即地面长波辐射 Es 与地面吸收的大气逆辐射 Ea 之差。

在农田小气候和辐射平衡的研究中常使用作用面的概念。作用面亦称活动面,是指在不断吸收的同时又与周围进行辐射交换,从而引起能量变化的表面。各种暴露的自然表面,如地面、水面以及植物表面等都属于作用面。这些面又都处于空气层的下面,通常又称下垫面。但实际上辐射交换和热交换是在某一个层进行,所以常把能全部吸收太阳辐射,引起自身温度变化的一层称为作用层或活动层。

作用面的反射率为反射辐射通量密度和总辐射通量密度之比,反射率随太阳高度、辐射的光谱成分、直接辐射与散射辐射通量密度的比例、作用面的性质以及天空状况而变化,一般表现为中午小,早晚大。在晴天或少云的情况下,玉米、冬小麦田上的反射率,中午为 0.16~0.20,早晚增至 0.21~0.27。阴天时反射率的日变化比较平缓。在作物苗期,农田的郁闭度小,农田的反射率随土壤类型和湿润程度而变化。弱灰化沙壤土地区,干燥表面的反射率为 0.18~0.24,湿润表面的为 0.16~0.18,潮湿表面的为 0.11~0.16,水浸地为 0.08~0.11。谷类作物反射率的最大值,湿润地区出现在抽穗—开花期,为 0.19~0.22;干旱地区出现在成熟期,为 0.20~0.24。

地面向空气中传播的热量称为地面长波辐射。大气层内空气、水分、杂质等向地面发射的辐射称为大气逆辐射,地面长波辐射与地面吸收的大气逆辐射之差称为有效辐射(F),其强度常用经验公式进行计算。有效辐射强度随空气中水汽含量和云量增多而减弱。晴天夜间有效辐射变化于 0.50～1.00 J/cm² 之间,而在满天低云,相对湿度为 100％时,有效辐射只有 0.13～0.17 J/cm²。冬季在有暖平流、阴天或逆温等情况下的大气逆辐射比地面长波辐射大,则有效辐射为负值。

地理位置、天气和地面状况等因素对净辐射都有影响。在干燥地区,浅色土壤和无叶植物的反射率大,地面吸收的太阳辐射少,消耗于蒸发的热量也少,土壤温度高,有效辐射强,因而净辐射值比湿润地区小。坡向、坡度影响辐射平衡中的收入部分,阳坡净辐射值最大,阴坡最小,东坡和西坡居中。

日平均净辐射值在夏季为正值,夏至前后达到最大值。冬季由于白天接受的太阳辐射能少而夜晚持续时间长,日平均净辐射值为负值。一天中净辐射的正、负值转变时间,多发生在太阳高度角为 10°～15°时;当有雪覆盖时,由于雪的反射率大,正、负值的转变发生在太阳高度为 20°～25°之时。

调节地面净辐射值,主要依靠改变作用面的特性和减少反射率和有效辐射。在农田中,多应用调整株、行距离,合理密植和套种等方式来减少漏射损失和增加群体截获的太阳能,也可用地膜覆盖和塑料大棚等来改变农田辐射平衡状况以达到改善小气候的目的。

6.1.2.2 农田辐射平衡特征

农田植被就整体而言,是一个由地面至植被上部冠层的活动层,但由于各种农作物具有不同的群体结构,使得它们各自的农田辐射平衡特征也不一致。翁笃鸣等曾在同一时期(6月上旬)测得棉花、冬小麦、和水稻 3 种农田上的辐射平衡值(净辐射)日变化(表 6.2)。

表 6.2　晴天三种农田的净辐射通量密度的日变化　　　　　　　　W/m²

种类	6:00	8:00	10:00	12:00	14:00	16:00	18:00	20:00	22:00
棉花	27.91	268.65	458.45	526.84	429.15	202.36	−20.93	−108.16	−76.76
冬小麦	31.40	300.05	584.06	688.03	580.57	330.06	20.93	−63.50	−57.92
水稻	34.89	329.36	624.53	740.37	617.55	310.52	6.978	−83.74	−74.66

引自翁笃鸣等.小气候和农田小气候.农业出版社,1981.

当时,棉花、水稻都处于生长前期,而冬小麦已黄熟,所以它们之间的净辐射值有明显的差异,水稻田因水面反射率小,加之水面温度较低,有效辐射也较小,所以其净辐射值全天都较大,棉花还处于生长初期,棉田植被稀疏接近裸地,反射率和有效辐射值都较大,因而净辐射最低,小麦则介于其中间。

农田中净辐射的垂直分布与光能分布有某些相似。据研究,白天净辐射都由植被上层向下递减,到达地面的净辐射比较小,其中尤以叶片呈水平状排列的棉田中递减最为迅速,夜间,整个农田的净辐射反过来由植被上表面向下递增,而且不论什么作物,只要冠层覆盖茂密,植被下层的净辐射都几乎接近于零。研究还指出,在白日间冠层内吸收净辐射最多的一层大致也就是作物最茂密的那一层,在作物上部由于植物体密度较小,吸收的太阳辐射能不足以补偿其本身的长波热辐射支出,净辐射为负值,在最贴近地面的一层,除中午前后能吸收较多热量外,全天吸收也都很小,夜间整个植被都在放出热量,但耗热最多的是进入上表面的几层,申双和等(1999)在冬小麦农田净辐射研究中得出净辐射在冬小麦农田中的铅直分布,指出日间,农田中净辐射廓线的总趋势由冠层顶部向下递减。但有一点很值得注意,即冠层顶部的净辐射要比其上方测得的大,且净辐射最大值出现高度随太阳高度角增大由植株顶部逐渐下降。分析其原因主要与各高度的反射特点有关。在植株顶部,射入辐射削弱少,而冠层内部向外的反射辐射可因植株本身的遮挡而削弱。此外,还有一部分植物茎叶向下反射的辐射由测点上方投入,也能额外地增加短波吸收辐射。夜间,净辐射由植物冠层顶部向下递增,冠层下部的净辐射接近零。这说明植株上层对下层的覆盖和阻隔作用,隔绝了植株下部与大气的长波辐射交换,阻止了辐射降温。这种现象揭示了夜间农田中温度特征形成的重要本质。因此可以认为,在稠密的农田,植物下部和地面的降温不是由辐射冷却引起,而是由上部空气冷却后下沉造成的。农田各高度的净辐射也有明显的日变化,其形式与裸地一样,只是其变化幅度由植冠层顶部向下迅速递减。在任一高度,净辐射量大值均出现在正午,白天为正,夜间为负。在白天,层间差异远大于夜间,究其原因,可发现这是由叶片对短、长波辐射的吸收特性造成的。日间,太阳短波辐射是构成净辐射的主要部分,夜间净辐射极小,叶片对长波辐射的吸收率大,为0.95,从而使不同层次上的净辐射差异很小。

申双和等(1999)还研究了冬小麦农田中净辐射的分层吸收,发现在冠层上部(株高约为85 cm),各层吸收值大多为负,表示有辐射热量损失,这是因为上部植株密度小,吸收的短波辐射少于长波辐射损失。在13:00时,80~90 cm处净辐射吸收为正,因为此时太阳高度角大,辐射强。同时冬小麦的最大净辐射的吸收高度随太阳高度角增大而降低。申双和等(1999)在分析了冬小麦拔节期、孕穗期、开花期、乳熟期小麦农田对净辐射吸收随相对高度(z/H)的变化曲线后指出,无论在哪个时期,冠层对净辐射的吸收都有一最大值,高度在1/2~2/3 H。从拔节到乳熟,该高度有先升后降的变化过程,这是由于净辐射吸收与各发育期的叶面积指数 LAI 有关。分析植被对净辐射的分层吸收作用,对解释农田中的热量状况和温度条件很有意义。如在茂密的农田中,田间气温的垂直分布常有中间层高,上下层低的特点,这正与中间层次植物体密集,吸收辐射热量最多有关系。因而与作物的生长发育及产量形成过程有密切相关关系。

6.1.2.3 黄淮海平原冬小麦田辐射平衡的基本特征

本节主要分析位于鲁西北平原的中国科学院禹城农业生态综合试验站冬小麦田上辐射平衡观测结果。

农田能量收支及水、热、碳通量转换是农田中土壤—作物—大气系统物质能量交换和影响作物生长发育及产量形成的重要因素。农田的辐射和热量过程是由大气、土壤的物理状况和作物生理、生态过程共同作用的结果,在农业水分管理、光能利用调控、作物与大气相互作用研究中有重要意义。中国科学院禹城农业生态试验站自20世纪80年代中期开始,就在农田上设置了辐射平衡和能量平衡观测场,进行了冬小麦、夏玉米等作物的辐射平衡和能量平衡观测,采用的仪器是,日制 MS 型辐射仪,测量太阳直接辐射、天空散射辐射、反射辐射、总辐射,太阳光合有效辐射;CN 型净辐射仪测量净辐射,用美制 Eppley 长波辐射仪测量地面向上长波热辐射和大气逆辐射。还采用日制 CN−81 型土壤热通量板测量土壤热通量。经过几年的观测,获得了小麦和玉米农田上辐射平衡分布特征,经分析得到了 1983—1985 年平均小麦和玉米生长盛期的农田辐射场各分量的日总量和月总量(表 6.3)(谢贤群,1990)。

表 6.3　禹城试验站农田辐射场太阳辐射各分量的平均日总量和月总量(1983—1985 年平均)

MJ/m²

月份	S		D		Q		Rk		F		Rn		PAR		Ak
	日	月	日	月	日	月	日	月	日	月	日	月	日	月	平均
3	11.31	353.11	7.20	223.2	13.89	430.67	2.93	90.76	5.95	184.50	6.18	191.65	6.26	194.00	0.211
4	13.68	410.51	7.24	217.2	19.74	512.25	3.63	108.92	8.04	241.05	9.20	275.68	8.23	246.69	0.190
5	16.42	509.13	4.96	153.76	22.38	693.78	3.99	123.81	6.58	203.84	12.03	372.86	10.17	315.31	0.198
6	16.56	497.43	3.52	105.60	21.17	634.98	3.90	116.96	4.31	129.41	12.46	372.75	10.61	318.24	0.184
7	14.91	462.15	4.47	138.57	20.61	639.03	3.59	111.21	4.39	136.03	13.33	413.14	10.59	328.13	0.174
8	13.02	403.62	7.70	238.7	19.88	614.61	3.69	114.32	3.56	122.74	12.58	390.10	10.16	313.64	0.190
9	16.89	506.76	0.91	27.30	17.81	534.36	3.68	110.24	4.81	144.58	10.85	310.61	8.59	257.69	0.206
10	10.19	315.73	2.01	62.31	12.85	398.33	2.52	77.95	6.05	187.54	3.52	109.00	5.93	183.93	0.198
11	8.99	269.70	3.22	96.60	11.62	348.46	2.21	66.38	5.62	168.56	1.98	59.36	4.88	146.36	0.1

注:S—太阳直接辐射,D—天空散射辐射,Q—总辐射,Rk—反射辐射,F—有效辐射,Rn—净辐射,PAR—光合有效辐射,Ak—反射率。

由表 6.3 可见,在小麦和玉米的生长盛期中,以 5 月的总辐射量最大,平均日总量可达 22.38 MJ,月总量高达 693.78 MJ,其次是是 6 月和 7 月,日总量也分别高达 20 MJ 以上,净辐射却是 7 月的最大,日总量为 13.33 MJ,这是由于 7 月麦季刚过,玉米刚播种,农田基本还是裸地,地表反射率最小(Ak=0.174 0),而使净辐射达最大。由表 6.3 还看出农田的反射率随季节和作物的不同及其生长期的变化而变化,在 10—11 月小麦苗期反射率为 0.19 左右,到 3—6 月小麦生长盛期反射率平均可达 0.20 左右,8—9 月为玉米生长盛期,反射率即可升高到 0.19 左右。

本节还选择了 2009 年禹城综合试验站冬小麦和夏玉米各个发育阶段晴朗少云的典型天气,分析了它们的辐射平衡特征,也分析了整个观测期间晴朗少云天气的全部观测资料,得到了晴天辐射平衡的平均日变化特征。

1. 晴天麦田反射率的日变化

作物冠层的反射率取决于太阳入射高度位置、冠层结构和叶片的辐射特性。当太阳高度角较大时,群体的消光系数较小,太阳辐射光容易到达冠层下部,冠层的反射率较小。图 6.1 给出了小麦各个生育期内晴天的小麦田反射率的日变化。

从图 6.1 可以看出,在小麦各个生育期内反射率的日变化特点都是中午高而早晚低,与太阳高度的变化较为一致,反射率随生育期的变化特点是与叶面积指数和叶片的光学特性的变化有关,在小麦生育苗期和返青-拔节期,叶面积指数较小,一般在 3 以下,小麦冠层还不能全部覆盖地面,此时,麦田的反射率较大,到小麦生长盛期的抽穗-灌浆期,叶面积指数高达 5 以上,冠层茂密,已全部覆盖地面,冠层下部可以进一步吸收太阳辐射而反射较少,因而反射率就较低,由图 6.1 得到各生育期白天平均的反射率为:苗期-反射率高达 0.25 以上,返青-拔节期—0.224,拔节-孕穗期—0.217,抽穗-灌浆期—0.169。

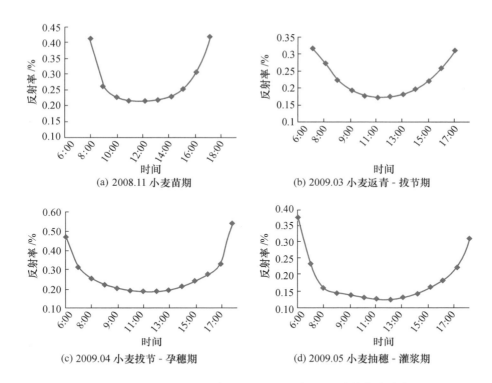

(a) 2008.11 小麦苗期

(b) 2009.03 小麦返青 - 拔节期

(c) 2009.04 小麦拔节 - 孕穗期

(d) 2009.05 小麦抽穗 - 灌浆期

图 6.1　冬小麦各生育期晴天反射率的日变化(禹城综合试验站)

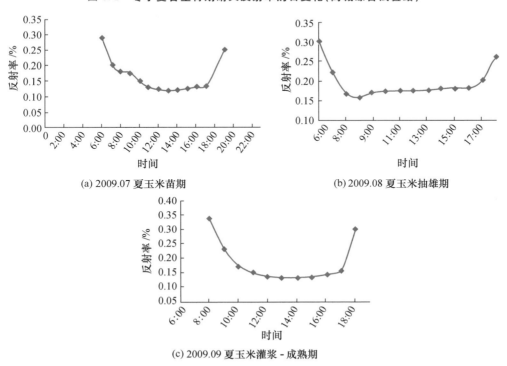

(a) 2009.07 夏玉米苗期

(b) 2009.08 夏玉米抽雄期

(c) 2009.09 夏玉米灌浆 - 成熟期

图 6.2　夏玉米各生育期晴天反射率的日变化(禹城综合试验站)

2. 晴天夏玉米反射率的日变化

夏玉米农田反射率的日变化规律与冬小麦相似,即早晚大,中午小,而且在各生育期中反射率的变化也是随玉米的生长发育而变化,7月是夏玉米播种和出苗期,农田地面裸露,其反射率主要表现为地面的反射状况,到8月玉米生长旺盛,冠层茂密,已全部覆盖地面,宽大、绿色的叶片吸收较多的太阳辐射,而使反射率变小。到9月玉米灌浆-成熟期,叶片开始衰老,颜色变浅,反射率又开始增大。各生育期白天的平均反射率分别为,7月苗期—0.177,8月抽雄期—0.185,9月灌浆-成熟期—0.195。但是与冬小麦相比较,夏玉米的平均反射率要较小。整个生育期其平均反射率在0.14~0.18。

3. 冬小麦晴天辐射平衡的变化

图6.3给出了冬小麦各生育期辐射平衡的日变化曲线。在冬小麦的整个生育期中,麦田的太阳总辐射(Eg)最高值出现在正午12时左右,净辐射(Rn)最高值也出现在正午前后,在日出后和日落前1 h左右,Rn值通过零点,夜间Rn值较稳定,均为负值,变化不大。麦田的反射辐射(Er)与总辐射的变化相似,最高值出现在正午左右,而向上长波辐射和向下大气逆辐射一天的变化较平缓,全生育期内平均在300~400 W/m²。小麦苗期,麦田的太阳总

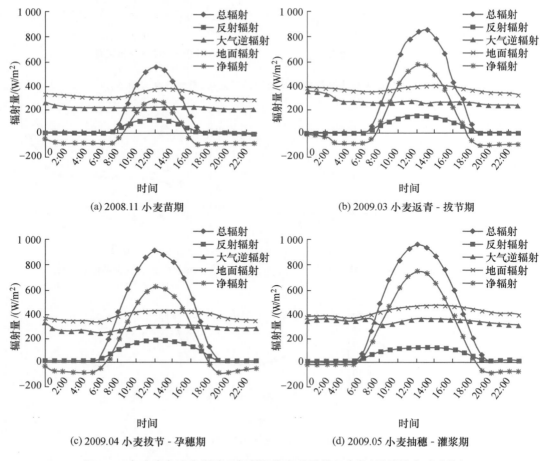

图 6.3　冬小麦各生育期晴天辐射平衡各分量的日变化(禹城综合试验站)

辐射量 Eg 最高值为 540 W/m²,反射辐射(Er)最高值在 118 W/m² 左右,麦田有效辐射(向上长波辐射和向下大气逆辐射之差)为 160 W/m² 左右,最终得到麦田的净辐射量(Rn)约为 262 W/m²,在小麦返青-拔节期期,麦田的总辐射量 Eg 最高值为 600～700 W/m²,反射辐射最高值在 140 W/m² 左右,麦田有效辐射为 140～150 W/m²,这样,麦田的净辐射量(En)为 300～400 W/m²,占总辐射量的 56% 左右;小麦拔节-孕穗期,总辐射(Eg)最高值达 800～900 W/m²,反射辐射(Er)最大为 160～170 W/m²,有效辐射最大为 120 W/m² 左右,因而该时期的净辐射达 500～600 W/m²,约占总辐射的 66%;小麦抽穗-灌浆期,总辐射(Eg)最大达 900～950 W/m²,相应的最大反射辐射(Er)达 110～120 W/m²,同时期的有效辐射最大为 150 W/m²,得到净辐射 En 为 660 W/m²,占总辐射的 71% 左右。从上述得出,在整个冬小麦生育期中,太阳总辐射自返青后逐渐增加,随着生育期中小麦的叶面积指数的增加,太阳高度角的增大,反射率的降低,净辐射占总辐射的比例是逐渐增大的。

4.夏玉米晴天辐射平衡的变化

图 6.4 给出了夏玉米各生育期辐射平衡的日变化曲线。与冬小麦晴天辐射平衡的变化特征相似,在夏玉米的整个生育期中,玉米田的太阳总辐射(Eg)最高值出现在正午 12:00 左右,净辐射(Rn)最高值也出现在正午前后,在日出后和日落前 1 小时左右,Rn 值通过零点,夜间 Rn 值较稳定,均为负值,变化不大。麦田的反射辐射(Er)与总辐射的变化相似,最高

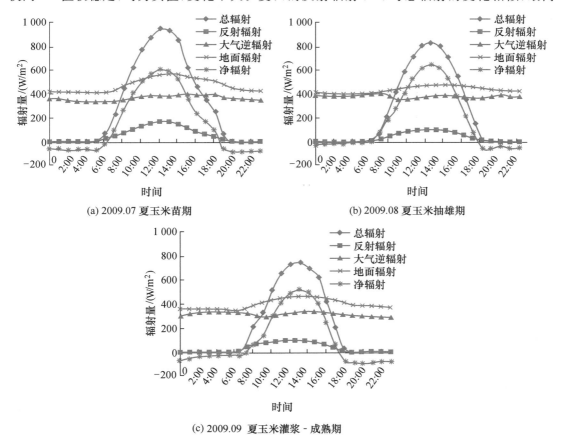

(a) 2009.07 夏玉米苗期

(b) 2009.08 夏玉米抽雄期

(c) 2009.09 夏玉米灌浆-成熟期

图 6.4 夏玉米各生育期晴天辐射平衡各分量的日变化(禹城综合试验站)

值出现在正午左右,而向上长波辐射和向下大气逆辐射一天的变化较平缓,玉米苗期正午,玉米田的太阳总辐射值高达 950 W/m²,反射辐射最高值达 165 W/m²,有效辐射(地面长波辐射与大气逆辐射之差)为 180 W/m²,这样,玉米田的净辐射量(Rn)约为 600 W/m² 左右;抽雄期,正午晴天,玉米田的太阳总辐射值高达 850 W/m²,反射辐射最高值达 98 W/m²,有效辐射为 90 W/m²,得到玉米田的净辐射量(Rn)约为 660 W/m² 左右;灌浆-成熟期正午,玉米田的太阳总辐射值高达 750 W/m²,反射辐射最高值达 100 W/m²,有效辐射为 130 W/m²,最后得到玉米田的净辐射量(Rn)约为 520 W/m²。与冬小麦相比,夏玉米生育期仅 3 个多月,但是,却是全年太阳辐射最强烈的 3 个月,7—9 月的太阳总辐射量可达 1 700 MJ/m²,而且该时段正是我国华北地区的雨季,夏季 3 个月的降水量约占全年总降水量的 70% 左右。雨热同季就为夏玉米的生长发育和高产创造了的最佳条件。

6.1.3　农田光合有效辐射

光合有效辐射是指绿色植物进行光合作用过程中,在吸收的太阳辐射中使叶绿素分子呈激发状态的那部分光谱能量。波长为 400～700 nm,以符号 Q_p 代表,通常被称为 PAR。光合有效辐射是植物生命活动、有机物质合成和产量形成的能量来源。确定一个地区的光合有效辐射能强度和总量以及它们的时空分布特征对于估算作物产量形成的辐射能利用系数和拟定最适宜的作物生产潜力都具有重要的生产意义和理论价值。

PAR 主要有两种测量和计量系统:

(1)能量学系统,用某一特征波长范围内即光合有效辐射波段内的辐射通量密度(W/m²)来度量;

(2)量子学系统,用光量子通量密度(μmol/(m² · s))来度量。

6.1.3.1　用辐射能量表示的光合有效辐射的测量和计算

很多国内外科学家通过对太阳辐射能量的分析来计算光合有效辐射。早在 20 世纪 60 年代,前苏联科学家莫尔达乌和叶菲莫娃(1983)在考虑了大气混浊度状况,空气含水量,太阳高度,云量等因子后提出了一个计算光合有效辐射量的经验公式:

$$Q_p = 0.43S + 0.57D \tag{6.3}$$

式中,Q_p 为光合有效辐射,S 为到达水平面上的全波段直接太阳辐射,D 为全波段的天空散射辐射。

董振国,于沪宁(1989)于 1980—1982 年在河北省石家庄观测和分析了太阳总辐射与光合有效辐射,得到,石家庄地区夏季,Q_P/Q 为 0.47～0.48,冬季,Q_P/Q 为 0.43～0.44,周允华、项月琴、单福芝等(1984),根据我国 8 个地区 11 个测点的直接辐射的分光测量资料,得到了计算直接辐射中 0.4～0.7 μm 波段光合有效辐射(PAR)的经验公式:

$$S_{PAR} = S[0.592 - 382/(698 + S) + 0.079 \lg E^*] \tag{6.4}$$

利用该公式结合 8 个有地区代表性台站的日射资料,计算了 1,4,7,10 各月的直接辐射、散射辐射和总辐射中光合有效辐射所占的比例,分别为:

$$S_{PAR} = 0.39S, D_{PAR} = 0.49D, Q_p = 0.44Q$$

并最后得出计算光合有效辐射 Q_p 的精确的表达式：

$$Q_p = Q(0.384 + 0.053\lg E^*) \tag{6.5}$$

6.1.3.2　光量子通量密度[$\mu mol/(m^2 \cdot s)$]度量光合有效辐射

光属于电磁辐射,具有波、粒两相性,而光的波动性与粒子性又是对立统一的,光波可以认为是光粒子流的统计平均值。光量子的单位用摩尔(mol)或微摩尔(μmol)表示,1 mol 光量子等于 6.02×10^{23} 个光子。从量子理论的观点看,光辐射是一连串光子的连续流动,单个光子携带的量子能是,

$$E = h \cdot c/\lambda \tag{6.6}$$

式中, h 为普朗克常数, $h = 6.625 \times 10^{-27}$ 尔格/秒, C 为光速, λ 为辐射能波长。

量子能的大小与波长成反比,即单位光合有效辐射能所含的光量子数随波长而变化,根据近代光合作用的生物化学原理,植物的光合作用是能量的转化过程,叶片中的叶绿体吸收光量子后,经过一系列的电子传递过程,将二氧化碳和水分子活化,于是引起光化学反应。研究指出,决定光化学反应速度的不是叶片吸收光能的量,而是所吸收的光量子数(单位mol)。

6.1.3.3　光合有效辐射光量子与光合有效辐射辐射通量密度的关系

光合有效辐射光量子与光合有效辐射辐射通量密度尽管都可以表示为光合有效辐射,但是它们具有不同的概念,量度单位更不相同,以往我国气象、资源、环境等部门对太阳辐射的测量及应用多用辐射的能量单位,即 W/m^2 ,但由于决定光化学反应速度的是所吸收的光量子数,因而目前在生理、生态学和农学等学科已开始应用光量子仪器来测量植物的光能利用,为了分析比较两者的关系,需要得出它们的换算关系。赵名茶、董振国、于沪宁(1985)给出了下述换算值：

在 $400 \sim 700$ nm 波段内,光合有效辐射能表示为：

$$W_T = \int_{400}^{700} W_\lambda d\lambda \tag{6.7}$$

式中, W_T 为 $400 \sim 700$ nm 波段内的总能量, W_λ 为波长为 λ 的光子所携带的能量。在给定波长(λ),能量流(W_λ)所含的光量子数是：

$$光量子 = W_\lambda/(hc/\lambda) \tag{6.8}$$

式中, hc/λ 为波长为 λ 的光量子所携带的能量,在 $400 \sim 700$ nm 波段内的光量子总数(N)是：

$$N = \int_{400}^{700} W_\lambda/(hc/\lambda) \cdot d\lambda \tag{6.9}$$

在 $400 \sim 700$ nm,如选取 550 nm 为标准波段,则可得到,

$$1 \text{ W/m}^2 \approx 4.6 \ \mu\text{mol/(m}^2 \cdot \text{s)} \ \text{或} \ 1 \ \mu\text{mol/(m}^2 \cdot \text{s)} \approx 0.22 \text{ W/m}^2$$

要指出的是,这关系只是太阳光谱在平均波长为 550 nm 时的近似关系,波长大于 550 nm 的太阳辐射能,1 W/m² 所含的光量子数大于 4.6 μmol,波长小于 550 nm 的太阳辐射能,1 W/m² 所含的光量子数小于 4.6 μmol。光合有效辐射光谱组成受太阳高度和天气状况的影响,能量相同的光合有效辐射能,因光谱组成不同,含的光量子数也不同,在光化学反应中活化的二氧化碳和水分子数不同。

董振国等(1994)还通过对河北省石家庄地区小麦田上的光量子和太阳总辐射的测量结果,进行分析得到光合有效辐射的光量子通量密度与太阳总辐射之间有较好的线性关系,两者间可表示为:

$$PAR = a + bQ \tag{6.10}$$

式中,PAR 为光合有效辐射的光量子通量密度,单位是 μmol/(m² · d);Q 为太阳总辐射通量,单位是 MJ/(m² · d)。文献给出在石家庄地区夏季(6—8 月)、冬季(12—2 月)和全年 PAR 与 Q 的相关系数和回归方程:

$$\text{夏季(6—8 月):} r = 0.995, s = 0.45,$$
$$PAR = -0.07 + 2.249Q \tag{6.11}$$
$$\text{冬季(12—2 月):} r = 0.992, s = 0.12$$
$$PAR = 0.03 + 2.042Q \tag{6.12}$$
$$\text{全年:} r = 0.997, s = 0.32,$$
$$PAR = 0.07 + 2.153Q \tag{6.13}$$

式中,r 为相关系数,s 为剩余标准差,PAR 为光合有效辐射光量子[μmol/(m² · d)],Q 为太阳总辐射通量[MJ/(m² · d)]。

6.1.3.4 农田光合有效辐射的日变化和年变化

2005 年在中国科学院创新工程的支持下,中国科学院禹城农业生态综合试验站更新了气象观测场,建立了当前国际上最新型的气象自动观测采集系统。采用荷兰 KIP-ZONEN 生产的 CM 型太阳辐射表和测量光合有效辐射的美制 Li-190SZ 型光量子表进行太阳辐射能和光合有效辐射光量子的观测。获得了一批连续的和最新的有关光合有效辐射光量子数据,为进一步进行农田光能利用研究奠定了基础,本节即对近几年在冬小麦和夏玉米生长期间相应的光合有效辐射光量子数值的日变化和生长季内的光合有效辐射值及其年变化做一简介。

1. 冬小麦生育期光合有效辐射的日变化和季节变化

图 6.5 给出了禹城试验站自动气象观测场观测到的 2009 年小麦各生育期内晴朗天气条件下光合有效辐射光量子数值的日变化曲线。图 6.5 表明,小麦各生育期内晴朗天气下,光合有效辐射光量子数值的日变化与太阳总辐射能的日变化完全一致(图 6.3),即呈早晚小,正午最大的正弦曲线,中午最大值在小麦苗期可达 700~800 μmol/(s · m²)左右,返青期可达 1 300 μmol/(s · m²)左右;小麦拔节—孕穗期可达 1 400 μmol/(s · m²)左右;抽穗-灌浆期 PAR 达 1 500 μmol/(s · m²)以上,见表 6.4。

在冬小麦各生育期内,光合有效辐射 PAR 的总量也随着太阳辐射能量的季节变化而变

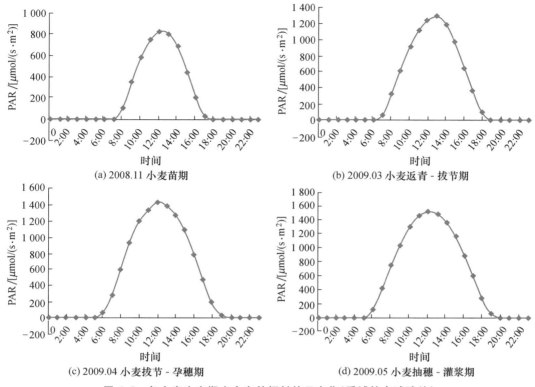

图 6.5　冬小麦生育期光合有效辐射的日变化（禹城综合试验站）

化,在小麦的不同生育期内入射到麦田上的太阳辐射能和光合有效辐射光量子数是不同的,随着太阳高度角的增高,太阳辐射能强度增大,光合有效辐射光量子数值也增加,但是在不同的年份,由于气候间的差异,它们之间也有着一些差异,不过,就 2006—2010 年平均而言,小麦的苗期光量子数一般在 600 mol/m² 左右,返青期在 720 mol/m² 左右,拔节期在 920 mol/m² 左右,抽穗-成熟期在 1 500 mol/m² 之间,小麦整个生育期间,光合有效辐射光量子数值可高达 3 700 mol/m²。

表 6.4　冬小麦各生育期太阳总辐射能量(Eq)和光合有效辐射(PAR)（2006—2010）（禹城综合试验站）

年份	2006		2007		2008		2009		2010		平均	
	Eq/ (MJ/m²)	PAR/ (mol/m²)	Eq/ (MJ/m²)	PAR/ (mol/m²)	Eq/ (MJ/m²)	PAR/ (mol/m²)	Eq/ (MJ/m²)	PAR/ (mol/m²)	Eq/ (MJ/m²)	PAR/ (mol/m²)	Eq/ (MJ/m²)	PAR/ (mol/m²)
苗期	380.5	664.9	370.9	596.0	366.6	612.9	367.5	541.2	344.4	579.7	366.0	598.9
返青期	454.5	742.0	393.6	685.6	470.5	809.2	433.3	731.8	399.2	631.1	430.2	719.9
拔节期	527.9	938.4	541.5	954.4	521.7	909.8	559.9	944.2	529.9	874.6	536.2	924.3
抽穗成熟	816.0	1 489.3	871.1	1 576.4	809.6	1 446.2	845.6	1 521.6	846.7	1 464.9	837.8	1 499.7
全生育期	2 178.9	3 834.6	2 177.1	3 812.4	2 168.5	3 778.1	2 206.1	3 738.8	2 120.2	3 550.3	2 170.0	3 743.7

2. 夏玉米生育期光合有效辐射的日变化和季节变化

图 6.6 给出了禹城试验站观测到的 2009 年夏玉米各生育期内晴朗天气条件下光合有

效辐射光量子数值的日变化曲线。图 6.6 表明,玉米各生育期内晴朗天气下,光合有效辐射光量子数值的日变化与太阳总辐射能的日变化完全一致(图 6.4),即呈早晚小,正午最大的正弦曲线,中午最大值在玉米苗期可达 1 600 μmo/(sm²)左右;抽雄期可达 1 500 μmol/(sm²)左右;灌浆-成熟期期 PAR 达 1 200 μmol/(sm²)以上,见表 6.5。

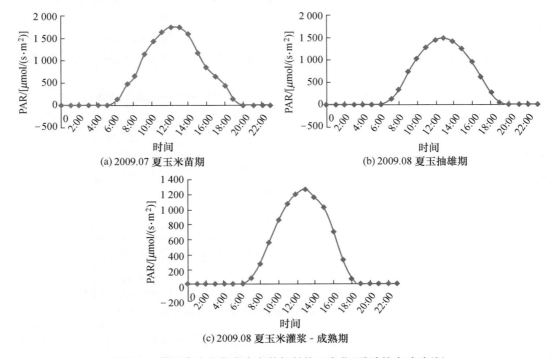

(a) 2009.07 夏玉米苗期　　　　　　　　　(b) 2009.08 夏玉抽雄期

(c) 2009.08 夏玉米灌浆 - 成熟期

图 6.6　夏玉米生育期光合有效辐射的日变化(禹城综合试验站)

表 6.5　夏玉米生育期太阳总辐射能量(Eq)和光合有效辐射(PAR)(2006—2010)(禹城综合试验站)

年份	2006		2007		2008		2009		2010		平均	
	Eq/ (MJ/m²)	PAR/ (mol/m²)	Eq/ (MJ/m²)	PAR/ (mol/m²)	Eq/ (MJ/m²)	PAR/ (mol/m²)	Eq/ (MJ/m²)	PAR/ (mol/m²)	Eq/ (MJ/m²)	PAR/ (mol/m²)	Eq/ (MJ/m²)	PAR/ (mol/m²)
苗期	189.2	367.2	157.1	307.9	171.8	315.7	216.0	466.6	202.6	307.0	187.3	352.8
拔节期	495.0	1 023.7	573.3	1 099.3	471.6	837.5	553.0	954.7	567.1	950.7	532.0	973.3
抽雄期	447.5	960.1	447.5	848.6	428.2	700.8	464.8	773.0	415.8	910.1	439.1	838.5
灌浆-成熟期	565.9	1 048.5	490.5	914.8	505.7	810.0	507.6	845.0	515.9	1 039.5	516.7	931.6
全生育期	1 697.7	3 399.4	1 668.4	3 170.7	1 577.3	2 663.8	1 741.4	3 039.3	1 701.5	3 207.3	1 677.3	3 096.2

　　在夏玉米各生育期内光合有效辐射 PAR 的总量也随着太阳辐射能量的季节变化而变化(表 6.5)。表 6.5 表明,在玉米不同生育期内光合有效辐射光量子数值是不同的,它随生育期长短和太阳辐射能量的增加而变化,玉米苗期较短,在 6 月下旬十余天左右,因此 PAR 值较小,仅为 300～400 mol/m²,随着夏季的来临和玉米生长,PAR 即逐渐增大,在拔节期和

抽雄期 PAR 高达 $900\sim1\,000\,\mathrm{mol/m^2}$，全生育期 PAR 总量为$3\,000\,\mathrm{mol/m^2}$ 以上。

6.2　农田光能利用率

6.2.1　农田光能利用率的概念

　　植物的产量直接或间接来自光合作用，光合效率的提高是生物高产的物质基础。而太阳辐射能是植物光合过程的唯一能源，所以提高单位面积产量，从能量角度看，就是提高太阳辐射能的利用效率。太阳辐射能入射到农田上，被植物吸收和利用，形成产量是一个复杂的光合作用过程。该过程可分成 3 个阶段，第一阶段是能量和原料的输送阶段。光及二氧化碳通过辐射及扩散进入植物层内直达叶绿素内的光合作用反应中心，到达作物层的光能要进行再分配：一部分反射回空间，一部分漏射于土面或照射于非光合器官，群体的密度和株形都影响截获太阳能的多寡，植物吸收到的光能还要用于其蒸腾和与空气的热量交换。第二阶段是能量转换阶段，无机物转换为有机物，光能转化为生物化学潜能。这一阶段的量子效率和光呼吸消耗均影响光合作用效率。第三阶段为生物化学阶段，叶片中初步合成的碳水化合物用于生长发育和转运到其他器官中储藏。可以想象，经过这3 个阶段，作物对光能的利用只仅是到达农田上太阳辐射能的很少部分了。光能利用率是指投射到作物冠层的太阳能或光合有效辐射能被植物转化为化学能的比率。光能利用率表达式为：

$$RE = (HG/\sum Q) \times 100\% \tag{6.14}$$

式中，H 为每 $1\,\mathrm{g}$ 干物质燃烧时释放的热量，也称单位质量的碳水化合物所含的热量，一般为 $177\,929.00\,\mathrm{J/g}$，$G$ 为测定期间干物质的增加量（也既净生产量），$\sum Q$ 为同期的总辐射量。

6.2.2　光能利用率的影响因子

　　不同物种的内在生理机制对光能利用率的影响差异较大，当外界环境条件改变时，光合速率改变也不同。影响光能利用率时空变异的影响因子包括植物内在因素（如叶形、羧化酶含量等）和外在环境因素，如光强、温度、大气 CO_2 和 O_3 浓度。此外水分条件对光能利用率影响很大，水条件好时光合速率明显增大，光能利用率提高。水分利用与碳循环通过叶片气孔紧密耦合，成为光能利用率影响中不容忽视的因素。

6.2.2.1　影响光能利用率低的原因

据研究，目前光能利用率低的原因是：

（1）漏光损失。作物生长初期叶面积很小，大部分日光漏射在地面上而损失。目前的中低产田，生产水平较低，作物一生不封行，直到后期漏光也很多。

（2）光饱和浪费。已知稻麦光饱和点为全日照的 $1/3 \sim 1/2$，因不能利用强光提高光合速率，而形成对光的浪费。事实上，光强远在光饱和点以前，光合速率已不随光强成比例地增加，说明那时光能已不能被充分利用而浪费了。即使群体的光饱和点较高，甚至在全日照下仍未饱和，但上部叶层仍因光饱和而有浪费（可能达吸收量的 50% 左右），下部则因光照不足而达不到应用的光合速率。

（3）条件限制。作物生育期间由于环境条件不合适，如温度过高过低，水分过多过少，某些矿质元素缺乏，CO_2 供应不足，以及病虫害等，一方面会使光合能力得不到充分发挥，限制了光能利用；另一方面会使呼吸消耗相对增多，最终使产量降低。

上述 3 方面，在一般条件下很难完全避免，因而生产上难以达到很高的光能利用率。但是通过适当的栽培技术和措施，把作物的光能利用率从目前的 2% 左右提高一步则是完全可能的。一般认为，争取光能利用率达到 5% 是目前比较现实的指标。作物的增产潜力很大，关键在于如何促进光合产物的积累与分配。

6.2.2.2 改善光合性能，提高作物光能利用率

作物的经济产量主要决定于光合性能，即包括光合面积、光合能力、光合时间、光合产物的消耗和光合产物的分配利用 5 个方面。光合性能是决定作物产量高低和光能利用率高低的关键。一般凡是光合面积适当大、光合能力较强，光合时间较长，光合产物消耗较少，分配利用较合理的就能获得较高的产量。一切增产措施，归根到底，主要是通过改善光合性能而起作用的。为此要首先了解光合性能的基本规律从而对其进行调节。

（1）光合面积。光合面积即绿色面积，主要是叶面积。在一般情况下，这是光合性能中与产量关系最密切、变化最大而同时又是最易控制的一个方面。许多增产措施，包括合理密植和合理肥水技术之所以能显著增产，主要在于适当地扩大了光合面积。在讨论光合面积时，应该从它的组成、大小、分布与动态几方面进行分析。

组成：光合面积主要是叶面积，但有些作物，其他绿色面积所占比例很大，有的光合能力也较强，不应忽视。例如，烟草叶面积占 90% 以上；棉花的苞叶及铃占 12% 以上，茎占 10% 左右，比例也不小；小麦抽穗后叶只占 $1/3$ 左右，茎、鞘及穗占 $2/3$，光合能力也较强，愈到后期，叶的比例愈少。因此，必须充分考虑对这些部分的利用。

大小：由于叶片是光合的主要器官，叶面积过小肯定不会获得高产。在群体条件下，叶面积的大小以叶面积指数表示。一般大田作物产量之所以较低，主要原因就在这里。但叶面积过大，特别是种植密度较大时，必然会导致株间遮阳，反过来影响光合能力，这样产量也不会很高，有些作物（如烟草）还会影响品质。叶面积大小可以通过肥、水、光加以调节。一般氮肥和水分较多而光照较弱时，叶片通常较薄而大。

分布：为了减少叶面积过大与株间光照之间的矛盾，需要考虑叶的空间分布与角度，这就是有关"株型"的问题。一般上层叶片应比较挺立，以便减轻对下部的遮光；而下部叶片宜近于水平，以便能充分吸收从上面透进来的弱光，紧凑型玉米就具有这样的株型。株型紧凑，在适当增加密度的情况下，群体内仍通风透光良好，有利于增加生物产量和经济产量。

动态：为了使作物一生中经常有足够的光合面积，以充分吸收利用光能，前期群体叶面积应较快扩大，后期则需防止过早衰老枯黄。一二年生的作物，苗期生长较慢且时间较长，

前期叶面积过小,造成光能利用上的很大损失。要改变这种局面,可用间作、套种的方法,用种肥、苗肥等办法促进前期生长。

(2)光合能力。光合能力的强弱一般以光合速率和光合生产率为指标。光合速率通常用单位叶面积在单位时间内同化 CO_2 的数量来表示。光合生产率亦称净同化率,通常用每平方米叶面积在较长时间内(一昼夜或一周)增加干重的克数($g/(m^2 \cdot d)$)表示。干物质生产主要依靠光合作用这个事实往往会导致一种似是而非的逻辑推理,似乎净同化率提高了,产量必然也提高。其实这种理解是不确切的。早在 1947 年,D J Watson 就发现,同一作物在不同年份在相同环境下栽培,叶面积的变异比平均净同化率的变异大得多。作物产量因叶面积增大而提高,却与平均净同化率无显著相关。这是因为,净同化率是一定时间内植株总干物质的积累量被该时段内叶面积的平均值除所得的商。这个商在低密度下和叶面积指数小时是比较高的,当密度增加和叶面积指数增大时,干物质生产相应提高,但此时若进行测定,这个商却往往是低的。因此,只有在种植密度或叶面积指数相同的情况下,测定净同化率,其高低才有可比性。影响光合能力的因子如下。

光:光强度对光合能力的影响很大,虽然在正常条件下,自然光强超过光合的需要,但在丰产栽培条件下,常常由于群体偏大而影响通风透光。中下部叶片常因光照不足而影响光合。在生产上必须对光强度进行合理调节,以便提高光能利用率而获得高产。作物群体的光补偿点和光饱和点都比单叶高,这是因为各个体的相互遮光,且呼吸消耗比例增大的缘故。在密度较高时,中下部叶子常常较早黄枯,主要与光照接近补偿点而无法维持营养有关。为了提高光能利用率和适应密植高产的需要,希望能提高作物植株上部或外围叶片的光饱和点及光饱和时的光合速率,而降低下部或内部叶片的光补偿点,为此,除选用适当的品种外,适宜的温度、光照、充足的 CO_2 和肥水,能在一定程度上提高光饱和点和光饱和时的光照强度,降低光补偿点。

生产上还应根据作物的需光特性而进行适当调节。例如采用合理的种植方式和适当的行向,可以改善受光条件,提高光能利用率。高矮作物间作,或加大行距、缩小株距等,都能有效地改善光照条件。

CO_2:光合所需 CO_2 主要由叶从空气中吸收。空气中 CO_2 浓度按体积计算,一般为 0.03% 左右,不能满足作物进行旺盛光合所需。已知当 CO_2 浓度降到一定限度时,叶子进行光合所吸收的 CO_2 和呼吸作用释放的 CO_2 相等,这一浓度称为 CO_2 补偿点。CO_2 浓度大于这一限度,光合直线上升,当达到一定范围后光合增强渐慢,最后达到另一限度,光合不随 CO_2 的增加而增强,甚至减弱,这一限度的 CO_2 浓度称为 CO_2 饱和点。研究指出,小麦、亚麻、甘蔗等作物的 CO_2 饱和点在 0.05%~0.15%;甜菜、紫花苜蓿、马铃薯等 CO_2 浓度在正常浓度 4~5 倍范围内,光合大体上能成比例地增强。对大多数作物来说,CO_2 增高至 0.3% 时已超过饱和点,浓度更高时则易发生毒害。

每公顷生长茂盛的作物,为了顺利进行光合,每天要从空气中吸收约 600 kg 的 CO_2,即相当于其上 100 m 以内空间的全部 CO_2 量。在迅速进行光合时,作物株间 CO_2 浓度可降至 0.02%,个别叶子附近可低至 0.01%。在光照和肥水充足、温度适宜而光合旺盛期间,CO_2 的亏缺常是光合的主要限制因子。如能人工补充 CO_2,就可大大促进光合,提高产量。目前主要用于温室,大田作物增施 CO_2 有一定困难,但是增施有机肥料和适当灌溉,结合补充适量 N、P、K 化肥,对促进土壤呼吸,补充 CO_2 有很大意义。

温度:大多数温带作物能进行光合的最低温度为 $0 \sim 2℃$,在 $10 \sim 35℃$ 范围内可以正常进行光合,而最适点约在 $25℃$,温度过高,光合便开始下降。这是因为在高温下呼吸大为增强,酶加速钝化,叶绿体受到破坏,净光合迅速减弱的结果。中国科学院上海植物生理研究所的研究证明,小麦在上海和青海两地区,光合最适温度均在 $20 \sim 28℃$,超过这一范围,光合明显下降。他们的资料还表明,小麦在抽穗到成熟阶段光合能力的变化与温度有很大关系。上海地区的小麦,光合速率较低,由于高温影响,在开花后即迅速减弱,到成熟期光合已很小,所以粒重较轻,产量较低。青海省气候特殊,白天光照强而温度不高,昼夜温差较大,叶功能期长,光合能力强,光合日变化不大,呼吸消耗较少,灌浆期较长,所以籽粒较重,产量也高。但应指出,C_4 植株的光合适温比一般 C_3 植物高,在 $30 \sim 40℃$。

肥水:肥水能促进代谢,提高光合能力,因为叶肉细胞脱水时,会引起原生质的胶体变性,CO_2 扩散过程和酶的活动都受抑制,呼吸和水解过程加强,物质的运输受阻,这些变化都会导致光合减弱。肥料中各种矿质元素对光合能力的影响也很大,氮素能促进叶绿素、蛋白质及酯类的合成,并使光合产物及时被利用,以免堆积过多而抑制光合的顺利进行;磷素是许多代谢过程不可缺少的;钾素主要影响原生质的胶体特性,使光合能在较好的内在条件下进行,同时还能促进光合产物的运输、转化及酶的活动;镁是叶绿素的成分和酶的活化剂。以上元素缺乏都会影响光合。肥水充足可延长光合时间,防止光合"午休",有利于光合产物的积累,还能促进光合产物向产品器官输送。

(3)光合时间。当其他条件相同时,适当延长光合时间,会增加光合产物,对增产有利。光合时间主要决定于一天中光照时间的长短、昼夜比例和生育期的长短。温室进行补充光照,人工延长光照时间,能使作物增产。条件许可时,适当选用生长期较长的晚熟品种,一般都能增产。早播、早栽、套种以及夏玉米和棉花育苗移栽等,也是能延长光合时间以达增产的有效途径。从作物本身考虑,光合时间与叶片寿命及一天中有效光合时数有关。生育后期叶子早衰,光合时间减少,对产量影响很大。早衰对经济产量的影响比对生物产量的影响更大,因为贮藏养料的积累,主要在生长后期,马铃薯块茎中的贮藏养料几乎全是在最后30多天中积累起来的。水稻、小麦籽粒中的干物质,主要也是在抽穗后产生的。所以生产上应当特别重视后期光合能力的维持,努力防止早衰。

(4)光合产物的消耗。呼吸消耗是光合性能中唯一与产量呈负相关的因素,应尽量减少。由于呼吸消耗有机物(主要是碳水化合物),而且无时不在进行,所以消耗量相当大。据计算,一昼夜作物全株的呼吸消耗占光合生产的 $20\% \sim 30\%$。在光合不能顺利进行时,呼吸消耗相对增大。呼吸虽然消耗有机物,但在氧化分解过程中,却能把有机物中贮存的能量转入腺苷三磷酸(ATP)中,再用到物质合成、转化、植株生长、运动等各种耗能的生命活动中去。此外在呼吸分解过程中,所产生的具有高度生理活性的中间产物(主要是许多有机酸)是合成许多重要有机物(包括蛋白质、核酸)的原材料。由此看来,呼吸消耗不仅是不可避免的,而且也是必要的。但呼吸过强,消耗过多,则对生产不利。要想减少呼吸消耗,主要靠调节温度不使之过高,避免干旱,建立合理的群体结构,改善田间小气候等。

总的看来,光合性能的各个方面,有其特殊的作用,也都有增产潜力可挖,所以都应予以重视。但是各个方面既相对独立,又密切相关。光合面积必须与光合能力、光合时间结合起来考虑,才能正确判断它对增产是否有利。单纯地追求增大光合面积,可能带来事与愿违的后果。在当前的生产实践中,一般大田生产应以适当扩大光合面积为主,防止后期早衰,以适当延长光合时间;而丰产栽培田则应注重提高光合能力和改善光合产物的分配利用。这样才能提高作物的光能利用率。

6.2.3　华北平原主要作物的光能利用率

20 世纪 50～60 年代,我国不少学者进行了作物的最高产量和光能利用率关系的研究,汤佩松(1963)计算了单季水稻的光能利用率达 2.6%,黄秉维(1993)于 1978 年提出了光合潜力的概念,计算了在 CO_2 含量正常,具有适宜的环境条件下植物群体的光能利用率的上限为 6.13%。

以下仅简述左大康等人(1985)根据黄秉维提出的光合潜力的概念,计算在黄淮海平原主要作物的光能利用率模式和冬小麦、夏玉米的光能利用率。

作物的可能最高产量决定于太阳光投入的多少以及光能的转化效率,根据能量守恒定律,作物群体的输入能量及其转化效率应表现为作物群体输出的能量,即作物光合作用的物质产量,若以 Q 表示输入的太阳辐射能量,即太阳总辐射能,用 η 表示整个光合作用过程中作物群体转化太阳能的效率,R 表示输出的能量,则有

$$R = \eta Q \tag{6.15}$$

从作物群体利用太阳光能的角度,η 可用下式表示:

$$\eta = \mu \cdot \alpha(1-\theta)E \cdot \beta \cdot (1-r) \tag{6.16}$$

式中,μ 为光合有效辐射占太阳总辐射的比例,据研究,$\mu=0.44$,α 为群体对太阳辐射的吸收系数,即群体吸收的太阳辐射与投射到群体上太阳辐射的比值,它与群体的反射率、叶片和冠层结构等因子有关。根据研究,考虑到冬小麦和夏玉米的冠层特性和生育期的特点,在光合潜力的计算中可取小麦的吸收率 α_m 为 0.52,夏玉米的吸收率 α_y 为 0.60。

θ 是作物非光合器官的吸收辐射占全部吸收辐射的比例,据研究,θ 值在 10%～30%,一般可取为 $\theta=15\%$。

E 为光合作用的基础效率——量子效率,根据光合作用反应式,光合作用每还原 1 g 分子 CO_2 所储藏的能量相当于 4 773 MJ。400～700 nm 波段间(PAR)太阳辐射输入的能量约相当于 575 nm 单色光的能量,1 微爱因斯坦 575 nm 的光具有 2 082.5 MJ 的能量,所以 $E=4\,773/N\times2\,082.5$,对于冬小麦 $N=8$(C_3 作物),$E=4\,773/8\times2\,082.5=0.286$,对于夏玉米,$N=10$($C_4$ 作物),$E=4\,773/10\times2\,082.5=0.229$。

β 为光合作用中作物利用的光量与群体吸收的光量之间的比例,即是表达影响光合作用效率的另一个因素——光饱和现象,C_3 作物在全日光强的 1/4～1/3 时,即达到饱和,而 C_4 作物则无明显的光饱和现象,夏玉米是 C_4 作物,可取 $\beta=1$,而小麦的 $\beta=5.861\,5T\times Rg-1\times(Ln(Rg/5.861\,5T)+1)$,式中 Rg 是小麦总生育期间的太阳总辐射,T 是总生育期的天数。因而得到 β 随入射光强而变化的一般概念。

r 为作物呼吸损耗所占的比例,一般对小麦和玉米,取 $r=0.33$。

综合上述讨论,可得到冬小麦和夏玉米在整个生育期的平均光能利用率:

$$\eta_m(冬小麦) = 0.036\beta \tag{6.17}$$
$$(\beta = 5.861\,5T \times Rg - 1 \times (Ln(Rg/5.861\,5T) + 1)$$
$$\eta_y(夏玉米) = 0.034 \tag{6.18}$$

根据黄淮海平原115个站点的计算结果,由(6.17)式,得到小麦的光能利用率 η_m(冬小麦)有一定的地域差异,最大为3%,最小为2.8%,平均为2.9%。而夏玉米的光能利用率为3.4%。

6.3 光热资源的时空变化

6.3.1 我国光、热资源区域分布概述

中国疆域辽阔,地形地势复杂,她背倚世界上最大的陆地—欧亚大陆,面向世界上最大的海洋—太平洋,纬度南北约跨50°,经度东西相距62°。境内有平原、丘陵、盆地、高原、山地等各种地貌类型,气候资源独具特色,因而其光热资源的特点如下。

1. 纬度地带性强,南北光、热资源相差悬殊

中国东部地区自南而北有南、中、北热带,南、中、北亚热带和南、中、北温带9个气候带(温度带),热量由南向北递减。也即受地理纬度的影响,中国南北年平均气温差27~30℃,最冷月平均气温差50℃,≥0℃积温差7 000℃左右,差别十分显著。中国南部由于距海近,纬度和海拔高度低,太阳高度角大,获得的太阳辐射热量多,温度高,年总辐射量超过6 200 MJ/m²,年平均气温在26℃左右,气温≥10℃的持续日数为365 d,积温约9 700℃以上,随着纬度北移,年总辐射量递减,温度降低,降水减少。到黑龙江北部的漠河一带,年总辐射量仅4 300 MJ/m²,年平均气温为 −5℃左右,气温≥10℃的持续日数为仅约100 d,积温不足1 700℃。见表6.6。

表6.6　中国气候资源随海拔高度的变化

阶梯	地点	东经	年总辐射量/(MJ/m²)	年日照时数/h	年平均气温/℃	积温/℃		年降水量/mm
						≥0℃	≥10℃	
一级	杭州	120°10′	4 360	1 904	16.2	5 916	5 102	1 399
	南京	118°48′	4 880	2 155	15.3	5 595	4 889	1 031
	徐州	117°18′	5 020	2 317	14.2	5 248	4 674	848
二级	宝兴	102°49′	3 170	791	14.1	5 173	4 268	985
	平武	104°31′	3 950	1 377	14.7	5 378	4 563	867
	天水	105°45′	5 330	2 032	10.7	4 067	3 560	531
三级	当雄	91°06′	7 130	2 881	1.3	1 471	300	481
	安多	91°06′	7 190	2 847	−3.0	846	0	412
	托托河	92°26′	6 950	2 829	−4.2	743	22	277

引自侯光良,李继由,张宜光,1993。

2. 垂直地带性强,山区光热资源立体空间变化大

中国是一个多山的国家,各种气候要素都随高度呈有规律的变化。首先,高原或高山地势高,空气稀薄,大气透明度好,辐射强度大,总辐射量多,如青藏高原上的太阳辐射量比较同纬度的中国东南沿海平原地区高 70%以上,日照时数多约 1 500 h。其次,温度随海拔高度升高而降低,海拔每上升 100 m,气温平均下降 0.6℃,温度递减率还随坡向、坡位而不同,一般山坡上部大于山坡下部。另从全国分布角度看,中国东部低西部高的地势呈明显的三级阶梯,气候资源也有明显的梯级变化趋势。这种从东到西阶梯式上升的地势使高低之间的光、热、水资源产生了极大差异,东部沿海平原地区,温度高,降水多,水热资源丰富,光资源稍有逊色;青藏高原地势高,温度低,降水少,水热资源较贫乏,而光资源非常充足;而位于中部和西北部的第二阶梯,海拔高度居中,除四川盆地受地理位置和地形影响,其温度较高,雨水较多,光照不足外,其他地区的光、热、水资源均介于第一和第三阶梯之间。列出了从北纬 32°~35°之间选择的三组资料,它们分别代表了三级阶梯上的气候资源数值,可见,海拔高低之间光、热、水资源的差异十分明显(侯光良等,1993)。

3. 时间分布不均,年内、年际变化大

中国太阳辐射资源受太阳高度和冬、夏季的季风交替影响,年内呈有规律的变化。年内最大辐射月最早出现在 4、5 月,西南部一般为 800~900 MJ/m²,其余地区多为 7 月,最大值多在 700~800 MJ/m²。月总辐射量最小值全国各地基本上都出现在 12 月。热量资源多以温度表示,中国各地最热一般为 7 月,最冷月为 1 月,气温年较差绝大多数地区在 20℃以上,与世界各地相比,中国各地的气温年较差比世界同纬度平均值普遍偏大。中国气温年较差大的原因是夏季温度偏高,冬季温度偏低。

6.3.2　我国光能资源的分布特征

6.3.2.1　太阳总辐射

中国太阳辐射能资源十分丰富,年总辐射量在 3 000~8 000 MJ/m²。6 000 MJ/m² 等值线从内蒙古东部向西南至青藏高原东侧,将全国分为两大部分(图 6.7),西部年总辐射量在 5 300~8 300 MJ/m²,呈南部高北部低的形势。青藏高原大部分地区年总辐射量均在 7 000 MJ/m² 以上,中国东部太阳光能较少,年总量在 3 300~6 000 MJ/m²,低值区以四川盆地为中心,包括四处中东部、贵州大部、湘西、鄂西等地区,年总量小于 4 000 MJ/m²;华北和东南沿海、台湾、海南岛部分地区为大于 5 000 MJ/m²;全国其他地区年总辐射量大多在 4 000~5 000 MJ/m²(于贵瑞,何洪林,刘新安等,2004)。

与世界各地比较,中国光能资源尚属丰富,大部分地区的年总辐射量高于纬度较高的欧洲多数地区以及北美洲的加拿大等国。中国各地的辐射量有明显的年变化,绝大多数地区呈夏季多、冬季少;作物生长季多,非生长季少的趋势,总辐射量与水热同季,这种季节分配对农业生产非常有利。

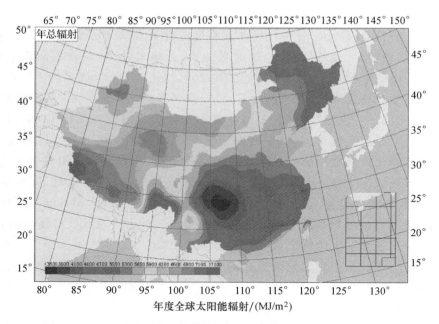

图 6.7　中国年太阳总辐射量

（于贵瑞,何洪林,刘新安等,2004）

6.3.2.2　光合有效辐射

中国的年光合有效辐射量与年总辐射量的分布大体相同,为西部多,东部少。高值区在青藏高原,大多数地区年总量在 3 000 MJ/m² 以上;低值区在川黔等地,年总量在 1 800 MJ/m² 以下。光合有效辐射较多的中国西部地区,由于降水少,阴雨影响小,年光合有效辐射量主要随纬度变化,由南到北逐渐减少,南部为 3 400 MJ/m²,北部只有 2 400 MJ/m²。中国东部大部分地区的年光合有效辐射量在 2 000~2 400 MJ/m²。东部地区是中国的主要农区,这里光合有效辐射量的南北分布比较均衡,全年日平均光合有效辐射量南北相差不大,这对北部单季作物高产和南部的复种高产均是有利的。中国年光合有效辐射量分布的不利之处,仍然是与水热的地区配合不够理想。西部尽管光合有效辐射量多,强度大,但温度低,降水少,限制了光合有效辐射的充分利用;东部虽然降水多,温度高,但光合有效辐射不如西部丰富,影响到作物的光合生产潜力。

图 6.8 是以光量子表示的 1961—2007 年中国区域 PAR 多年平均值空间分布,图 6.8 表明,中国区域 PAR 空间分布差异明显,总体呈现东南低、西部高的特点,近 50 年年均 PAR 在 17.7~39.5 mol/(m²·d)。青藏高原西南部 PAR 最高,年均 PAR 达 35 mol/(m²·d)以上。四川盆地 PAR 最低,年均低于 20 mol/(m²·d)。中国东半部以长江流域以南最小,在 20~23 mol/(m²·d),向南向北都增加,华北为 23~29 mol/(m²·d),华南为 23~26 mol/(m²·d),至东北地区又逐渐减小;西半部的年均 PAR 由北向南增加,新疆天山南北的塔里木盆地、准噶尔盆地都是低值区,一般在 29 mol/(m²·d)以下,内蒙古地区为 26~32 mol/(m²·d)。青藏高原比新疆地区高 1/3,比同纬度的沿海地区高 1/2,比四川盆地几乎高出 1 倍。

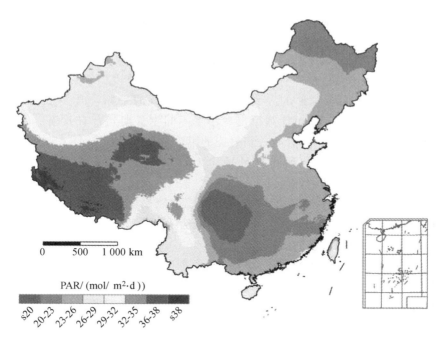

图 6.8　中国区域年平均 **PAR** 空间分布(**1961—2007 年平均值**)

(引自朱旭东等. 近 50 年中国光合有效辐射的时空变化特征。)

6.3.3　典型区域(黄淮海平原)的光能资源生产潜力

6.3.3.1　黄淮海平原冬小麦生长季太阳总辐射和光合有效辐射的时空分布

谢贤群(1985)于 1983—1984 年在山东省禹城市中国科学院禹城综合试验站的小麦田辐射观测场中用两套日本制造的 MS-800 型精密光谱辐射计观测了太阳总辐射和光合有效辐射。分析观测结果表明,太阳总辐射和光合有效辐射强度的大小分布乃受太阳状况、大气透明度、云量、空气含水量等因素的影响而有时间和季节的变化。得到太阳总辐射和光合有效辐射日总量在小麦各个生育期内是不同的,从苗期到抽穗期是逐渐增大,光合有效辐射与相应的全波段太阳总辐射日总量之比值的季节变化在 0.43~0.45 之间,整个生育期平均,太阳总辐射的日总量是 17.47 MJ/(m^2 · d),光合有效辐射日总量是 7.74 MJ/(m^2 · d),为全波段总辐射日总量的 44%,即 PAR=0.44Q。

作者还分析了小麦生育期间光合有效辐射日总量与全波段总辐射日总量的相关关系,得到它们在小麦不同生育期间是不同的,它们的相关系数和回归方程如下所示:

(1)苗期(10—11 月)。

QPAR=0.434Q−0.067,相关系数 R=0.983。

(2)返青-拔节期(3月至4月上旬)

QPAR=0.443Q−0.026,R=0.979。

(3)拔节-孕穗期(4月中旬至5月上旬)

QPAR＝0.430Q＋0.305,R＝0.986。

(4)抽穗-成熟期(5月中旬至6月上旬)

QPAR＝0.433Q＋0.610,R＝0.922。

根据上述在山东省禹城市中国科学院禹城综合试验站的小麦田辐射观测的光合有效辐射分析结果,利用计算太阳总辐射的经验公式计算了黄淮海平原100多个气象站1960—1980年的总辐射平均日总量,从而计算得出冬小麦不同生育期光合有效辐射日总量,给出了黄淮海平原冬小麦,生育期间光合有效辐射能的时空分布特征如下:

黄淮海平原的全年太阳总辐射年总量平均为5 065 MJ/m²,光合有效辐射年总量为2 228 MJ/m²。

在季节分布上,不同的小麦生育期内光合有效辐射能是不同的,表现为苗期最小,抽穗期最大;抽穗-成熟期也是黄淮海平原南北地区间光合有效辐射能量差异最大的时期,日总量最大差异可达2.10 MJ/m²以上。

黄淮海平原的光合有效辐射能量在小麦全生育期间几乎都是自南向北逐渐递增,在小麦全生育期间几乎都是黄河以南地区的光合有效辐射总量小于黄河以北地区,但其最高值却不是出现在北纬40°附近的京津地区,而是都出现在河北省的黑龙港区域,最小值在平原南部及西南部。它表明,在黄淮海平原北部的华北地区具有丰富的使小麦获得高产的光能资源。

黄淮海平原小麦生育期间的光合有效辐射资源很丰富,各生育期平均,全区域光合有效辐射日总量为5.86～7.54 MJ/m²,全生育期总量为921～1 130 MJ/m²,因此,对黄淮海平原,如能处理好水肥耦合关系和解决好干旱及盐碱等自然灾害的矛盾,必然能使小麦获得高产。

6.3.3.2　黄淮海平原冬小麦和夏玉米的光合潜力

光合潜力,又称光能潜力,是指在植物群体结构及其环境因素处于最适宜状态时,由光能所决定的产量潜力。黄秉维曾将光合潜力定义为"在空气中二氧化碳含量正常;其他环境因素都处于最适宜状态;具备最适宜于接受和分配阳光的群体;高光合效能作物充分利用阳光所能生产的植物质(包括根、茎、叶和繁殖器官含水15％的物质)。黄秉维曾估算中国年光合生产潜力为7.5～18.75 t/hm²之间,西北地区明显高于东部地区,反映出中国太阳辐射资源的分布特点(黄秉维,1993)。

目前国内外许多学者认为光合产物与太阳辐射能成正比,建立了光合潜力与太阳总辐射之间的线性关系模型:

$$Y1 = f(Q) \tag{6.18}$$

式中,$Y1$为光合潜力;Q为总辐射(J/cm²)。

黄秉维提出的估算光合潜力的经验公式为:

$$Y1 = Q \cdot \varepsilon(1-\beta)(1-\rho)(1-\alpha)f \cdot g \cdot k(1-\omega)(1-j)-1(1-x)-1 \tag{6.19}$$

式中,Q为总辐射(J/cm²),ε为光合有效辐射占总辐射的比率;β为漏射率;ρ为非光合器官的无效吸收部分;α为反射率;f为量子能量与通用辐射能量单位的换算;g为量子需要量;k

为有机物单位换算系数;ω 为呼吸消耗系数;j 为光合产物中的无机物含量;x 为植物体中的水分含量。经过一系列系数转换后,得出估算光合潜力的经验公式(黄秉维,1993):

$$Y1 = 0.014\,6xQ \qquad (6.20)$$

采用(6.20)式,可以求得任一阶段或整个生长季的光合潜力(以生物学产量表示)。然后再乘以作物的经济系数,就可得出作物的经济产量。

左大康等(1985)于 20 世纪 80 年代根据黄淮海平原 115 个站点的气象资料,应用下述公式计算了黄淮海平原上冬小麦和夏玉米的光合潜力:

$$Y = (P \cdot CH)/q(1-C) \qquad (6.21)$$

式中,Y 为光合潜力,P 为光合作用的干物质产量,P(小麦)$= 0.036\beta Rg$,P(玉米)$= 0.034Rg$,CH 为收获指数,即干物质中的籽粒产量,根据 FAO 资料,

取 CH(小麦)$= CH'$(夏玉米)$= 0.45$,q 为干物质平均含热量,取 q(小麦)$= 177\,939$ MJ/(kg · cm^2),q'(玉米)$= 170\,402$ MJ/(kg · cm^2),C 为作物的灰分系数,取 C(小麦)$= C'$(夏玉米)$= 0.08$,将上述各项代入式(10),并以 kg/亩为单位,即可得:

$$Y(小麦) = 0.660 \times Rg(kg/亩) \qquad (6.22)$$
$$Y(玉米) = 0.689\,3 \times Rg(kg/亩) \qquad (6.23)$$

将 $\beta = 5.861\,5T \times Rg - 1 \times (Ln(Rg/5.861\,5T)+1)$ 代入(11)式,则有:

$$Y(小麦) = 0.660\,1Rg \times 5.861\,5TRg - 1 \times (Ln(Rg/5.861\,5T)+1)$$
$$= 3.869\,2T(Ln(Rg/5.861\,5T)+1) \qquad (6.24)$$

式中,Rg 为太阳总辐射,T 是作物生育期的天数。

从而得到,冬小麦和夏玉米的光合潜力:冬小麦光合潜力为每公顷 $45\,750 \sim 55\,950$ kg,区域分布上从平原南部向北部增加,最大值出现在河北省的黑龙港地区,夏玉米的光合潜力为,每公顷 $60\,000 \sim 75\,000$ kg,它从平原西部向东部增加,最大致出现在鲁西北等地区。

于沪宁等于 1989 年提出下述光合潜力计算模式:

$$Yp = R\varepsilon(1-\alpha)(1-\beta) \times (1-r) \times (1-\rho) \times (1-\omega)$$
$$\times \Phi \times 0.017\,79 - 1 \times (1-0.08) - 1 \qquad (6.25)$$

式中,Yp 为生物产量的光合潜力,R 为太阳总辐射,(MJ/m^2),ε 为光合有效辐射占总辐射的比例,$\varepsilon = 0.44$,α 是反射率,光合有效辐射反射率一般在 $4\% \sim 10\%$,平均可取 $\alpha = 8\%$。

β 为漏射率,它随不同群体及不同发育期而异,可取 $\beta = 6\%$,r 为光饱和限制,对 C$_4$ 作物,取 $r = 0$,C$_3$ 作物如小麦,取 $r = 0.33$,ρ 是非光合器官的无效吸收,可取 $\rho = 0.1$,Φ 为量子效率,有研究指出在高光强下量子需要量为 10 是较稳定的,则其量子效率取其低值为 $\Phi = 0.224$,ω 为呼吸作用的损耗,在温带地区,取 $\omega = 0.30$,再设每形成 1 g 干物质平均要 $0.017\,79$ MJ(4.25 kcal)的能量,作物体无机养分约为 8%,以 $\varepsilon = 0.49$,$\rho = 0.1$,$\omega = 0.30$,$\Phi = 0.224$,代入(6.25)式,以 kg/亩为单位,

则有:

$$Yp = 2.82(1-\alpha) \times (1-\beta) \times (1-r) \times R(kg/ 亩) \qquad (6.26)$$

(6.26)式可用于估算不同的 α,β,r 值的各种作物生物产量的光合潜力,以 $(1-\alpha)=0.92,(1-\beta)=0.94,(1-r)=0.67$ 代入(6.26)式,(取小麦的 $r=0.33$,如为夏玉米则 $r=0$),得到

$$Yp = 1.632R(kg/ 亩)(小麦) \qquad (6.27)$$
$$Yp = 2.436R(kg/ 亩)(玉米) \qquad (6.28)$$

式中,R 为太阳总辐射,单位是 MJ/m^2。

如以光合有效辐射直接代入,则有:

$$Yp = 3.331Rp(kg/ 亩)(小麦) \qquad (6.29)$$
$$Yp = 4.971Rp(kg/ 亩)(玉米) \qquad (6.30)$$

式中,Rp 为光合有效辐射,单位是 MJ/m^2。

计算得出在河北省石家庄地区,冬小麦的光合潜力为每亩 3 213 kg,夏玉米的光合潜力为每亩 3 942 kg。

利用(6.29)式和(6.30)式,根据禹城站在 2006—2010 年观测得到的太阳总辐射和光合有效辐射资料,我们计算了冬小麦和夏玉米全生育期间的光合生产潜力(表 6.7)。2006—2010 年平均冬小麦的光合潜力为每亩 3 542 kg,即每公顷 53 130 kg,夏玉米的光合潜力为每亩 4 086 kg,即每公顷 61 290 kg。

表 6.7　禹城站 2006—2010 年小麦、玉米生育期的太阳辐射能量和光合潜力

年份	冬小麦					夏玉米				
	Eq/ (MJ/m^2)	Ep/ (mol/m^2)	Yg/ $(kg/亩)$	Ya/ $(kg/亩)$	Ya/ $Yg/\%$	Eq/ (MJ/m^2)	Ep/ (mol/m^2)	Yg/ $(kg/亩)$	Ya/ $(kg/亩)$	Ya/ $Yg/\%$
2006	2 178.9	3 834.60	3 556	400	11.2	1 697.7	3 399.42	4 136	450	10.9
2007	2 177.0	3 812.40	3 553	425	12.0	1 668.4	3 170.67	4 064	450	11.1
2008	2 168.4	3 778.15	3 539	450	12.7	1 577.3	2 663.77	3 842	500	13.0
2009	2 206.1	3 738.84	3 600	500	13.9	1 741.4	3 039.30	4 242	425	10.0
2010	2 120.2	3 550.45	3 460	400	11.6	1 701.6	3 207.33	4 145	600	14.5
平均	2 170	3 742.89	3 542	435	12.3	1 677.3	3 096.10	4 086	485	11.9

注:Eq—太阳总辐射能,Ep—光合有效辐射辐射量子数,Yg—光合潜力,Ya—实际产量。

本文还根据中国生态系统研究网络(CERN)综合中心所提供的位于黄淮海平原的河南省封丘农业生态试验站和河北省栾城农业生态试验站 2006—2010 年太阳辐射和光合有效辐射观测资料,用(6.29)式和(6.30)式计算了这两个地区冬小麦和夏玉米的光合潜力,如表 6.9 所示。

由表 6.8 得出,无论是位于河南省背河洼地的封丘农业生态试验站,还是位于河北省太行山前平原的栾城农业生态试验站,在冬小麦和夏玉米生育期内,它们所获得的太阳光合有效辐射能平均值都在 950 MJ/m^2(冬小麦)和 720 MJ/m^2(夏玉米)之间,冬小麦的光合潜力

为 3 500 kg/亩,夏玉米的光合潜力为 4 000 kg/亩左右。与位于鲁西北平原河间浅平洼地的禹城站的冬小麦和夏玉米的光合潜力(冬小麦:3 542 kg/亩,夏玉米:4 086 kg/亩)很接近,它表明在黄淮海平原冬小麦和夏玉米生育期内的光合潜力的区域变化是不大的。即对冬小麦约为每亩 3 500 kg,夏玉米约为每亩 4 000 kg。

表 6.8　封丘站和栾城站冬小麦和夏玉米生育期间的太阳辐射、光合有效辐射和光合潜力(2006—2010)

生态站	年份	冬小麦			夏玉米		
		Eq/(MJ/m²)	Ep/(mol/m²)	Yp/(kg/亩)	Eq/(MJ/m²)	Ep/(mol/m²)	Yp/(kg/亩)
封丘站	2006	2 225.7	3 775.37	3 632.38	1 612.6	2 942.64	3 928.3
	2007	2 219.6	4 058.436	3 622.39	1 715.4	3 159.10	4 178.69
	2008	2 247.3	3 827.37	3 667.58	1 635.1	3 221.35	3 983.1
	2009	2 177.0	3 858.79	3 552.79	1 690.4	3 074.97	4 117.72
	2010	1 988.8	3 737.93	3 245.7	1 601.8	4 189.37	3 901.96
	平均	2 171.7	3 851.58	3 544.17	1 651.0	3 317.49	4 021.95
栾城站	2006	2 210.1	4 466.79	3 606.82	1 618.4	2 942.62	3 942.31
	2007	2 056.7	3 779.38	3 356.58	1 577.7	2 714.71	3 843.38
	2008	2 000.0	3 129.95	3 263.92	1 673.9	3 166.06	4 077.56
	2009	2 243.2	3 407.53	3 660.86	1 712.9	3 119.65	4 172.75
	2010	2 125.6	3 525.83	3 469.06	1 625.0	2 812.07	3 958.59
	平均	2 127.1	3 661.90	3 471.45	1 641.6	2 951.02	3 998.918

注:Eq—太阳总辐射能,Ep—光合有效辐射量子数,Yp—光合潜力。

而在 2006—2010 年间禹城站试验大田的平均小麦产量为每亩 435 kg,仅是光合潜力的 12.3%,夏玉米的平均产量为每亩 485 kg,是其光合潜力的 11.9%。由此可以得出目前的作物单产尽管已达到接近每亩吨粮的高产水平,但是离充分利用光能,以获得更高的高产水平,还差得很远。为此就必须在调控光、热、水、肥、土、生的全面耦合和大力开发农业现代化技术等方面进行深入研究。

参考文献

[1] H·A·叶菲莫娃.植被产量的辐射因子.王炳中,译.北京:气象出版社,1983.

[2] 董振国,于沪宁.农田光合有效辐射观测与分析//中国科学院北京农业生态系统试验站.农业生态环境研究.北京:气象出版社,1989:145-147.

[3] 董振国,于沪宁.农田作物层环境生态.北京:中国农业科学技术出版社,1994:156-250.

[4] 高晓飞,谢云,王晓岚.冬小麦冠层消光系数日变化的实验研究.资源科学,2004,26(1).

　　[5]侯光良,李继由,张宜光.中国农业气候资源.北京:中国人民大学出版社,1993:9-30.

　　[6]黄秉维.自然条件与作物生产:光合潜力//《黄秉维文集》编辑小组.自然地理综合工作六十年——黄秉维文集.北京:科学出版社,1993:183-196.

　　[7]申双和,等.冬小麦农田中净辐射的研究.植物生态学报,1999,23(2):171-176.

　　[8]汤佩松.从植物的光能利用率看提高单位面积产量.5版.人民日报,1963年11月12日.

　　[9]翁笃鸣,等.小气候和农田小气候.北京:农业出版社,1981.

　　[10]谢贤群,王菱.气候资源和气候变化//谢高地.中国资源.北京:高等教育出版社,2009.

　　[11]谢贤群.黄淮海平原冬小麦生育期的光合有效辐射分布特征//左大康.黄淮海平原治理和开发.北京:科学出版社,1985:139-148.

　　[12]谢贤群.农田辐射观测概况和辐射场基本特征//唐登银,谢贤群.农田水分与能量试验研究.北京:科学出版社,1990.

　　[13]于贵瑞,何洪林,刘新安.中国陆地生态系统空间化信息研究图集——气候要素分卷.北京:气象出版社,2004:116.

　　[14]于沪宁,赵聚宝.光热资源和农作物的光热生产潜力—以河北省栾城县为例//中国科学院北京农业生态系统试验站.农业生态环境研究.北京:气象出版社,1989:66-74.

　　[15]赵名茶.用光量子测定分析黄淮海平原冬小麦的光能利用率//左大康.黄淮海平原治理和开发,第一集.北京:科学出版社,1985:149-162.

　　[16]赵育民,牛树奎,王军邦,等.植被光能利用率研究进展.生态学杂志,2007,26(9).

　　[17]周允华,项月琴,单福芝.光合有效辐射(PAR)的气候学研究.气象学报,1984,42(4),387-396.

　　[18]朱旭东,等.近50年中国光合有效辐射的时空变化特征.地理学报,2010,65(3).

　　[19]左大康,陈德亮.黄淮海平原主要作物光能利用率和光合潜力//左大康.黄淮海平原治理和开发.北京:科学出版社,1985:129-138.

第7章

农田水分及其利用

7.1 农田水量平衡与水分转化

7.1.1 农田水量平衡

农田水量平衡包含两部分:一部分是水分收入,另一部分是水分支出。水分收入包括3项:降水、灌溉和地下水补给。水分支出包括:地表径流、土壤蒸发、作物蒸腾和深层渗漏。

农田水量平衡最简单的表达式是:在一定时段内水分收入部分和水分支出部分之差,等于这一时段内土体的含水量变化。

$$\Delta w = w_{in} - w_{out} \tag{7.1}$$

式中,Δw 为土体水量的变化。当水分收入量 w_{in} 大于水分支出量 w_{out} 时,Δw 为正值,反之 Δw 为负值。

进行水量平衡计算时,土体的边界可以任意选取,但从作物生态学角度考虑,农田水量平衡一般考虑作物根系层的水量平衡。一般 w_{in} 和 w_{out} 可表示如下:

$$w_{in} = P + I + R \tag{7.2}$$

$$w_{out} = N + F + E_p + E_a \tag{7.3}$$

式中,P 为降水量;I 为灌水量;R 为地下水补给量;N 为地表径流量;F 为深层渗漏量;E_p 为作物蒸腾量;E_a 为土壤蒸发量。

在华北平原,农田坡度平缓,一般不存在地表径流量($N=0$),所以该项可以忽略。

在不同区域,由于自然条件的差异,水量平衡方程的组成项也不同。如在地下水浅埋区(山东禹城),农田水量平衡方程式为:

$$\Delta w = w_{in} - w_{out} = P + I + R - F - (E_p + E_a) \tag{7.4}$$

137

在地下水深埋区(河北栾城),不存在潜水蒸发,农田水量平衡方程式为:

$$\Delta w = w_{in} - w_{out} = P + I - F - (E_p + E_a) \tag{7.5}$$

7.1.2　农田水量平衡特征

对农田水分平衡和水分循环已进行了长期的研究,人们重视水的研究,基于下列原因:一是由于水是农田生态系统中最活跃的因素。大气水、地表水、土壤水、植物水和地下水在这个系统中相互联系与交换。二是土壤中养分和盐分的迁移,水是最重要的载体,随水分循环而移动。三是作物的光合作用与生长发育以及产量形成,水是不可缺少的物质。农田水分平衡分析,有助于改善农田生态系统,合理利用农业水资源。

华北平原自然条件的特点:一是缺水,它制约该地区农业生产潜力的充分发挥;二是存在洪、涝、旱自然灾害,旱涝交替发生;三是大部分盐碱土只是表层脱盐,潜在盐碱化威胁依然存在。

农田水分平衡要素主要包括:农田蒸发量(ET)、地下水对土壤水的补给量(R)、地表径流量(N)、有效降水量(P_e)、土壤含水量变化(ΔW)。当 ΔW 为负值时,表示农田缺水,需要进行灌溉;当 ΔW 为正值时,表示农田水分有余。农田水量平衡方式程式也可表示为:

$$\Delta W = P_e + R + ET + N \tag{7.6}$$

7.1.2.1　地下水对土壤水的补给量(R)

在水分平衡要素中,作物对地下水利用量的数量很难精确计算。它取决于地下水位埋深、土壤性质、地下水化学性质和作物种类等。研究资料表明,在地下水浅埋区,地下水是作物水分利用的重要水分来源。Namken 等(1969)用蒸渗仪研究棉花耗水量时发现,在地下水埋深 0.91 m、1.83 m 和 2.74 m 时,地下水利用量分别占棉花总耗水量的 54%、26% 和17%。Benz 等(1984)研究了不同灌溉条件下地下水对苜蓿的贡献,发现随着灌溉次数的增加,作物对地下水利用量的比例由 38.4% 降至 0.6%。中国科学院禹城试验站测定了冬小麦生育期对地下水的利用量,当地下水位 1.5 m 时为 273.7 mm,2.0 m 时为 234.1 mm,2.5 m时为 90.5 mm。根据地下水动态分析,鲁西北地区冬小麦生育期的地下水利用量大约在 140 mm,占冬小麦总耗水量的 1/3 以上(杨建锋等,1999)。程维新(1994)根据实验资料,分析了山东省德州地区主要作物对地下水的利用情况(表 7.1)。

7.1.2.2　有效降水量(P_e)

一个地区的降水量,既决定了对土壤水分补给程度,又决定了旱作农业可利用水分的上限。降水对土壤水分补给的有效性取决于降水量、降水强度、降水频率和降水季节分配,还取决于植被冠层的截留量、径流损失量和渗漏损失量。扣除上述损失而滞留在土壤中的水分,才是土壤水分量。

表7.1 华北平原主要作物对地下水的利用量及占总需水量的百分率

作物	地下水埋深					
	<1.5 m		1.5~2.5 m		≥2.5 m	
	利用量/mm	占需水量比例/%	利用量/mm	占需水量比例/%	利用量/mm	占需水量比例/%
冬小麦	111~195	20~35	56~139	10~25	28~56	5~10
夏玉米	54~108	15~30	18~72	5~20	18~36	5~10
春玉米	61~122	15~30	20~81	5~20	20~41	5~10
棉花	299~359	50~60	209~267	35~45	120~179	20~30

对农田土壤水分状况影响最大的当然是降水本身。如果降水量稍有变化,就会给土壤水分补给产生非常大的影响。

植被截留降水的蒸发损失:当农田被植物覆盖时,降水的一部分被作物枝叶截留而直接蒸发到大气中去,这部分水量损失称为截留蒸发。

被植株冠层截留的这部分水量,既不能补充给土壤,对植物也无多大益处。因此,植物截留是水分循环过程中最不利的阶段之一。

截留水量的多少与降水量关系不大,主要取决于降水频率、植物覆盖度和植物的生长习性。间隙性降水截留量较多,集中性暴雨截留量少。截留量还随作物种类而不同。根据在美国中部平原地区的调查,草原与作物区的降水截留损失量占降水量的20%~70%。玉米截留量为22.0%,苜蓿为21.2%,三叶草为18.6%,冬小麦生长期间的截留量大约有20%。

降水渗漏损失:降水入渗是一个中枢性的水文过程。一方面它决定了到达地表的水分有多少能进入土壤,维持作物的生长和补给地下水;另一方面它变化的范围相当大。

降水入渗多少,一方面取决于降水强度;另一方面取决于植被;第三方面取决于土壤特性。在黄淮海平原,有20%~30%的降水量补给地下水。在浅层地下水地区,这部分水量最终还是要补充给土壤,为作物所利用或由地表蒸发所消耗。

凝结水补给:水汽在土壤上层和作物表面的凝结,是农田水分的来源之一,在水分平衡中占有一定的比重。因此,关于凝结水的研究,对于正确评价一个地区的水资源,研究农田水分平衡都有一定的意义。

凝结水在水分平衡中的作用及其对植物的意义,曾有不同的评价。一些研究者认为,水汽的凝结量很小,对土壤水分状况的影响微不足道;另一些研究者认为,凝结水对土壤水分状况有决定性意义,是土壤水分的重要来源。列别捷夫曾强调水汽的凝结作用,提出过"凝结学说",认为地下水也是由水汽凝结形成的,必须看做是水分平衡的重要因素之一。近几十年来,大多数学者通过研究,确认了水汽凝结能补充给土壤水分,但它不是主要的水分补给来源。

不同自然类型地区,水汽对土壤水分的补给作用是不一样的。水汽凝结量与降水量相比不算太多。在雨水较充沛地区,它在水分平衡各要素中所占的比重较小,对农作物不起太大的作用,然而在干旱时期则可减轻作物的受害程度。在干旱的沙漠地区,这种水分对于植物是有价值的,有些植物能充分利用它来生长。一些学者指出,生活在干燥气候中的一年生浅根性沙生植物,依赖凝结水可能比依赖雨水更多些。在无雨的秘鲁海岸,露水成为植物唯一的水分来源。

凝结水还可以调节作物体内的盐分浓度,夜间可阻止呼吸作用,减少作物体内的消耗量,因而可减轻外界不利环境对植物的影响。此外,由于植物表面上有露的存在,缩短了白天蒸腾作用的时间,这样就减少了土壤水分的消耗。

凝结水量的年变化因气象条件而异,决定于大气的水分条件、温度和风速等因素。凝结水量也与下垫面性质有关,作物种类不同,凝结水量有差异。根据国外对几种作物的测定,凝结水量水稻＞谷子＞甘蔗＞花生＞大豆。

凝结水在水分平衡中起一定的作用。凝结水是一种特殊的降水。产生凝结水的天数随天气状况而变化。在华北平原夏季和冬季产生凝结水的天数较多。根据 1981—1982 年的资料,在夏玉米 83 d 的生育期间,能测出凝结水量的天数为 56 d,占全生育期的 67.5%。在冬季,大致也有 2/3 的天数能测出凝结水。根据美国采用蒸渗仪测定,年凝结水量相当于230 mm 的雨量。在华北平原年凝结水量约为 100 mm。根据水力称重式蒸渗仪测定,禹城实验区 1981 年夏玉米生育期凝结水量为 24.2 mm,是同期降水量的 7.8%;1981—1982 年冬小麦生育期的凝结水量为 75.2 mm,占同期降水量的 75.0%。夏玉米-冬小麦生长年度的凝结水总量为 99.4 mm,占同期降水量的 24.1%。可见,华北平原地区的凝结水量在水分总收入中占有相当的比重。它虽不能作为开采资源加以利用,但应作为调节资源加以考虑。通过我们的实验研究,证明了凝结水是农田水分总收入的一部分,在水分平衡中起着一定作用,因此,进行水分平衡估算时,应将这部分水量考虑进去。

有效降水量是指渗入到土壤层可被农作物利用的降水量。有效降水量实际上是降水转化为土壤水的部分,可以直接或间接用于作物的生长。水分不足是旱地农业发展的主要限制因素,如何有效地利用降水在干旱地区尤为重要。P_e 的确定对旱作农田十分重要,也是制定农田灌溉制度的依据。有效降水(P_e)表达式为:

$$P_e = P - N - ET - F \tag{7.7}$$

式中,P 为降水量;N 为地面径流量;ET 为农田蒸发量;F 为深层渗漏量。

根据水利部水资源评价结果表明:我国年平均降水总量为 $61\,889 \times 10^8$ m^3,其中 45% 转化为地表和地下水资源;55% 消耗于蒸散发。根据刘昌明(1988)计算,华北平原有效降水量为 $1\,430.77 \times 10^8$ m^3,合每公顷 4 695 m^3,有效降水率为 67%。其中黄河以北平原为 544.15×10^8 m^3,合每公顷为 4 230 m^3/hm^2,有效降水率为 74.0%;黄河下游平原为 35.17×10^8 m^3,合每公顷为 3 810 m^3/hm^2,有效降水率为 66%;黄淮平原 851.09×10^8 m^3,合每公顷为 5 100 m^3/hm^2,有效降水率为 63%。

华北平原主要作物生育期有效降水量估算结果列于表 7.2。华北平原主要作物生育期的有效降水量地域分布差异较大,主要表现在冬小麦生育期,由北向南逐渐增加,其他作物生育期的有效降水量差异不太明显。

表7.2 华北平原不同水文年型主要作物生育期有效降水量   mm

地区	冬小麦			夏玉米			棉花		
	多年平均	$P=25\%$	$P=75\%$	多年平均	$P=25\%$	$P=75\%$	多年平均	$P=25\%$	$P=75\%$
阜阳	354.3	458.0	314.4	335.4	362.8	230.2	420.0	448.0	354.7
徐州	257.3	302.6	198.2	410.5	466.8	316.3	439.7	486.3	389.8
许昌	236.7	320.2	174.7	374.9	428.2	284.8	454.5	516.4	401.7
新乡	175.0	203.5	106.7	367.2	408.3	248.2	451.0	474.0	290.1
德州	157.8	203.5	84.8	367.7	464.2	277.7	473.5	564.1	375.7
唐山	137.5	177.8	72.3	416.4	472.0	333.4	515.0	603.8	312.2

7.1.2.3 作物耗水量(ET)

所谓作物耗水量也称农田蒸发量,系指作物蒸腾耗水量和棵间土壤表面蒸发量之和。在现有农业技术和栽培条件下,该地区农田获得的水分总储存量中,通过作物蒸腾的消耗约占农田总耗水量的50%,大约有一半的水分由土壤表面蒸发掉(程维新等,1994)。

作物耗水系数(K_c)是在灌溉条件下,各种作物总耗水量与同期水面蒸发量的比值,它是估算作物需水量的重要参数(表7.3)。根据当地水面蒸发器(E-601)资料或计算的蒸发力资料,即可估算该地区的作物需水量,即 $ET = K_c \times E$。

表7.3 黄淮海平原主要作物耗水系数(K_c)

作物	谷子	冬小麦	棉花	夏玉米	水稻	大豆
耗水系数	0.7	0.9	0.9	1.0	1.3	1.5

在华北平原,冬小麦耗水量为370~550 mm,其中淮北平原为370~435 mm,黄河以北平原为413~550 mm。不同水文年耗水差异较大。根据我们在山东的观测,干旱年冬小麦耗水量为572 mm,偏旱年为507 mm,湿润年为441 mm。夏玉米耗水量在300~450 mm,干旱年为350~450 mm,平水年为300~350 mm,湿润年为250~300 mm。棉花耗水量为450~750 mm,干旱年600~900 mm,平水年为525~750 mm,湿润年为450~650 mm。

根据华北平原各地实验资料,作者统计分析了该地区灌溉麦田与非灌溉麦田的耗水量(表7.4),表明在黄淮海地区非灌溉条件下,冬小麦耗水量差异不大,最大差值仅32 mm,表明该地区地下水对冬小麦的水分补给作用,此外,还要消耗相当数量的土壤水。

表7.4 灌溉与非灌溉麦田耗水量   mm

地别	地点										
	北京	石家庄	邢台	安阳	河间	衡水	德州	南京	沧州	惠氏	乐陵
灌溉地	480	495	447	474	484	462	474	472	470	449	461
非灌地	313	332	303	326	311	301	318	310	307	300	308

根据华北平原主要栽培制度耗水量的估算,年耗水量以两年三作制最省水,冬小麦—夏玉米—谷子为735 mm,冬小麦—夏大豆—谷子为835 mm;一年两作制是华北平原主要种植

制度,冬小麦—夏玉米耗水量为 840 mm,冬小麦—夏大豆为 1 050 mm,冬小麦—水稻为 1 020 mm。

7.1.2.4 冬小麦生育期蒸渗仪实测水平衡各分量

根据中国科学院禹城综合试验站大型土壤蒸渗仪 Lysimeter 的观测,1986—2009 年冬小麦需水量在 370～550 mm,平均需水量为 445.9 mm;生长期 242 d,降水量 115.3 mm,地下水对土壤水的补给量 75.61 mm,入渗补给量 5.55 mm。实验资料表明,作物对地下水的利用量约占总耗水量的 17%,降水量约占 25%,两者合计仅占农田总耗水量的 42%。为了保证冬小麦的高产稳产必须进行灌溉,其量为 275 mm。

7.1.3 农田水分转化

蒸散发是土壤蒸发和植物蒸腾的综合。其既是地表热量平衡的组成部分,又是水量平衡的组成部分;同时又是深入研究自然界中各种水——降水、土壤水、地表大气水、地下水和植物用水之间相互交替、作用和演变的重要内容,是解决水资源组成、计算、调节运用的关键因素之一,是进行水资源评价和管理的重要依据。对所有水问题的研究,蒸散发是研究的基础(刘昌明等,1988)。

任何注重实效的作物种植需要全面透彻地了解气候特别是降水、蒸散能力和大气温度的变化。降水和蒸散最终决定了该地区不同作物的水分平衡、作物需水量和灌溉需水量。在蒸散的组成中,土壤水的研究是蒸散研究的核心问题,因为其是"五水"转化的中心环节,蒸散的各个环节必须经过土壤水分的转化,所以在蒸散研究中土壤水分的研究是重中之重。

农田土壤水动态及其转化是降水、地表水(包括灌溉水)、土壤水、地下水、植物利用水转化过程中的中心环节。

农田水分运行、存贮的系统包括大气、土壤、植物、地表和地下岩层 5 个系统,可称为"五水"系统。水分在各系统中,受热力、重力与分子力的驱动,不断地循环运行,在农田上展现了自然界中主要水循环过程,包括主要的相、态的变化。农田中水分运行的空间,按"五水"系统,有大气中的水、地表水、土壤水、植物水以及地下水。土壤-植物-大气系统(SPAC)在"五水"转化系统中只是 3 个子系统的耦合选择,但已经充分展示了农田水分转化界面的多层性和复杂性,目前有关该系统的研究比较多。在 SPAC 系统中水流错综复杂,相态变化频繁。

在地下水埋深较浅的地区,土壤-植物-大气连续体中的水分,因自然和人为的作用必然要和地下水发生联系,不同埋深地下水对土壤水分分布和农作物产量、水分利用效率等有着不同程度的影响。杨建锋等(1999)根据对山东禹城的研究提出了包括地下水影响在内的地下含水层-土壤-植物-大气连续体(GSPAC),并进行了深入研究分析。

农田 SPAC 系统包括土壤层、作物层(根、茎、冠)与近地大气层等子系统,子系统之间彼此相互作用,形成界面。按界面划分有:冠-气界面(V-P)、土-气界面(S-P)、根-土界面(R-S)、土-潜(水)界面(S-G)。SPAC 研究垂直方向一维水分的运行,水分的传输不仅意味着此介质到彼介质或是介质内部间的位移,而且意味着从此介质到彼介质的相变。上面 4

种界面各有不同性质的水分流动过程：V-P 界面水分向上是冠层蒸腾,向下是大气降水受冠层的截留,水分运动受作物生理生态制约;S-P 界面向上是土壤(棵间)的蒸发,向下是大气降水向土壤的入渗,水分的流通受土壤性质、前期土壤含水量、冠层内能量平衡以及作物冠层性质与形态等的制约;R-S 界面的水分流通主要是土壤水分为作物根系吸收的单向运行;S-G 界面向上是潜水通过毛管作用上升而蒸发,向下则是土壤水的重力水向潜水面的运动,这种运动分别受分子力与重力的作用。

农田-大气界面的水分传输过程包括地表蒸发、冠层蒸腾、叶面截留水的蒸发。从冠层水平而言,冠层蒸发主要是冠层截留降水和夜间叶面凝结水的蒸发;冠层蒸腾主要包括叶片、茎秆等的气孔或角质层水汽扩散。这里叶-气界面水分传输主要指叶片气孔蒸腾。

叶片气孔的蒸腾主要分为生理蒸腾和被动蒸腾。生理蒸腾为光合作用和植物生长提供水分和营养物质,而被动蒸腾则主要为了缓解叶面接受太阳辐射的加热作用,降低叶温,避免叶组织过热而招致灼伤。

作物体内水分从叶片气孔扩散到大气中,这一蒸腾过程需要消耗大量的热能,这些热能直接或间接来源于太阳辐射,所以 SPAC 系统的水分传输过程与地表-冠层系统的热量平衡过程密切相关。研究水分传输过程可以从能量平衡和水量平衡两个角度开展。

蒸腾是作物生长发育必不可少的生理过程,它直接受环境因子的影响。所有这些环境因子都是通过调节植物气孔行为来影响蒸腾大小的。影响植物蒸腾强弱的环境因子主要包括:叶片所吸收的净辐射、风速、气温、空气湿度和土壤水分。

土壤-大气界面上水分与能量的传输与交换过程——蒸发过程,是发生于土壤内部及其大气界面上的复杂过程,即包括水分在土壤中的运移以及在土壤表面的蒸发。土壤蒸发现象既是地面热量平衡的组成部分,又是水量平衡的组成部分,受到能量供给条件、水汽运移条件以及蒸发介质的供水能力等的影响。

目前用于土壤蒸发估算的研究方法主要有 Micro-lysimeter 实测法、水势梯度法、能量平衡法和水量平衡法。

Micro-lysimeter 实测法是一种直接测定裸露土壤及作物冠层下土壤蒸发的测定技术,经大量研究证实是测定土壤蒸发的一种有效方法。

水势梯度法的理论基础是水势梯度是土壤-植物-大气连续体系统中水分运动的驱动力,水势这一能量指标可以用于系统地研究该连续体中水分、能量传输及交换,对各界面上的水流通量给予定量。在土-气界面上,受水势梯度的驱动,水分从水势高处向水势低处流动,其水流通量密度与水势梯度成正比,与水流阻力成反比。

能量平衡法基于地表能量平衡方程式直接估算土壤蒸发:

$$R_{ns} = LE + G + H \tag{7.8}$$

式中,R_{ns} 为地面净辐射;LE 为潜热通量,即裸土蒸发或作物冠层下的棵间蒸发;G 为土壤热通量;H 为显热通量。

水量平衡法:土壤蒸发一般可划分为 3 个阶段,第一阶段为稳定蒸发阶段;第二阶段为土壤蒸发随土壤含水量变化的阶段;第三阶段为土壤蒸发的极限,属水汽扩散阶段。一般认为在蒸发的第一阶段蒸发受控于能量即太阳辐射,而非土壤湿度,而在蒸发的第二阶段,土壤湿度是决定蒸发大小的关键因子。按照裸土蒸发的阶段概念,可由土壤水量平衡方法得出概念模型：

$$\Delta E = \frac{\mathrm{d}\theta(z)}{\mathrm{d}t} \tag{7.9}$$

  土壤蒸发是发生于土壤-大气界面上的水分散失过程，凡是影响土壤水分、能量及其交换的因素，都将影响土壤蒸发的速率。土壤蒸发速率应该是蒸发表面与近地层大气中的水汽浓度梯度与水汽运移阻力之比。土壤水分本身、土壤水分迁移过程的土壤阻力、空气动力学阻力、风速、近地层大气与地表面的饱和水汽压差、太阳辐射等都是影响土壤蒸发的重要因素；对于作物冠层下的棵间蒸发，还需要考虑作物对地表面遮阴的影响，即叶面积指数对棵间蒸发的影响。

  基于土水势概念，在土壤水能态研究基础上用数学物理方法定量分析土壤中水分运动是当前研究的热点。

  农田土壤水势是农田土壤水所具有的总能量势。土水势的主要分势包括重力势、压力势、溶质势和温度势。各分势总和为零时，土壤水处于平衡状态，非零时会有水分运动。土壤水在各向同性的介质中，是沿着等水势面的法线方向，从高水势状态向低水势状态移动的。利用土壤剖面各深度上的土水势可得到整个剖面上的土水势曲线，由土水势曲线可以确定剖面上土壤水分运动的方向，水分由水势高处向水势低处运动。

  在地下水浅埋区，土壤状况会直接受到地下水的作用和影响，土壤水不只是小于田间持水量的毛管悬着水（或称有效土壤水），支持毛管水和饱和状态下的自由重力水也包含其中，并直接参与 SPAC 系统过程的各个方面。即使把地下水面作为 SPAC 系统的下界面，界面内外仍存在着物质运移和转化，通过该界面逸出 SPAC 系统的水分构成了对地下水的补给，进入 SPAC 系统的水分构成了对土壤水的补给。以山东省禹城市为例，在 1989 年 11 月至 1990 年 5 月冬小麦生长期，当地下水位固定在 1.5 m 时，地下水对土壤水补给量为 273.7 mm，占冬小麦总用水量的 56.4%。陈建耀等（1997）对 1995 年 12 月至 1996 年 5 月的资料分析表明，当地下水为 1.89～2.65 m 时，地下水对土壤水补给量在同期作物腾发中的贡献份额约为 17.1%。在雨季，100 mm 的降水量，可使地下水位升高 1 m 多。由此可见，在禹城地区地下水和土壤水之间转化频繁、作用强烈。

  根系是吸收水分和养分的器官，将水分、营养物质送到地上部；相反，根从茎叶获得它生长所需的微量活性物质。根系的构造和分布是适应其吸收水分功能的，根系分布较多的地方，也是其吸水的主要位置。多数学者认为根系在土壤中发育状况及在土壤剖面上的分布是影响作物吸收水肥的重要参数，也是许多灌溉管理模型及其根系吸水模型的重要参数。因此，认识根系发育、分布规律及受土壤水分影响变化特征，有助于我们对作物吸收水分的认识和预测。

  陆生植物体内经常进行着大量的水分交换，它不断靠根系从土壤中吸收水分，靠输导系统在体内分布与传导水分，仅把吸收的水分中的很少一部分在体内加以保留与利用，而把绝大部分的水通过叶面散失到大气中。根系吸水过程主要有两种：被动的机械吸水过程和主动的生理吸水过程。被动吸水过程是由于叶面水分的散失而引起叶细胞水势降低产生的水势差使水分从土壤—根系—茎—叶—大气运动的过程，因而叶片蒸腾失水是根系吸水的最大动力。作物的生理活动引起的吸水是主动吸水过程。

作物对各层水分的利用状况取决于土层中根系分布量、根系吸水速率及有效含水量。根系决定着作物吸水区域、吸收各土层水分开始及持续时间,并控制着吸水速率在土壤剖面中的相对强度,尤其在土壤干旱条件下,根系作用更大。根系吸水量能否满足作物蒸腾需水量,直接关系到水分是否会限制作物生长以及制约的程度。根系生长特征与利用土壤水分方式之间的相互关系的定量表达,对于提高作物生长模型模拟精度至关重要。大多研究认为根系生长与吸水间呈非线性正相关关系(Molz,1971),也有研究认为水分吸收不一定与根系分布有关,作物吸水量与根长密度关系不大,而更多依赖于扎根深度(Ehlers,1991),甚至有些研究得出根长密度与吸水速率呈非线性负相关关系(Meyer,1991)。

为定量描述根系对不同层次土壤水的利用,预测土壤水的变动,已经建立了许多根系吸水函数,这些模拟公式大多数是通过对根系及其根系表面各过程的理想化实现的。这些模拟公式可分为两类:一是微观模型;二是宏观模型。微观模型将根系作为一系列单根来处理,研究进入单根的径向流;宏观模型把整个植物根系看做是每一厚度土壤中均匀分布而整个根区的密度随深度变化的扩散吸水器来研究根系从土壤中吸收水分。

7.1.4　农田水分有效性

降水转化为土壤水,地下水和地表水也只有在转化为土壤水后才能被作物利用。

土壤水有效性指土壤水对作物的有效程度。土壤水分的有效性是指"田间体积持水量"到"永久萎蔫系数"之间能够对植物的生长有所作用的土壤水分,是动态的变化过程。Ritchie(1981)的研究建立了土壤含水量与植物蒸腾的关系,指出当超出土壤可吸收水分范围的70%,蒸腾很少受到水分亏缺的影响,低于此水分条件,蒸腾随土壤含水量呈比例下降,直到阈值30%。干旱半干旱地区土壤水分构成了作物用水的重要给源,土壤水分有效性是作物产量的主要限制因素之一。郭庆荣等(1994)和邵明安等(1987)对西北干旱区的土壤水分有效性及其动态模式进行了广泛的研究,研究表明,土壤水分对植物的有效性在田间持水量附近迅速下降而此后下降非常缓慢。作物吸收的水分均是土壤水分,了解土壤水分有效性规律,在一定生育阶段给予少量灌水,充分合理地利用有限的降水资源和土壤水资源,以获得最佳经济效益和产量效应。土壤对作物的供水层深度是确定土壤水分有效性的因素,它决定于生物能力和环境条件。

提高土壤水的利用效率是农业研究中的重要方向,而根系吸水是提高土壤贮水和灌溉水利用效率的主要环节。传统观念上,土壤对作物的供水能力是以土壤田间持水量、凋萎湿度和根深3个值来表示,一般认为在根系范围的土壤水分都对作物有效的,但实际情况却不是这样,作物对上层土壤水分的利用程度要远远大于深层,这与作物根系主要分布于土壤上层有关。

根系对某一层次土壤水的利用与该层次土壤中的根量、根系吸水活力、水分传导度、土壤含水量等有关。增加根系对某一层次土壤水的利用可通过下列途径实现:一是促进根系纵向生长或增加根系的分支;二是增加单位土壤体积的根长密度;三是提高单位根长的吸水速率;四是减少水流的阻力。

研究表明,作物收获时在根区范围内,有相当一部分有效含水量范围内的水分没被作物利用。作物的所有根系对土壤水分的吸收并不完全是有效的,估计大约只有 1/3 的根系可以有效吸收土壤水,增加土壤中根系的生长可以有效促进根系对土壤贮水的利用,而减少灌水量。

随着 SPAC 理论的逐步发展和实验技术的改进,越来越多的研究表明植物吸收水分的速率和总量并非总是土壤含水量和土水势的函数,它既依赖于根从它相接触的土壤中吸收水分的能力,也依赖于土壤供水和以足够速率向根系运转水分(以满足蒸腾要求)的能力。这些能力本身又依赖于植物的特性(根系密度、根系深度、根系延伸速率及植物为避免凋萎而需要迅速从土壤中连续吸取水分的生理能力,即使植物本身水势降低而仍能维持其生命的功能),也决定于土壤特性(导水率、水分扩散率、基质吸力与土壤湿度的相互关系);同时在很大程度上也依赖于气象条件(它支配植物必需的蒸腾速率,因此也支配着植物从土壤中吸水的速率以维持其自身的水合作用)。因此植物的耗水量是土壤、植物和气象条件三因子的函数。只要根系吸取土壤水分的速率能平衡蒸腾损耗水分的速率,从土壤经植物到达大气中的水流就能在一定速率下持续下去,植物水势就能维持正常,土壤水分就显示出高度有效状态。当植物吸水速率小于蒸腾速率时,植物就失水,土壤水分有效性就开始降低,经过漫长的过程后,植物就逐渐由暂时凋萎转变为永久凋萎,这是土壤水分就变成了无效水分(郭庆荣等,1995)。

7.1.5　华北平原农田水分供需平衡分析

农田水分盈亏量分析:在估算农田水分余缺量时,主要分析了灌溉农田和冬小麦生长期的供水条件。在华北平原,冬小麦生长期基本上是一年中的干旱期,一般是雨季之后播种,次年雨季来临前收获。因此,冬小麦生长期间的供水状况,大致上可以看出全年水分的余缺情况。

根据程维新的估算,农田以小麦-玉米为主的一年两作的年耗水量与降水量的差值分布,其零线在亳县—济宁至山东半岛中部一带,其走向与该地区 800 mm 降水等值线相一致。此线以南水分有余,此线以北水分亏缺。黄河以北大部分地区农田水分亏缺量为 200～300 mm,在河北省的邢台—南宫—河间一带,缺水量超过 300 mm。淮北平原除西部地区略感水分不足外,其他地区的降水量可以满足作物的需水要求。

根据黄河以北 11 个点的资料分析,冬小麦生长期缺水量在 250～330 mm,若考虑到地下水对土壤水的补给,冬小麦缺水在 144～173 mm;黄河以南地区为 110～40 mm。从整个平原来看,黄河以北是主要缺水区。从季节上来看,春旱是主要威胁。

华北平原作物总需水量约为 744.3×10^8 m³,耕地有效降水量为 434.9×10^8 m³,水分亏缺量为 309.4×10^8 m³。其中,冬小麦缺水量达 121.9×10^8 m³,占总缺水量的 39.4%(表 7.5)。4—5 月份缺水量最多。9 月下旬至 6 月上旬,黄河以北地区降水量为 150～200 mm,其中黑龙港地区为 110 mm;沿黄地区为 200 mm;黄淮平原为 250～400 mm。黄河以北地区冬小麦生育期有效降水量只能满足小麦需水量的 30%～35%。除沿黄两侧靠引黄河水以外,其他地区主要靠抽取地下水灌溉。其中,河北平原 80% 以上农田靠地下水灌溉。

表7.5 华北平原主要农作物多年平均水分亏缺量

项目	作物名称										
	水稻	小麦	玉米	谷子	大豆	薯类	棉花	油料	蔬菜	水果	合计
亏缺量/ ×10^8 m^3	10.71	121.92	55.56	4.31	13.50	4.01	26.6	8.51	46.01	18.24	309.38
比重/%	3.5	39.4	18.0	1.4	4.4	1.3	8.6	2.8	14.9	5.9	100

在华北平原,冬小麦需水量为 400～500 mm,降水量为 150～200 mm,平均缺水量约 300 mm。自然降水量仅能满足冬小麦需水量的 31%～42%。

华北平原可供利用的天然水资源总量约为 712×10^8 m^3,其中海、滦河平原为 191×10^8 m^3,黄河下游平原为 18×10^8 m^3,淮河平原为 503×10^8 m^3,该区的水资源量,在时空和需水状况分布上极不均衡,现有水资源不能充分发挥作用,致使供需矛盾十分突出。

目前,华北平原总需水量约 1 186×10^8 m^3,实际可供利用天然水资源仅约 712×10^8 m^3,缺水率约为 66.6%,需水量远远大于供水量。华北平原中部和北部地下水超采严重,如河北省每年超采 40×10^8 m^3,形成大面积降落漏斗,目前地下水降落漏斗面积达 1×10^4 km^2 以上,漏斗中心最大水位达 76 m。如北京,用水量平均每年以 1 800 m^3 的速度递增,以此计算平原的缺水率今后仍会继续加大。由于环保措施不力,水源污染严重,增加了水资源重复利用的难度。

华北地区地下水资源开发利用率高于 80%。其中海河流域开采量已超过可开采量的 27.6%,属于严重超采区。据海河水利委员会资料,1958—1998 年,海河平原消耗地下水储量 895.8×10^8 m^3,1985—1998 年的 14 年间,累计超采地下水 649×10^8 m^3。根据我们估算,1958—2004 年海河平原地下水超采量 1 090.7×10^8 m^3,其中浅层地下水超采量为 557.6×10^8 m^3,深层地下水超采量为 533.1×10^8 m^3,加剧了地下水位的持续下降。在东部平原形成了以天津、沧州、衡水、德州、东营为中心的大面积深层漏斗区,面积约 2.14×10^4 km^2,超采区面积达 5.6×10^4 km^2。

在山前平原形成以北京、唐山、保定、石家庄、邯郸、邢台、濮阳为中心的浅层地下水漏斗区,面积约 1.4×10^4 km^2,超采区面积约 4.1×10^4 km^2,其中 1×10^4 km^2 范围内的含水层已被疏干。据调查资料,华北地区近几年每年仍以 1.5 m/年的速度下降。

冬小麦生育期有效降水量:冬小麦生育期处于干旱少雨季节,9 月下旬至 6 月上旬降水量:黄淮平原 250～400 mm;沿黄地区为 200～250 mm;黄河以北地区为 150～200 mm。黄河以北地区冬小麦生育期有效降水量只能满足小麦需水量的 30%～35%。

冬小麦生育期水分亏缺状况:冬小麦返青到收割期,需水量约占冬小麦全生育期总需水量的 70% 左右。拔节至收割约 60 d,需水量占全生育期的 60% 左右。此期正值华北平原干旱季节,冬小麦水分供需矛盾十分尖锐,特别是 3—5 月份。我们分析了冬小麦需水量和 9 月至翌年 5 月的降水量,冬小麦缺水量在 250～330 mm(表7.6)。

华北平原农田水量平衡估算:耕地有效降水量 434.9×10^8 m^3;作物总需水量 744.3×110^8 m^3;农田水分亏缺量 309.4×10^8 m^3,其中冬小麦缺水量 121.9×10^8 m^3。该地区除沿黄两侧靠引黄河水以外,其他地区主要靠抽取地下水灌溉。其中河北平原 80% 以上农田靠地下水灌溉。

表 7.6　华北平原冬小麦水分供需分析

地区	需水量 (ET)/mm	9 月至翌年 5 月 降水量(P)/mm	P-ET /mm	P/ET /%
北京	480	153	−327	31.88
石家庄	495	181	−304	36.57
邢台	447	188	−259	42.06
安阳	474	197	−277	41.56
河间	484	164	−320	33.88
衡水	460	167	−295	36.30
德州	474	197	−295	41.56
南宫	472	177	−294	37.50
沧州	470	162	−308	34.47
惠民	449	181	−268	40.31
乐陵	461	162	−299	35.14

7.2　作物耗水量及其变化趋势

随着我国作物单位面积产量逐年提高,作物耗水量是不是随着我国作物单位面积产量逐年提高而增加?观测资料表明,与人们预期的理论结果相反,作物耗水量不仅没有随着我国作物单位面积产量逐年提高而增加,反而呈下降趋势。华北平原冬小麦需水量变化在400~500 mm,平均值约在 450 mm;夏玉米需水量为 300~400 mm,平均值约在 350 mm;冬小麦+夏玉米两季合计需水量约 800 mm。随着华北平原冬小麦和夏玉米单产水平大幅度提高和冬小麦、夏玉米耗水量下降,水分利用效率也大幅度提高。冬小麦水分利用效率由20 世纪60 年代 5.0 kg/(hm² · mm)左右增至目前的 14.22 kg/(hm² · mm),最高值达到20.44 kg/(hm² · mm);夏玉米水分利用效率由 3.71 kg/(hm² · mm)提高到 20.64 kg/(hm² · mm),最高值达到 30.34 kg/(hm² · mm)。华北平原冬小麦和夏玉米耗水量变化趋势与日照时数减少和相对湿度增加趋势相一致。日照时数减少和相对湿度增加是冬小麦、夏玉米耗水量下降的主要原因。

资料来源及说明:①中国科学院地理研究所德州农田蒸发试验站 1960—1966 年冬小麦和夏玉米耗水量观测资料。②中国科学院禹城综合试验站 1979—2009 年冬小麦和夏玉米耗水量观测资料。采用的蒸发器有 5 种:一是 ГПИ-51 型水力称重式土壤蒸发器,高 1.5 m、面积 0.2 m²;二是 ГГИ500 型土壤蒸发器,面积 500 cm²,高 0.5 m 和 1.0 m 两种;三是自动供水式土壤蒸发器,面积 3 000 cm²,高 0.5 m;四是大型原状土蒸渗仪(Lysimeter),面积3.0 m²,深度 2.0 m,测量精度 0.013 mm,可测量各种农作物的耗水量(唐登银等,1987 年),

当时是国内唯一的大型原状土蒸渗仪;五是大型称重式蒸渗仪,面积 3.14 m²,深度 5 m,测量精度 0.02 mm,可测量各种农作物的耗水量(图 7.1)。蒸渗仪结构包括主体系统、称重系统、供排水系统和数据采集系统,能够同时测定蒸散量和地下水对土壤水的补给量(刘士平等,2000),这是国内唯一的可测量四水关系的仪器,是检验其他估算作物耗水量方法的基础。此外,还采用了中国科学院禹城综合试验站 1985—2009 年 20 m² 蒸发池和 E-601 水面蒸发器的水面蒸发观测数据。

图 7.1 大型称重式蒸渗仪冬小麦收割现场

7.2.1 冬小麦耗水量

黄淮海平原是我国小麦主产区,冬小麦播种面积约1 417.9×10⁴ hm²,占黄淮海平原耕地面积的 56%,占全国冬小麦播种面的 60%。根据 2008 年的统计资料,黄淮海地区五省二市的冬小麦总产量为8 559.0×10⁴ t,占全国冬小麦总产量的 76.11%。其中河南、山东、河北三省的冬小麦产量为6 307.1×10⁴ t,占全国的 56.08%,占黄淮海平原地区的 73.69%。

冬小麦是需水较多的作物。根据中国科学院禹城综合试验站大型土壤蒸渗仪(Lysimeter)的观测(1986—2009 年),冬小麦平均耗水量为 449.9 mm,其中,有 6 年的耗水量超过 500 mm,有 4 年的耗水量低于 300 mm。根据 1986—2009 年冬小麦耗水量的观测资料分析,冬小麦耗水量呈下降趋势(图 7.2)。

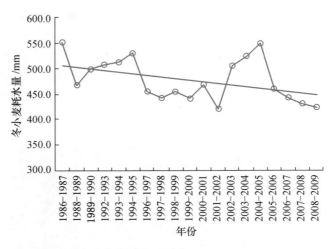

图 7.2　Lysimeter 测定的 1986—2009 年冬小麦耗水量

冬小麦耗水规律：整个生育期耗水量出现两个峰期，第一峰期冬小麦处于幼苗期，大部分时间为越冬期，耗水量峰值小而峰期长，分蘖—越冬期耗水强度最大，达 1.51 mm/d，播种—返青，历时约 140 d，耗水量占全生育期耗水量 29%。第二峰期在拔节—乳熟，正值冬小麦生长盛期，加之气温高、蒸发能力强，开花—乳熟期耗水量达到最大。这个时期，耗水量的峰值大而峰期短，耗水量约占冬小麦全生育期总耗水量的 70% 左右。3—5 月份，正值冬小麦生长盛期，又是华北平原干旱季节，水分供需矛盾十分尖锐（表 7.7）。

表 7.7　冬小麦耗水量和需水规律

生育期	天数/d	耗水量/mm	耗水模系数/%	耗水强度/(mm/d)
播种—出苗	5	6.3	1.37	1.26
出苗—分蘖	19	27.4	5.96	1.42
分蘖—越冬	29	43.9	9.55	1.51
越冬—返青	86	54.2	11.80	0.63
返青—拔节	27	37.9	8.24	1.40
拔节—孕穗	26	53.6	11.67	2.06
孕穗—抽穗	10	30.2	6.57	3.02
抽穗—开花	9	42.4	9.23	4.71
开花—灌浆	11	63.0	13.71	5.73
灌浆—乳熟	13	70.5	15.34	5.42
乳熟—收获	7	30.1	6.55	4.30
全生育期	242	459.5	100.0	1.90

冬小麦叶面蒸腾特征：采用 ГПИ-51 型水力称重式土壤蒸发器测定了 1980—1981 年的冬小麦叶面蒸腾与棵间蒸发。结果表明，冬小麦叶面蒸腾与棵间蒸发的变化互为消长。播种至拔节期，生育期约 190 d，农田蒸发以棵间蒸发为主，蒸腾量仅占同期耗水量的 12% 左右，也是小麦耗水量及耗水强度最小的时期。返青后，随着小麦植株生长加快，叶面积增加，

蒸腾量逐渐加大。当田面大部分被覆盖时,棵间蒸发量下降,此时,农田蒸发以叶面蒸腾为主,蒸腾量成为决定耗水量大小的主要因素。孕穗至灌浆期,叶面积最大,叶面蒸腾达到高峰,此时,田间耗水量最大,耗水强度也最高。灌浆以后,蒸腾量逐渐下降。冬小麦全生育期叶面蒸腾占总耗水量的50%～60%。也即冬小麦全生育期耗水量有40%～50%来自作物棵间土壤表面蒸发(表7.8)。

表 7.8 冬小麦蒸腾量、棵间蒸发量、总蒸发量(1980—1981 年)

生育期	天数/d	总蒸发量/mm	蒸腾量/mm	棵间蒸发量/mm	蒸腾量/总蒸发量/%
播种—拔节	193	170.7	19.9	150.8	11.2
拔节—收获	58	269.8	205.2	64.6	76.1
全生育期	251	440.5	225.1	215.4	51.1

引自:程维新等,1994。

冬小麦蒸腾变化从返青到收割期需水量最高,高峰期在抽穗至乳熟期。此期,蒸腾需水量约占冬小麦全生育期总需水量的70%左右。拔节至收割约 60 d,需水量占全生育期的65%左右(图 7.3)。

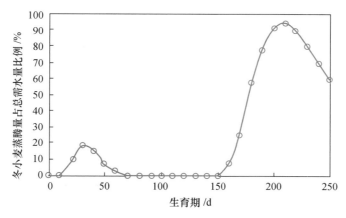

图 7.3 冬小麦实际蒸腾量占总耗水量的比例(山东禹城)

7.2.2 夏玉米耗水量

夏玉米是黄淮海地区主要粮食作物,产量达 5 606.7×10⁴ t,占全国玉米总产量的33.79%。我国玉米产量在 20 世纪 50 年代仅 1 300 kg/hm²,60 年代为 1 305 kg/hm²,20世纪 70 年代为 2 468 kg/hm²(其中山东为 2 000 kg/hm²),80 年代为 3 622 kg/hm²(其中山东为4 351.4 kg/hm²),90 年代为 4 834 kg/hm²(其中山东为 5 348.4 kg/hm²)。90 年代与 50 年代相比,水分利用效率由 3.71 kg/(hm² · mm)提高到 13.81 kg/(hm² · mm),增长了 3.72倍(郭庆法等,2004)。

长期实验资料表明,几十年间,玉米耗水量没有发生大的变化,玉米耗水量大体变化在300～400 mm,平均在 350 mm。根据中国科学院禹城综合试验站大型土壤蒸渗仪的测定,1988—2009 年夏玉米耗水量年际变化呈下降趋势(图 7.4),降速比冬小麦快。

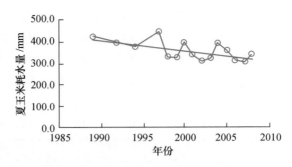

图 7.4　夏玉米耗水量年际变化（山东禹城）

玉米蒸腾耗水量与总耗水量的比例如图 7.5 所示。

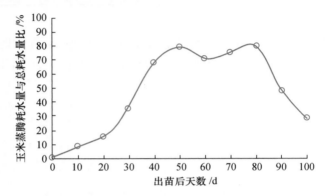

图 7.5　夏玉米实际蒸腾量占总耗水量的比例（山东禹城）

夏玉米各生育期耗水量见表 7.9。

表 7.9　夏玉米各生育期耗水量

生育期	天数/d	耗水量/mm	耗水模系数/%	耗水强度/(mm/d)
播种-出苗	6	21.9	6.12	3.65
出苗-拔节	15	55.7	15.56	3.71
拔节-抽雄	16	83.7	23.41	5.23
抽雄-灌浆	20	99.5	27.81	4.98
灌浆-蜡熟	22	68.6	19.17	3.12
蜡熟-收获	12	28.4	7.93	2.37
全生育期	91	357.8	100	3.93

7.2.3　冬小麦耗水系数、水分利用效率

随着生产条件改善、作物良种培育和栽培技术的进步,我国粮食单位面积产量大幅度提高,以山东省禹城市为例,20 世纪 50 年代冬小麦籽粒产量为 638 kg/hm²,60 年代为 2 528 kg/hm²,目前已达到 7 439 kg/hm²(图 7.6),与 20 世纪 60 年代相比,冬小麦籽粒产量增加 2.94 倍。产量不断提高,但耗水系数下降,水分利用率提高。

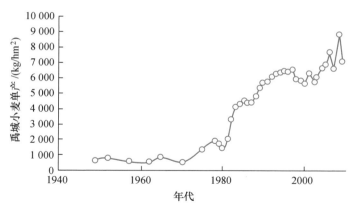

图 7.6 山东省禹城市冬小麦单产变化

华北平原是我国开展冬小麦耗水量实验研究较早的地区。新中国成立前,华北农研所已测得冬小麦耗水量为 483 mm(应产耕,1948 年)。综合分析表明,60 余年来,华北平原冬小麦耗水量没有增加,大致在一个水平线上波动,略呈下降趋势,而籽粒产量呈线性增长,耗水系数逐年下降,水分利用效率逐年提高(表 7.10)。

表 7.10 冬小麦耗水量、籽粒产量、耗水系数、水分利用效率

时间	耗水量/mm	籽粒产量/(kg/hm²)	耗水系数/(m³/kg)	水分利用效率/[kg/(hm²·mm)]
20 世纪 60 年代	492.9	2 528	1.95	5.13
20 世纪 70 年代	471.0	3 000	1.57	6.37
20 世纪 80 年代	447.7	4 886	0.92	10.91
1986—1990	414.4	4 887	0.85	11.79
1992—1995	515.7	5 875	0.88	11.39
1996—2000	408.0	5 726	0.71	14.03
2001—2005	490.0	6 964	0.70	14.21
2006—2009	422.5	7 439	0.57	17.61

作物耗水量是由作物生物学特性和大气蒸发能力两部分决定,即

$$ET_c = K_c \times ET_0 \tag{7.10}$$

式中,ET_c 为作物耗水量(mm);K_c 为作物耗水特性系数;ET_0 为大气蒸发能力(mm)。

对于某种作物而言,耗水特性系数相对稳定(程维新等,1994),而 ET_0 作为大气蒸发能力,主要受气象因子制约。水面蒸发综合反映气象因子的影响,是大气蒸发能力的重要指标。目前,国内外许多学者,主要是采用 FAO 推荐 Penman-Monteith 公式计算参考作物蒸散量(ET_0)。

德州试验站(1960—1966 年),冬小麦耗水量主要采用 ГПИ-51 型水力称重式土壤蒸发器和 ГГИ500-50 型土壤蒸发器测定。冬小麦品种为碧码 1 号和碧码 4 号,株高 104～110 cm,试验地肥料充足,有灌溉条件,土壤水分控制在田间持水量的 60%～80%,冬小麦密度 390 万穗/hm² 左右,千粒重为 31～33 g,平均产量为 2 528 kg/hm²,冬小麦产量当时在

德州地区居高产水平(凌美华,1980)。1960—1966 年冬小麦耗水量平均值为 493 mm,耗水系数为 1.95 m³/kg,水分利用效率为 5.13 kg/(hm²·mm)。

1986—2009 年,禹城试验站采用大型蒸渗仪进行测定。试验地肥料充足,有灌溉条件,土壤水分控制在田间持水量的 60%～80%,栽培的冬小麦品种较多,近期主要是济麦 20 和济麦 22,株高 50～60 cm,密度 450 万穗/hm² 左右,千粒重为 38～40 g,平均产量为 6391 kg/hm²,冬小麦产量在当地居中上水平。冬小麦平均耗水量为 449.9 mm,耗水系数为 0.70 m³/kg,水分利用效率 14.21 kg/(hm²·mm)(表 7.11)。

表 7.11　冬小麦耗水量、籽粒产量、耗水系数、水分利用效率实测值比较

年份	株高/cm	千粒重/g	产量/(kg/hm²)	耗水量/mm	耗水系数/(m³/kg)	水分利用效率/[kg/(hm²·mm)]
1960—1966	104～110	31～33	2 528	493	1.95	5.13
1986—2009	60～80	38～45	6 391	450	0.70	14.21

冬小麦耗水量、籽粒产量年际变化(山东禹城)如图 7.7 所示。

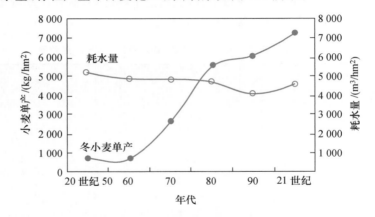

图 7.7　冬小麦耗水量、籽粒产量年际变化(山东禹城)

7.2.4　夏玉米耗水系数、水分利用效率

夏玉米是耗水量较少、水分利用效率高、耗水系数比较小的省水作物。根据禹城试验站 1988—2008 年玉米耗水量测定结果,平均值为 354.3 mm,籽粒产量平均达 7 642 kg/hm²,水分利用效率为 21.56 kg/(hm²·mm),耗水系数为 0.48 m³/kg,水分生产率为 2.11 kg/m³。

根据禹城市新中国成立后玉米单产资料和山东禹城地区玉米耗水量长期观测数据,求得不同时期玉米耗水系数变化。自 20 世纪 60 年代以来,玉米耗水系数呈线性下降,表明水分利用效率提高很快(图 7.8)。

从中国冬小麦和玉米的耗水系数变化来看,冬小麦的耗水系数下降速度快于玉米。但玉米的耗水系数远远低于冬小麦,表明玉米非常省水。

夏玉米耗水量、籽粒产量年际变化如图 7.9 所示。

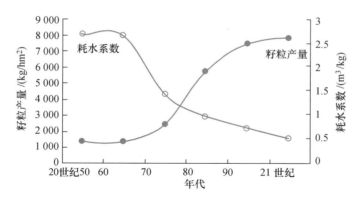

图 7.8 夏玉米耗水系数变化(山东禹城)

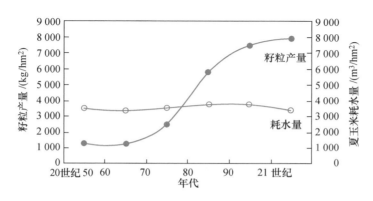

图 7.9 夏玉米耗水量、籽粒产量年际变化(山东禹城)

7.2.5 作物耗水量的变化趋势

目前,有关作物耗水量历史演变有两种结论:一种观点认为作物耗水量呈增加趋势,例如 Mo 等(2009)计算了华北平原 1951—2006 年间冬小麦、夏玉米耗水量,计算结果表明,作物耗水伴随着作物单产的增加相应增加,20 世纪 90 年代与 60 年代相比,冬小麦生长季耗水增量达 130 mm,玉米耗水增量为 90 mm,冬小麦-夏玉米一年两熟的年耗水量约从 700 mm 增加到目前将近 1 000 mm;另一种观点认为作物耗水量呈下降趋势,例如刘晓英等(2005)计算了华北地区近 50 年主要作物的耗水量,计算结果表明,除北京外,华北地区冬小麦和夏玉米两大作物耗水均呈下降趋势,冬小麦减少 0.9～19.2 mm/10 年,夏玉米减少 8.3～24.3 mm/10 年,夏玉米耗水量下降幅度超过冬小麦。武永利等(2009)、康西言等(2006)、周贺玲等(2006)的研究也得到相同结果。

作物耗水是一个地区主要水量支出。作物耗水量的历史演变特征,将对当地水资源配置产生直接影响。缺水严重的华北平原,作物耗水量问题尤为引人关注。随着农作物单产增加,作物耗水量是否也相应增加? 一直是人们所关注的问题。关于华北地区作物产量与作物耗水量历史演变方面的研究,大多数学者采用模型来计算作物的耗水量,例如 Mo 等是利用植被界面过程模型(VIP);刘晓英等是采用 FAO 推荐的 Penman-Monteith 公式。但计算的作物耗水量都缺乏实验资料的检验。本文基于长期农田蒸发的试验资料,特别是中国科学院禹城综合试验站的长期观测资料,对冬小麦、夏玉米耗水量变化特征,及其作物耗水量与粮食单产增加之间的关系进行分析和探讨,说明作物耗水量是否随着农作物单产增加相应增加还是减少的问题。

利用中国科学院禹城综合试验站的大型称重式蒸渗仪 1986—2009 年的观测资料,分析了冬小麦和夏玉米的耗水特性、作物耗水量与作物产量的关系。观测资料表明:冬小麦生长期平均耗水量为 450 mm 左右,夏玉米生长期平均耗水量为 350 mm 左右;随着作物单产增加,作物耗水量没有随着作物单产增加而增加,反而呈下降趋势,夏玉米下降趋势尤为显著。

作物耗水量变化,主要受作物生物学特性、气候条件的影响。对于同一种作物而言,它们的生物学特性相对稳定,需水量的变化,主要受气候因素制约。

根据冬小麦、夏玉米两大作物全生育期间气象因素对作物耗水影响分析,由于秋季少雨,冬季干燥少雪,春季晴朗多风,因此,冬小麦生育期间,气温和风速的年际变化略有增加,但日照时数减少和相对湿度增加显著;而夏玉米生育期间,华北平原正处于高温多雨季节,气温年际变化趋势比较平缓,风速略有增加,日照时数减少和相对湿度增加显著(图 7.10,图 7.11)。

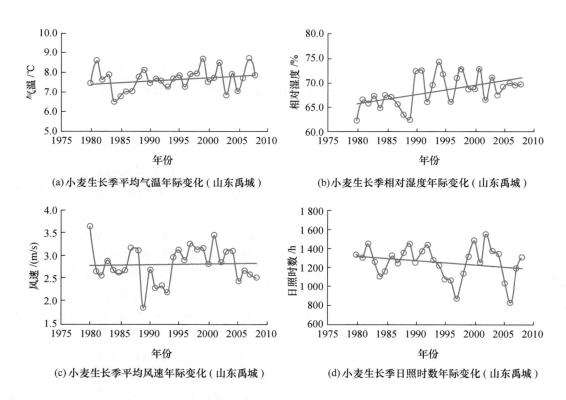

(a)小麦生长季平均气温年际变化(山东禹城)　　(b)小麦生长季相对湿度年际变化(山东禹城)

(c)小麦生长季平均风速年际变化(山东禹城)　　(d)小麦生长季日照时数年际变化(山东禹城)

图 7.10　冬小麦生长期气象要素变化(山东禹城)

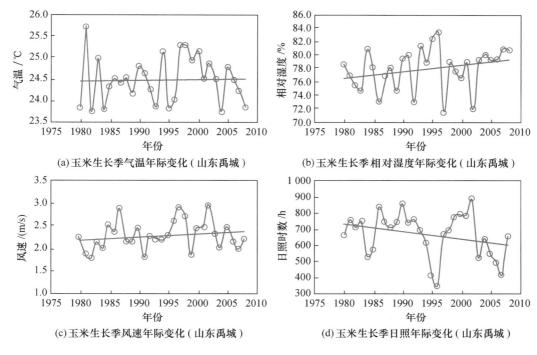

(a)玉米生长季气温年际变化(山东禹城)　　　(b)玉米生长季相对湿度年际变化(山东禹城)

(c)玉米生长季风速年际变化(山东禹城)　　　(d)玉米生长季日照年际变化(山东禹城)

图 7.11　夏玉米生长期气象要素变化(山东禹城)

研究结果表明,华北平原冬小麦和夏玉米两大作物耗水量均呈下降趋势,夏玉米耗水量下降幅度超过冬小麦。耗水量与日照、降雨、温度、湿度和风速的同步分析表明,耗水量变化趋势与日照时数减少和相对湿度增加趋势相一致。日照时数减少和相对湿度增加是冬小麦、夏玉米耗水量下降的主要原因。

水面蒸发是表征蒸发能力的重要指标,主要受气候条件制约,影响蒸发量的主要因子为大气湿度、风速和日照时数等。水面蒸发量的多少,反映一个地区气候特征的综合影响。从禹城试验站 20 多年水面蒸发量的变化来看,水面蒸发下降趋势十分明显,水面蒸发和夏玉米耗水量呈同步下降趋势(图 7.12)。

其他一些研究者(刘晓英等,2005;武永利等,2009;康西言等,2008)认为:作物需水量变化趋势与日照的下降趋势相一致外,还和风速的下降趋势相一致。故近 50 年来华北日照与风速的减小是作物需水量下降的主要原因。气温对作物需水量的影响远小于日照的影响,有时甚至小于风速和降雨的影响。

根据我们长期的实验结果表明:

(1)随着我国作物单位面积产量逐年提高,作物耗水量与人们预期的理论结果相反,作物耗水量不仅没有随着我国作物单位面积产量逐年提高而增加,反而呈下降趋势。

(2)华北平原冬小麦水耗水量变化在 400~500 mm,平均值约在 450 mm,冬小麦耗水量呈下降变化趋势;夏玉米耗水量为 300~400 mm,平均值约在 350 mm;冬小麦+夏玉米两季合计耗水量为 800 mm 左右。

(3)随着华北平原冬小麦和夏玉米单产水平大幅度提高,冬小麦和夏玉米两大作物耗水

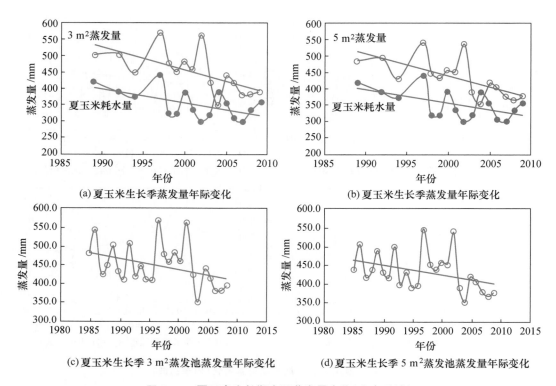

图 7.12　夏玉米生长期水面蒸发量变化（山东禹城）

量下降,水分利用效率也大幅度提高。冬小麦水分利用效率由 20 世纪 80 年代 5.0 kg/ (hm² · mm)左右增至目前的 14.22 kg/(hm² · mm),最高值达到 20.44 kg/(hm² · mm)。 夏玉米水分利用效率由 3.71 kg/(hm² · mm)提高到 20.84 kg/(hm² · mm),最高值达到 30.34 kg/(hm² · mm)。

(4)华北平原冬小麦和夏玉米耗水量变化趋势与日照时数减少和相对湿度增加趋势相 一致。日照时数减少和相对湿度增加是冬小麦、夏玉米耗水量下降的主要原因。

7.3　农田水分利用效率

水分利用效率(water use efficiency,WUE)是指植物消耗单位水量生产出的同化量 (Kramer,1979),是反映植物水分利用特性的重要参数。植物水分利用效率长期以来一直 是人们比较关注的问题。了解植物的水分利用效率不仅可以掌握植物的生存适应对策,同 时还可以人为调控有限的水资源来获得最高的产量或经济效益。近年来,植物水分利用效 率(WUE)已经成为国内外干旱、半干旱和半湿润地区农业和生物学研究的一个热点问题 (罗亚勇等,2009),高 WUE 被认为是在干旱和半干旱环境里植物能够良好地生长和生产的 一个有贡献的特征(曹生奎等,2009)。在农作物系统中,提高水分利用效率是面对有限的水 供给时增加农作物产量的有效方法。

由于不同学科之间研究的角度、范畴和重点有所不同,WUE 有多种不同的名称和定义(王会肖等,2000)。在水文学上,WUE 包括以下 3 个方面的内容:①在纯水文学上的含义,WUE 被定义为研究区域生产性的耗水,包括蒸腾,某些情况下也包括蒸发,与潜在可用水量(包括通过降水和灌溉到达作物生长区的水量加上土壤可用水量)之比;②对于灌溉研究而言,可将 WUE 定义为灌溉后根系带含水量的增加占灌溉区供水总量的比例;③总的灌溉效率是由输水效率、农渠利用效率和田间利用效率三部分组成的。实际上,水文学意义上的WUE 是灌溉工程与技术范畴节水的最终目标,包含渠道水利用率、渠系水利用率、田间水利用率和灌溉水利用率等项目。其中包括区域水平衡、农田水分再分配、引水工程及水的调配、渠道防渗、输水工程及灌溉新技术等方面的研究内容。作物水分利用效率的水文学研究是灌溉、水土保持等工程技术人员所关注的领域,而生理学家、农学和气象学的研究工作者所关注的是 WUE 生理学上的概念、意义与研究。生理学上的水分利用效率实际上是作物的用水效率,是衡量作物产量与用水量关系的一种指标。通常用耗水系数和水分利用效率来表征。耗水系数(K_w)是作物每生产单位产量所消耗的水量,常用水量为产量的倍数表示,耗水系数越大,用水效率越低。20 世纪 70 年代以后,学术界多采用水分利用效率,它是消耗单位水量所生产的单位面积产量,能直观地比较不同作物或同一作物不同条件下的用水效率。

对应于产量的 3 个层次(叶片光合、群体光合及作物产量),水分利用效率可分为 3 个层次来考虑,即叶片进行光合作用时的水分利用效率,即光合与蒸腾之比,群体水平上的 WUE 和产量水平上的 WUE。下面对这 3 个不同层次上的水分利用效率的定义及测定方法做简单的概述。

7.3.1 叶片水平的水分利用效率

叶片水平上的水分利用效率定义为单位水量通过叶片蒸腾散失时光合作用所形成的有机物量,它取决于光合速率与蒸腾速率的比值(Martin,1988),是植物消耗水分形成干物质的基本效率,也就是水分利用效率的理论值。叶片水平上的水分利用效率表示为:

$$WUE_l = \frac{P_n}{T_r} \tag{7.11}$$

式中,P_n 为叶片净光合速率;T_r 为叶片蒸腾速率。

根据 Fick 扩散定律,水汽和 CO_2 通量可由浓度梯度和扩散阻力来描述。单位叶面积上叶片净光合速率表示为:

$$P_n = \frac{\Delta C}{r'_b + r'_s + r'_m} = \frac{c_a - \Gamma}{r'_b + r'_s + r'_m} \tag{7.12}$$

式中,P_n 为叶片净光合速率;c_a 为空气 CO_2 浓度;Γ 为 CO_2 补偿点(细胞质体中 CO_2 浓度);ΔC 为空气 CO_2 浓度与 CO_2 补偿点之差;r'_b 和 r'_s 分别为对 CO_2 扩散入叶片的边界层阻抗和气孔阻抗;r'_m 为 CO_2 扩散入细胞叶绿体中叶肉阻抗。同样,单位叶面积的蒸腾速率表示为:

$$T = \frac{\Delta \mathrm{H_2O}}{r_\mathrm{b} + r_\mathrm{s}} = \frac{(\rho E/P)(e_\mathrm{ls} - e_\mathrm{a})}{r_\mathrm{b} + r_\mathrm{s}} \tag{7.13}$$

式中,T 为叶片蒸腾速率;$\Delta \mathrm{H_2O}$ 为细胞间隙中水汽浓度与大气中水汽浓度之差;ρ 和 P 分别为空气密度和大气压;E 为水汽和空气的摩尔质量之比;e_ls、e_a 为叶片、气体的水汽压梯度;r_b 和 r_s 分别为水汽扩散的边界层和气孔阻抗。因此,叶片水平上的水分利用效率表示为:

$$WUE_1 = \frac{(c_\mathrm{a} - \varGamma)(r_\mathrm{b} + r_\mathrm{s})}{(\rho \in /P)(e_\mathrm{ls} - e_\mathrm{a})(r'_\mathrm{b} + r'_\mathrm{s} + r'_\mathrm{m})} \tag{7.14}$$

式中,WUE_1 为叶片水平上的水分利用效率,其他符号同前。

依据分子扩散理论,$r'_\mathrm{s} = 1.56 r_\mathrm{s}$ 和 $r'_\mathrm{b} = 1.34 r_\mathrm{b}$,由此式(7.14)可得到简化。

上述以叶片光合速率与蒸腾速率的比值来描述的水分利用效率是植物叶片的瞬时水分利用效率,其与植物生理功能有最直接的关系,可反映植物气体代谢功能及植物生长与水分利用之间的数量关系。此外,叶片的水分利用效率还有另一种表达方式,即净光合速率(P_n)与气孔导度(g_s)的比值,又称内在水分利用效率(WUE_i)或长期水分利用效率(Penuelas,1998;赵平等,2000)。当 g_s 成为植物叶片气体交换的主导限制因子时,以 WUE_i 来描述植物光合作用过程的水分利用状况较为适宜,如果 T_r 与 g_s 呈极显著正相关,以致 WUE_1 与 WUE_i 也呈极显著正相关,这样以 WUE_1 和 WUE_i 表示植物的水分利用状况差别不大。

在叶片尺度上,WUE 的测定有两种方法,即气体交换法和稳定碳同位素法(Farquhar,1982;严昌荣等,1997;蒋高明等,1999;陈世苹等,2002;李荣生等,2003)。

气体交换法是通过光合-蒸腾仪测定植物瞬时的光合速率和蒸腾速率,然后以光合/蒸腾之比来表示植物叶片的水分利用效率。目前比较常用的美国 LICOR 公司的 LI-6200 和 LI-6400,英国 CID 公司 CI-301PS、CI-510、CI-310 和 ADC 公司的 LCA-Ⅲ型、LCA-Ⅳ型的便携式光合仪。气体交换法测定 WUE 的优点在于操作简单方便、快捷,但其测定的是植物瞬时 WUE,只代表某特定时间内植物部分叶片的行为,受不同时刻微环境影响较大,并且与长期整体测定结果之间的关系尚不清楚,因而一般用来研究植物的生理生态特性和对环境因子的响应机制(蒋高明等,1999)。稳定碳同位素法是当今国际上比较流行的测定方法。由于植物叶片 $\delta^{13}C$ 值不仅能反映大气 CO_2 的碳同位素比值,而且和胞间 CO_2 浓度与大气 CO_2 浓度比值($c_\mathrm{i}/c_\mathrm{a}$)成负相关,因此,$\delta^{13}C$ 可作为评估植物 WUE 的间接指示值。由于 $\delta^{13}C$ 的测定取样少,结果更为准确;并且不受取样时间和空间的限制,能较好地反映植物的水分状况,因而是目前国际公认的判定植物长期 WUE 的最佳方法(王建林等,2010)。但 $\delta^{13}C$ 局限于单一环境因子变量时使用,如果能结合 $\delta^{18}O$ 则准确性更佳。因为 $\delta^{18}O$ 在很大程度上由光合作用过程中叶片与空气水汽压亏缺(vapour pressure deficit,VPD)决定,并随环境条件变化而变化,反映了植物水分利用的变化,同时测定 $\delta^{13}C$ 和 $\delta^{18}O$,能区分光合能力与 g_s 对 $c_\mathrm{i}/c_\mathrm{a}$ 的作用,在很大程度上提高了 WUE 测定的准确性(曹生奎,2009)。

7.3.2 群体水平的水分利用效率

群体水平的水分利用效率与叶片水平的水分利用效率不同,是以作物的整个冠层为对象,研究作物整个冠层水平的水分收支。群体水平上的水分利用效率(WUE_c)即作物群体 CO_2 净同化量与蒸腾量之比,也是群体 CO_2 通量与作物蒸腾的水汽通量之比。相对于单叶水平水分利用效率,它更接近实际情况,可用来表征田间或区域的水分利用效率,其指标可用作物群体 CO_2 通量(F_c)与作物蒸腾的水汽通量(ET)比值表示:

$$WUE_c = \frac{F_c}{ET} \tag{7.15}$$

式中,F_c 为作物群体 CO_2 通量;ET 为作物蒸腾的水汽通量。

农田群体 CO_2 和水汽通量(蒸散)的测定采用波文比-能量平衡法,水汽通量(ET)的计算公式为:

$$ET = \frac{R_n - G}{(1 + \beta)\lambda} \tag{7.16}$$

式中,R_n 为入射净辐射;G 为土壤热通量;λ 为汽化潜热;β 为波文比,可由下式计算:

$$\beta = \frac{C_p \rho \partial T_p}{\lambda \rho_a \partial W} \tag{7.17}$$

式中,C_p 为定压比热;ρ 为空气密度;ρ_a 为干空气密度;T_p 为平均位温;W 为空气湿度(质量混合比)。CO_2 通量(F_c)计算公式为:

$$F_c = \frac{R_n - G}{C_p(\gamma + 1)\dfrac{\partial c}{\partial T_e}} \tag{7.18}$$

式中,γ 为水汽平均密度与干空气平均密度之比;c 为 CO_2 质量混合比浓度;T_e 为有效温度;可由下式计算:

$$T_e = T_p + \frac{\lambda}{C_p} \frac{W}{\gamma + 1} \tag{7.19}$$

农田蒸散(ET)包括作物蒸腾(T)和棵间蒸发(E)两部分,作物蒸腾占农田蒸散的比例 a 因不同作物或作物的不同生育时期而异,由田间试验而得。a 影响着群体的水分利用效率,并决定着不同作物或作物不同生育阶段提高水分利用效率的潜力。

测定群体水分利用率国内外普遍采用同化箱法(袁凤辉等,2009)。该方法采用不同类型的箱体将土壤、植被或植被的一部分密封,通过测定单位时间箱体内 CO_2 和 H_2O 浓度的变化来计算研究对象的碳水交换量。应用该方法建立的观测由于成本低廉、构建简单、技术难度小且便于操作实施,使箱式气体交换系统在世界范围内被广泛使用。但是该方法是对气体交换的瞬时测定,且密闭的箱体会影响测定对象的自然环境(辐射、温度、湿度和风速)等。除了以箱法测定群体 WUE 外,涡度相关法也是随着微气象学理论地进步而发展起来的一种测定群体 WUE 的方法(王建林等,2010)。该方法利用涡度相关系统

测定的 CO_2 通量（NEP）和生态系统蒸散（ET）之比获得生态系统的水分利用效率。其中 CO_2 通量测定依赖对其脉动的捕捉而获得,生态系统蒸散则通过地气系统能量平衡计算出潜热通量（LE）,再由公式 $ET=LE/L=LE/(2\,500-2.4t)$ 计算得到。该方法也是对气体交换的瞬时测定,但由于可以对生态系统气体交换进行连续自动测定,因此可以通过时空积分获得长期的水分利用效率,也可以捕捉生态系统气体交换特征的时空变化特征。该方法是对生态系统整体行为的测定,克服了对个体测定所带来的误差。但该方法只能定点测定通量塔所在的生态系统,不能流动。目前,该方法主要应用于生态系统碳—水循环时空格局的研究中。

7.3.3 产量水平的水分利用效率

产量水平的水分利用效率定义为单位耗水量的产量,产量可表示为净生产量或经济产量,其中经济产量更接近农业生产实际;耗水量考虑到土壤表面的无效蒸发,对节水更有实际意义。产量水平的水分利用效率反映了某一地区水资源利用程度,可以用于估算作物生产潜力、评价栽培措施对水分利用效率的影响。产量水平上的水分利用效率（WUE_y）表示为

$$WUE_y = \frac{Y}{WU} \tag{7.20}$$

式中,Y 为作物产量,可表示为总生物量（Y_b）或经济产量（Y_e）;WU 为作物用水量。对用水而言,作物的水分利用效率可分为 3 种:一是用作物耗水量,即蒸散量（ET）,这是普遍所指的水分利用效率,也称蒸散效率;二是用灌溉水量（I）,得到的是灌溉水利用效率,它对确定最佳灌溉定额必不可少,在节水灌溉中意义重大;三是用天然降水（P）,也就得到降水利用效率,它是旱地节水农业中的重要指标。

收获法是农学上测定作物水分利用效率的传统方法。以生长季内作物收获部分或全部干物质产量与田间耗水量的比值来表示作物水分利用效率。田间耗水量则通过水分平衡法、彭曼法等间接地计算出来。计算结果反映出的是作物群体在生长季节的平均水分利用效率。由于该方法在干物质收获和田间耗水量推算过程中均存在较大误差,因此,计算出的水分利用效率误差也较大。

7.3.4 C_3 和 C_4 作物的水分利用效率

由于光合途径及固定 CO_2 的羧化酶不同,C_3、C_4、CAM 等不同植物间具有不同的 WUE（Tanner,1983;Penuelas,1998;赵平,2000;张岁岐等,2002）。CAM 植物叶片退化或具有很厚的角质层,而且气孔白天关闭,夜间开放吸收 CO_2,所以蒸腾速率很低,WUE 很高。与 C_3 植物相比,C_4 植物有两条 CO_2 固定途径,及 CO_2 亲和力较高的 PEP 羧化酶和较低的光呼吸速率,所以 C_4 植物比 C_3 植物具有更高的 WUE。

除上述因素外,C_4 植物和 C_3 植物在木质部和输导组织结构和功能上也存在差异。大多数 C_4 植物与 C_3 植物相比,具有较高的木质部密度和较短而窄的导管。在导管壁厚度一

样的前提下,较宽的导管在较高的张力下更容易爆裂,从而导致了导管中气穴的产生和水柱的中断。C_4 植物木质部中有较高密度的厚壁纤维组织,因而能抵抗更高的木质部负压而不致导管的爆裂。较低的水导和更为安全可靠的输水系统使得 C_4 植物在光合过程中能够更高效经济地用水以及具有对水分胁迫更强的抗性。

综上所述,C_4 植物由于有特殊的叶片解剖结构和光合途径及酶,因而具有较高的水分利用效率。但这种 C_3、C_4 植物的分类并非绝对,在一些 C_3 植物中的某些器官中已发现有 C_4 途径或者介于 C_3 和 C_4 中间型或类似 C_4 的光合途径以及 PEP 羧化酶的存在,这也许会对 C_3 植物的遗传改良研究有帮助。

7.3.5　华北平原主要作物水分利用效率

华北平原小麦面积占全国的 58.81%,玉米面积占全国的 35.85%,棉花面积占全国的 56.32%,油料面积占全国的 45.95%,蔬菜面积占全国的 37.25%,生产了占全国总产量的 35.87% 粮食(其中,小麦产量占全国的 69.59%,玉米产量占全国的 38.61%,棉花产量占全国的 49.85%,花生产量占全国的 70.22%,芝麻产量占全国的 54.84%)。黄淮海平原又是肉、蛋、奶的集中产区,肉类产量占全国的 36.9%,蛋类产量占全国的 58.6%,奶类产量占全国的 23.6%。黄淮海地区的农业为我国国民经济的发展做出了巨大贡献。

华北平原水资源匮乏。华北平原人均水资源占有量为 257 m³/人,仅占世界人均占有量的 3.6%,占全国人均占有量的 12%。耕地水资源占有量为 3 077 m³/hm²。从华北平原涉及省(市)的人均水资源状况来看,河南省为 427 m³/人,山东省为 344 m³/人,河北省为 352 m³/人,北京市为 260 m³/人。华北平原地区所有县市的人均水资源占有量均远远低于人均水资源压力指数 500 m³/人的国际水危机警戒线。因此,华北平原农业要持续发展,必须走节水农业的路子,提高水分利用效率。

以往农业灌溉多从满足作物的生物学需水以夺取高产的角度来确定灌溉定额,对于如何使有限的水分取得最好的生产效益研究不足,面对水资源日益紧张的严峻形势,如何用好有限的水资源,开展农业用水有效性的研究,已经成为节水农业共同关注的焦点问题。水分利用效率(WUE)是节水农业研究的最终目标。高水平的水分利用效率是缺水条件下农业得以持续稳定发展的关键所在。各种节水技术、节水措施的应用,归根结底是为了提高水分利用效率,因此,水分利用效率被公认为节水农业的重要指标(王会肖,刘昌明,2000)。

我们已简述了冬小麦、夏玉米的水分利用效率。新中国成立以来,作物单产呈线性增长,而作物耗水量却稳中有降,因此,华北平原的水分利用效率总体上呈增长趋势。根据禹城市产量统计资料和该地区作物耗水量观测数据,分析山东省禹城市冬小麦、夏玉米的水分利用效率变化特征。目前,禹城市冬小麦平均单产已达 7 202 kg/hm²,夏玉米单产平均达 7 810 kg/hm²,已连续 5 年亩产达吨粮。冬小麦水分利用效率20 世纪50 年代只有 3.31 kg/(hm²·mm),到 21 世纪已达到 15.91 kg/(hm²·mm),增长了 4.8 倍(图 7.13)。夏玉米水分利用效率50 年代只有 3.72 kg/(hm²·mm),到 21 世纪已达到 23.36 kg/(hm²·mm),增长了 6.3 倍(图 7.14)。同样,作物耗水系数也明显降低。冬小麦耗水系数由 20 世纪 50 年代的 3.03 m³/kg 降至 0.64 m³/kg,夏玉米耗水系数由 20 世纪 50 年代的 2.69 m³/kg 降至 0.48 m³/kg。中国小麦和玉米耗水系数变化趋势如图 7.15 所示。

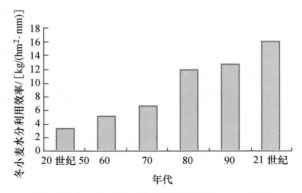

图 7.13 冬小麦水分利用效率变化(山东禹城)

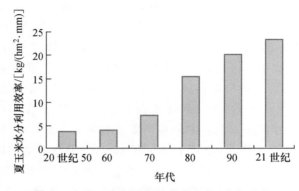

图 7.14 夏玉米水分利用效率变化(山东禹城)

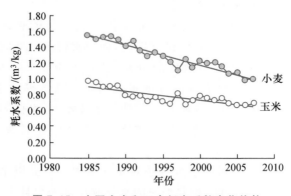

图 7.15 中国小麦和玉米耗水系数变化趋势

7.4 农田水分与作物产量形成

作物对水分状况的要求,主要表现在 5 个方面:①水是作物细胞原生质的重要组成部分；②水是光合作用的重要原料；③水是一切生化反应的介质；④水是养分溶解和输送的载体；⑤水可使作物保持一定的形态。

水对作物的生态作用，同样表现在5个方面：①水分可以调节土壤空气；②水分能够调节土壤温度；③水分可以调节土壤肥力；④水分能够改善农田小气候；⑤水分可提高耕作质量和效率。

7.4.1　作物根系与土壤水利用

作物对各土层水分的利用状况，取决于土层中根系分布量、根系吸水速率及土壤有效含水量。无论土壤水分是否充足，根系在作物吸水过程中都起着决定性作用，它决定着作物吸水区域、各土层吸收水分开始和持续时间，并控制着在土壤剖面中的吸水速率，尤其在干旱条件下，根系作用更大。根系吸水量能否满足作物蒸腾需水量，直接关系到水分是否会限制生长发育。

对根系生长与吸水之间动态关系的了解仍相当有限。如，根系下扎与吸水深度究竟有何关系，有研究表明，在严重水分胁迫条件下，受旱作物成熟时，剖面下部仍有大量极易被作物利用的水分，究竟是根系伸展范围不足以完全快速利用这些有效水分呢？还是尽管根系发育庞大，从理论上讲足以吸收全部有效水分，对土壤水分利用状况较差是由于有效根系吸水功能较弱所致？在干旱条件下，限制作物利用土壤水分的原因尚需进一步查清。现有研究大多认为，根系生长与吸水间呈非线性正相关关系，也有研究认为，水分吸收不一定与根系分布有关，作物吸水量与根长密度关系不大，而更多依赖于扎根深度。有些研究甚至得出根长密度与吸水速率呈非线性负相关。可见，仍有必要进一步考察根系生长与吸水之间的定量关系。作物生长所需水分完全来自于土壤，且需水强度总是超过供水强度的环境条件下，随着根系下扎，作物吸水峰不断下移。各土层含水量在根系到达之前基本保持不变，一旦根系下扎到某一土层，作物便开始利用该层水分，土壤含水量以指数形式逐渐降低。

水分是农作物生存所必需的自然资源，作物根系是土壤水分的直接吸收利用者，当土壤水分胁迫时，作物根系首先感到并迅速发出信号，使整个植株对水分胁迫作出反应。多年来国内外学者对作物根系和水分的关系进行了大量的研究。Gerwits和Page(1974)提出了作物根量随土壤深度分布的关系式：$P_z = 100(1 - e - fx)$。根量随土壤深度的增加而呈指数递减，形成"根土容积锥体"。在土壤水分轻度胁迫下，诱导根系下扎，下层根量、根长、根密度等所占比例明显增加，锥体随深度衰减缓慢；在土壤水分严重胁迫下，根量、根密度、根数都显著降低，根系所达深度浅，锥体容积小。王晨阳等(1992)采用池栽试验，研究了不同水分条件下小麦根系垂直构型特征，结果表明在土壤相对含水量为$60\% \sim 80\%$，$50\% \sim 60\%$和$40\% \sim 50\%$时，蜡熟期小麦深层根量($60 \sim 100$ cm)占100 cm土层总根量的比例分别为21.9%，23.9%和29.0%，即在轻度干旱时深层根量所占比例增大。而且，在严重水分胁迫时(土壤相对含水量为$30\% \pm 5\%$)，拔节期小麦总根量比正常水分条件下($75\% \pm 5\%$)降低35.0%，次生根量减少42.6%，单株根体积减小69.2%。

麦田不同土层的消耗量主要表现在土壤上层。这与冬小麦的根系分布特征密切相关(图7.16、表7.12)。根系分布状况除水分条件外，也与土壤肥力有关：盐碱地冬小麦$0 \sim$

50 cm 的根系占 78.4%，而前茬种过绿肥的冬小麦地 0～50 cm 的根系占 83.1%。由此可见，麦田土壤水分消耗与冬小麦根系分布特征一致。研究结果表明，在引黄灌区，冬小麦可以利用 1 m 土层内的水分。其中 0～20 cm 土层内的含水量变化幅度最大，占耗水量的 40%～50%；20～50 cm 土层次之，占耗水量的 30%～40%，50 cm 以下仅占 20% 左右。由表 7.13 可见，愈接近地表的土层，根系吸水量比重根系愈大。从玉米根系吸水情况来看，从 0～60 cm 土层内吸收的水分占 70%，玉米根系主要活跃层在 60 cm 以内。

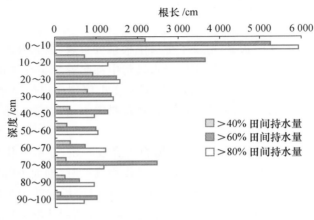

图 7.16　冬小麦根系分布特征(2008)

表 7.12　冬小麦根系所占比重(山东禹城,1981)　　　　　　　　%

土壤肥力	土层深度/cm									
	0～10	10～20	20～30	30～40	40～50	50～60	60～70	70～80	80～90	90～100
盐碱地	14.0	14.4	14.0	12.3	12.1	11.6	9.3	7.0	4.6	0.7
前茬绿肥地	15.3	22.1	16.8	11.7	9.1	8.1	7.0	5.6	2.6	1.7

表 7.13　玉米各土层吸收水分模式

土层深度/cm	0～30	30～60	60～90	90～120
吸水量比重/%	42.1	28.2	19.1	10.6

在渍水条件下，根生长受阻，根扎浅，锥体容积粗而短。小麦苗期淹水 15 d 时根量减少 40.7%，在扬花期渍水 9 d 时根量减少 17.5%。根分枝及根毛明显减少，根不往下扎，老根呈暗褐色(王晨阳等,1992)。在水分胁迫下，诱导根系产生更多数量的二级侧根与三级侧根，根表面积增加，根直径变小，侧根发生率与死亡率都很高。这种分生特征能更有效地吸收土壤中分布不均的水分。可见，只有在适宜的土壤水分条件下，根系才能生长良好，具有合理构型(表 7.14)。

作物根系吸水特征：根系吸水量随土壤深度增加而减少，但与根量之间无线性关系，中深层根系吸水量占总吸水量比例远大于中深层根量所占总根量的比例。当土壤水分干旱时，接近地下水层的根系吸水率比上层干土层的吸水率大得多，深层根的吸水量就变得十分重要。

表 7.14　不同田间持水量条件下作物根系密度

田间持水量(FC)/%	取根部位	
	行上根长/cm	行间根长/cm
>40	6 168	1 035
>60	18 757	10 124
>80	16 143	14 748

根据美国华盛顿州和内布拉斯州关于玉米根系吸水观测资料(图 7.17),玉米从 0～60 cm 土层吸水量占 70%。根据我们在华北平原引黄灌区测定,冬小麦 0～40 cm 根系层吸水量约占 100 cm 土层的 73%,0～60 cm 根系层吸水量约占 100 cm 土层的 88.7%(图 7.18),作物根系活动层主要在 0～60 cm,这对节水灌溉具有重要意义。

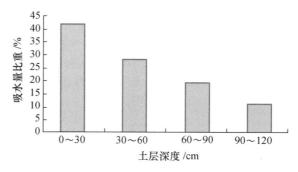

图 7.17　玉米根系各土层吸水模式

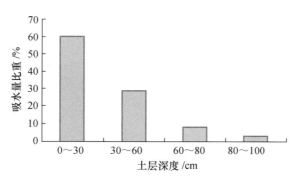

图 7.18　冬小麦根系各土层吸水模式

7.4.2　农田水分与作物产量

对于小麦而言,干旱是一种最具威胁力的逆境。在世界范围内,由于水分所造成的减产,可能要超过其他因素所导致的产量损失的总合。华北地区缺水严重已成为农业发展的严重障碍,而小麦是华北地区的主要作物之一,由于水分亏缺,小麦常会受到干旱的危害。

水分亏缺对作物产量具有很大影响,根据不同水分处理小麦考种资料和产量收获来看(表 7.15),土壤水分占田间持水量的 70%～80% 时,可以获取较高的产量。在土壤水分不低于田间持水量的 60% 时,也能获得比较好的产量。从冬小麦不同生育期水亏缺来看,返青—拔节受旱对产量影响较小,灌浆期缺水影响较大(图 7.19)。

167

表 7.15　不同田间持水量条件下冬小麦考种结果（山东禹城，2000-6-5）

田间持水量（FC）	株高/cm	穗长/cm	结实小穗数/个	穗粒数/粒	千粒重/g	产量/(kg/亩)
>40%	65.5	8.9	15	34.9	43.7	161.99
>60%	78.8	9.7	16	37.7	45.5	431.98
>80%	80.1	10.1	16.1	35.9	48.9	416.98

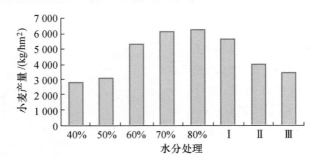

图 7.19　不同水分处理小麦产量

Ⅰ. 返青-拔节受旱；Ⅱ. 抽穗-灌浆受旱；Ⅲ. 灌浆-成熟受旱

在农田生态系统中，水效益受多种因子的影响，如地力、品种、施肥、气候、管理水平等，其中肥力是首要因子。明确不同地力条件下水与产量的定量关系，即可确定不同地力最适灌溉定额，实现经济用水。从不同地力灌水与产量的分析中可以看出，对提高水肥的生产效益来说，肥水是互相作用互相制约的，肥不能满足水时妨碍水效益的发挥，反之亦然。一定地力条件下有其特定的高效灌溉定额，而要满足不同灌水条件水效益的发挥，也需要相应的肥料

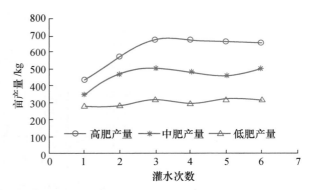

图 7.20　不同水肥条件对冬小麦产量的影响

（茜大彬等，1988）

配合。这就需要进一步对肥水定量关系进行研究，实现依水定肥，使水、肥投入在不同层次上保持吻合状态，肥水效益均得到充分发挥（图 7.20）。

水和肥是高产农田生态系统中可人为调控的重要生产因素，但两个因素对生态系统的作用不是孤立的，而是相互影响和制约的（黄明丽等，2002；郭天财等，2003；李卫民等，2004）。土壤水分不仅影响养分在土壤中的转化、迁移，而且通过植物体的代谢过程，影响机体的养分吸收、运转及分布过程。同时，养分也会影响植株水分状况和干旱胁迫的进程。因此，农田施肥及水肥耦合效应研究就一直为国内外许多研究者关注，研究不同土壤水分状况下尤其是土壤干旱条件下氮素营养对作物生长的影响及其机理，对提高施肥效益和增加作物产量有重要作用（杨建昌等，1998）。以往虽然关于水分和氮素营养交互作用的研究相对

较多,但研究结果并不一致(张岁岐,1995;贾树龙,1995;梁银丽,1996;杨建昌,1996;陈新红,2003)。并且很多试验的水分控制为阶段控水,对全生育期水分胁迫条件下小麦生长发育规律的研究较少(石岩,1998)。

干旱是限制作物产量提高的三大非生物胁迫因素之一,在各种环境胁迫因子中,干旱所造成的损失最大。全世界每年因水分胁迫所造成粮食生产的损失,几乎等于甚至超过其他所有环境胁迫因子造成损失的总和。在人口不断增加、耕地面积日趋减少和淡水资源不足的严重压力下,高效利用有限的淡水资源进行最大限度的农业生产,是国际和国内农业科学技术迫切需要解决的重大课题之一。

作物节水栽培追求的目标是产量和水分利用效率尽可能的高值,但事实上,水分利用效率高值往往是在中等供水条件下获得的。当作物的水分利用效率达到最高的时候,作物的产量并没有达到最大值;而当作物产量达到最高时,作物的水分利用效率却已开始下降,两者之间存在一种不同步现象(沈荣开等,1995;黄冠华等,1995)。因此,既不能盲目浪费大量水资源追求作物高产,也不能以减产为代价单纯追求水分利用效率的高值,而应当追求两者的同步提高,实现二者的最佳组合。李建民等(2000)认为,节水高产研究应以提高水分利用效率为最终目标,但必须有一个前提或原则,即在水资源不太明确的地区,水分利用效率应该建立在完成某个产量指标之上;而在一些水资源比较明确的地区,水分利用效率则应建立在某一耗水量指标之上。尽管从理论或实践上都证明节水和高产是一对矛盾,但在上述前提下两者是能达到统一的。

黄淮海地区冬小麦的灌溉用水量约占农业用水量的80%。据多年研究资料,本区冬小麦耗水量平均为450 mm,而同期降水量仅相当于小麦总耗水的25%~30%,高产麦田必须依靠灌溉来补充水分的不足。在水资源缺乏的地区,充分利用有限的灌溉水源达到显著增产,需研究作物对水分亏缺的允许程度,明确作物最适需水量和灌溉量下限以及供应水量最佳时期和方法,用最低的水量取得最大的效益。张薇等(1996)、吴海卿等(2000)的有关研究认为,小麦在非充分灌溉条件下,各生育阶段水分供应不足,首先是拔节至抽穗阶段减产最多,其次是抽穗至成熟阶段,其余时期影响较小。小麦生产上除苗期至拔节期和成熟期土壤水分下限为田间持水量的50%~60%外,土壤水分适宜调控范围为田间持水量的60%~80%,可作为小麦节水高产土壤水分的调控标准与范围。

水分对冬小麦的影响非常大。很多学者研究了冬小麦不同生育阶段的需水规律(程维新等,1994;潘洁等,2002;房全孝等,2003)。冬小麦的生育期较长,需水量较大。在拔节以前冬小麦田间耗水量与大气蒸发力呈显著线性相关,拔节以后与其干物质总量及土壤水分含量呈显著正相关(房全孝等,2003)。适宜小麦生长发育的土壤含水量为70%~80%,但由于生育过程中不同器官或生理过程对水分胁迫的敏感程度存在差异,因而冬小麦在不同生育阶段对土壤水分下限值的要求也不尽相同。因此,在综合农艺措施作用下,减少灌溉次数及灌水量,可以明显增加土壤水分消耗,减少冬小麦生育期总耗水量(潘洁等,2002)。吴海卿等(2000)研究表明,冬小麦从播种到出苗要求土壤湿度为田间持水量的60%~65%最适宜。分蘖越冬期要求土壤湿度为田间持水量的60%~80%,有利于冬小麦越冬和促进冬季分蘖;起身前,冬小麦主要以根、鞘、叶等营养器官的生长为主,其生长量仅占全生育期总生物量的9.3%,致使该阶段耗水量减少。拔节孕穗期,营养生长和生殖生长并进,干物质积累明显增加,幼穗发育速度加快,对水分的反应也比较敏感,要求土壤湿度为田间持水量的70%～80%,此期又是小麦全生育期中需水关键期,需水量占全生育期总需水量的40%～50%。另有报道(董宝娣,2004;王兵,2008),初花期轻水能适度控制营养生长,促进同化物的积累,提高作物水分利用效率,从而达到节水和提高产量的目的。

土壤水分状况显著影响冬小麦气孔导度、光合速率和蒸腾速率。赵瑞霞等(2001)研究表明,轻度的干旱影响小麦叶片的扩张生长,但并不影响叶片的气孔开放,因而对光合速率也无明显影响。小麦群体光合速率和旗叶光合速率均随土壤水分减少而降低(王月福,1998),下降的早晚因水分状况而异。在缺水条件下群体光合在开花后7 d就表现为快速下降,而在水分充足的条件下开花后14 d才开始下降。而旗叶光合速率下降的时间总体上要比群体光合速率推迟,尤其是旗叶的高光合速率时间要比群体高光合速率时间长4～14 d。在中度干旱条件下,小麦植株旗叶及穗部的光合速率无明显下降。而灌浆期轻度干旱能促进小麦叶片的光合作用,轻度或中度干旱能促进穗部的光合作用,轻度水分胁迫与水分适宜相比光合速率并无明显差异(周桂莲,1996),这就为高产节水提出了一个值得研究的问题。

在不同供水条件下,作物的水分利用效率、蒸发蒸腾、产量之间呈现复杂关系。水分利用效率的高值一般不是在供水充足时获得的,而蒸发蒸腾的增加又往往引起水分利用效率的下降。因此,如何协调水分利用效率与产量的关系,即保持二者适宜的高水平,是节水农业的基础(刘文兆,1998;康绍忠,2007)。张正斌等(1998)认为,小麦高产并不取决于单叶光合速率和蒸腾速率的大小,而是通过协调整株与群体光合和蒸腾的优化比例,即生产上丰产性与抗旱性的矛盾,在提高叶片水分利用效率的基础上,再经过经济系数的提高,而达到大田水分利用效率的提高。

在农田生态系统中,水分利用效率受作物和环境两方面的影响。有报道表明(由懋正,1992),无芒系小麦的水分利用效率比有芒系小麦的水分利用效率高20%,小麦杂交种比纯自交系有较高的水分利用效率。一般认为,小麦水分利用效率是可遗传的性状(马瑞崑等,1995;翟凤林等;1999),有些学者认为WUE的遗传改良是不可能的,但在有限水分条件下,通过提高经济系数以改变籽粒产量与蒸发蒸腾的比率,或通过增加蒸腾与蒸发的比率来提高WUE,才是获得高产的唯一途径。气候因素(包括大气温度、湿度、CO_2浓度、光照和风速等)和土壤因子都影响水分利用效率的高低。小麦水分利用效率与光强、大气湿度和气孔传导率以及辐射利用效率(RUE)、纬度等均呈正相关关系(郑有飞等,1995;Caviglia,2001),土壤水分亏缺对小麦水分利用效率的影响视缺水程度、发生和延续的时间而异。通常在适宜的土壤水分状况时(75%～85%),小麦籽粒产量增加,WUE提高(刘来华等,1996)。水分亏缺对与作物产量密切相关生理过程影响的先后顺序为生长>蒸腾>光合>运输(山仑,1992;邓西平,1995),蒸腾作用超前于光合作用下降。因此,在一定程度水分亏缺范围内,植株干物质下降比率往往低于水分消耗下降的比率,从而使作物水分利用效率提高(庞鸿宾,2000)。灌溉是调节土壤水分状况的主要措施,灌溉与否、灌溉量、灌溉次数及灌溉时间都会影响小麦的水分利用效率。由于研究地区的不同,小麦节水高产的灌溉方案也有所不同(于振文,1994),因此已有人提出了冬小麦的优化灌溉决策模型(朱自玺,2000)。目前较多学者认为,随灌水次数增加,小麦的水分利用效率下降(Singh,1981;李建民,1999)。总的来看,小麦的水分利用效率与灌溉量呈非线性关系;冬小麦前期控制水分(或首次灌水推迟至拔节期),水分利用总量减少,而水分利用效率却因产量和水分利用而协调变化。此外,增施肥料,提高地力,都可不同程度地提高水分利用效率(张久刚,1996;Dalal,1998)。

参考文献

[1] Allen R G, Pereiral L S, Raes D, et al. Crop evapotranspiration Guidelines for computing crop water requirements. FAO Irrigation and drainage, 1998, 41-56.

[2] Amir K, Martin S. methodologies on crop water use and crop water productivity [Z]. FAO, Rome. 2001.

[3] Benz L C, Doering E J, Recihman G A. Water-table contribution to alfalfa evapotranspiration and yields in sandy soils. Transactions of ASAE, 1984, 27, 1307-1312.

[4] Caviglia O P, Sadras V O. Effect of nitrogen supply on crop conductance water- and radiation-use efficiency of wheat. Field Corps Research, 2001, 69: 259-266.

[5] Condon A G, Richards R A, Farquhar G D. Carbon isotope discrimination is positively correlated with grain yield and dry matter production in field grown wheat. Crop Sci., 1987, 27: 996-1001.

[6] Dalal R C. Sustaining productivity of a vertisol at warra, queensland, with fertilizers, no-tillage, or legumes 5. wheatyields, nitrogen benefits and water-use efficiency of chickpea-wheat rotation. CSIRO Australia. 1998, 38(5): 489-501.

[7] Ehlers W, Hamblin A P, Tennant D. Root system parameters determining water uptake of field crops. Irrig. Sci., 1991, 12: 115-124.

[8] Farquhar G D, Oleary M H, Berry J A. On the relationship between carbon isotope discrimination and the intercellular carbon dioxide content ration in leaves, Australian Journal of Plant Physiology, 1982, 9: 121-137.

[9] Farquhar G D, Richards R A. Isotope composition of plant carbon correlates with water use coefficiency of wheat genotypes. Aust. J. Plant Physiol., 1984, 11: 59-552.

[10] Gerwits A, Page E R. An empirical mathematical model to describe plant root systems. J. Appl. Ecol. 1974, 11, 773-782.

[11] Guo R P, Lin Z H, Mo X G, et al. Responses of crop yield and water use efficiency to climate change in the North China Plain, Agric. Water Manage. 2010, 97(8): 1185-1194.

[12] Kramer P J, Kozlowski T T. Physiology of Woody Plants. London: Academic Press, 1979: 443-444.

[13] Liu S X, Mo X G, Lin Z H, et al. Crop yield responses to climate change in the Huang-Huai-Hai Plain of China. Agric. Water Manage. 2010, 97(8): 1195-1209.

[14] Martin B, Thorstenson Y R. Stable carbon isotope composition, water use efficiency, and biomass productivity of *Lycopersicon esculentum*, *Lycopersicon pennelii*, and

the F1 hybrid. Plant Physiology,1988(88):213-217.

[15] Meyer W S,Barrs H D. Roots in irrigated clay soil:measurement techniques and responses to root zone conditions. Irri. Sci. 1991,12:125-134.

[16] Mo X G,Liu S X,Lin Z H,et,al. Regional crop yield,water consumption and water use efficiency and their responses to climate change in the North China Plain. Agriculture,Ecosystems and Environment. 2009,134:67-78.

[17] Molz F J,Remson. Application of an extraction-term model to the study of moisture flow to plant root,Agron. J. ,1971. 63:72-77.

[18] Namken L N,et al. Monitoring cotton plant stem radius as an indicator of crop water stress. Agro. J. 1969,61(6):891-893.

[19] Penuelas J,Filella I,Llusia J,et al. Comparative field study of spring and summer leaf gas exchange and photobiology of the Mediterranean trees Quercusi lex and Philly real-atifolia. Journal of Experiment Botany,1998,49(319):229-238.

[20] Ritchie J T. Soil water availability. Plant soil,1981,58:327-338.

[21] Singh K P. Water use and water-use efficiency of wheat and barley in pelation to seeding dates,levels of irrigationand nitrogen fertilization. Agricultural Water Management,1981,3(4):305-316.

[22] Tanner C B,Sinclar T R. Efficient water use in crop production :Research or research[C]∥Taylor H M,Jordan W R,Sinclair T R. limitation to efficient water use in crop production. American Society of Agronomy,Inc,1983 :1-25.

[23] Wright G C,Nageswara R C,Farquhar G D. Water use efficiency and carbon isotope is crimination in peanut under water deficit conditions. Crop Science,1994,34: 92-97.

[24] 曹生奎,冯起,司建华,等. 植物叶片水分利用效率研究综述. 生态学报,2009,29(7):3882-3892.

[25] 曹云者,宇振荣,赵同科. 夏玉米需水及耗水规律的研究. 华北农学报,2003,18(2):47-50.

[26] 陈博,欧阳竹. 基于 BP 神经网络的冬小麦耗水预测. 农业工程学报,2010,26(4):81-86.

[27] 陈建耀,吴凯. 利用大型蒸渗仪分析潜水蒸发对农田蒸散量的影响. 地理学报,1997,52(5):439-446.

[28] 陈军,戴俊英. 干旱对不同耐旱性玉米品种光合作用及产量的影响. 作物学报,1996,22(6):757-762.

[29] 陈世苹,白永飞,韩兴国. 稳定碳同位素技术在生态学研究中的应用. 植物生态学报,2002,26(5):549-556.

[30] 陈晓远,罗远培. 土壤水分变动对小麦干物质分配及产量的影响. 中国农业大学学报,2001,6(1):96-103.

[31] 陈新红,徐国伟,孙华山,等. 结实期土壤水分与氮素营养对水稻产量与米质的影响. 扬州大学学报(农业与生命科学版),2003,24(3):37-41.

[32] 陈玉民,孙景生.节水灌溉的土壤水分控制标准问题研究.灌溉排水,1997,16(1): 24-28.

[33] 程维新,胡朝炳,张兴权.农田蒸发与作物耗水量研究.北京:气象出版社,1994.

[34] 程维新,赵家义,戚春梅.关于玉米农田耗水量的研究.灌溉排水,1982,1(3): 34-41.

[35] 邓西平,山仑.旱地春小麦对有限灌水高效利用的研究.干旱地区农业研究,1995, 13(3):43-46.

[36] 董宝娣,刘孟雨,张正斌.不同灌水对冬小麦农艺性状与水分利用效率的影响研究.中国生态农业学报,2004,12(1):140-143.

[37] 段爱旺.水分利用效率的内涵及使用中需要注意的问题.灌溉排水学报,2005.24 (1):8-11.

[38] 房全孝,陈雨海.节水灌溉条件下冬小麦耗水规律及其生态基础研究.华北农学报,2003,18(3):18-22.

[39] 冯广龙,刘昌明.人工控制土壤剖面调控根系分布的研究.地理学报,1997,52(5): 461-469.

[40] 郭庆法,等.中国玉米栽培学.上海:上海科学技术出版社,2004.

[41] 郭庆荣,李玉山.黄土高原南部土壤水分有效性研究.土壤学报,1994,31(3): 236-243.

[42] 郭庆荣,张秉刚.土壤水分有效性研究综述.热带亚热带土壤科学,1995,4(2): 119-124.

[43] 郭天财,冯伟,赵会杰,等.水分和氮素运筹对冬小麦生育后期光合特性及产量的影响.西北植物学报,2003,23(9):1512-1517.

[44] 韩娜娜,王仰仁,孙书洪,等.灌水对冬小麦耗水量和产量影响的试验研究.节水灌溉,2010(4):4-7.

[45] 韩希英,宋凤斌,王波,等.土壤水分胁迫对玉米光合特性的影响.华北农学报,2006,21(5):28-32.

[46] 胡继超,曹卫星,姜东,等.小麦水分胁迫影响因子的定量研究Ⅰ.干旱和渍水胁迫对光合、蒸腾及干物质积累与分配的影响.作物学报,2004,30(4):315-320.

[47] 胡玉昆,杨永辉,杨艳敏,等.华北平原灌溉量对冬小麦产量、蒸发蒸腾量、水分利用效率的影响.武汉大学学报(工学版),2009,42(6):701-705.

[48] 黄秉维.华北平原农业和水利问题及农业生产潜力研究.地理集刊,1985,(17): 1-14.

[49] 黄冠华,沈荣开,张瑜芳,等.作物生长条件下蒸发与蒸腾的模拟及土壤水分动态预报.武汉水利电力大学学报.1995,28(5):481-487.

[50] 黄明丽,邓西平,白登忠.N、P营养对旱地小麦生理过程和产量形成的补偿效应研究进展.麦类作物学报,2002,22(4):74-78.

[51] 黄占斌,山仑.论我国旱地农业建设的技术路线与途径.干旱地区农业研究,2000, 18(2):126.

[52] 姬兰柱,肖冬梅,王淼.模拟水分胁迫对水曲柳光合速率及水分利用效率的影响.应用生态学报,2005,16(3):408-412.

[53] 贾树龙,孟春香,唐玉霞,等.麦田生态系统中的水肥时空关系与调控途径.生态农业研究,1995,3(3):62-66.

[54] 蒋高明,何维明.毛乌素沙地若干植物光合作用、蒸腾作用和水分利用效率种间及生境间差异.植物学报,1999,41(10):1114-1124.

[55] 康绍忠,杜太生,孙景生.基于生命需水信息的作物高效节水调控理论与技术.水利学报,2007,38(6):661-667.

[56] 康绍忠,张建华,梁宗锁,等.控制性交替灌溉一种新的农业节水调控思路.干旱地区农业研究,1997,15(1):1-6.

[57] 康西言,李春强,高建华,等.河北省冬小麦水分亏缺量的变化研究,2006农业气象与生态环境年会,2006:201-208.

[58] 李宝庆,赵家义.1991,禹城站四水转化试验研究概要.//中国科学院禹城综合试验站年报.1988—1990.北京:气象出版社,127-138.

[59] 李保国,龚元石,左强,等.农田土壤水的动态模型及应用.北京:科学出版社,2000.

[60] 李建民,王璞,周殿玺,等.灌溉制度对冬小麦耗水及产量的影响.中国生态农业学报,1999,7(4):23-26.

[61] 李建民,周殿玺,王璞,等.冬小麦水肥高效利用栽培技术原理.北京:中国农业大学出版社,2000.

[62] 李金玉.山西省不同区域冬小麦全生育期耗水量—产量关系模型研究.地下水,2010,32(1):154-156.

[63] 李开元,李玉山.黄土高原农田水量平衡研究.水土保持学报,1995,9(2):39-44.

[64] 李荣生,许煌灿.植物水分利用效率的研究进展.林业科学研究,2003,16(3):366-371.

[65] 李卫民,周凌云.水肥(氮)对小麦生理生态的影响.土壤通报,2004,35(2):136-142.

[66] 李晓东,孙景生,张寄阳,等.不同水分处理对冬小麦生长及产量的影响.安徽农业科学,2008,36(26):11373-11375.

[67] 梁银丽,陈培元.土壤水分和氮磷营养对小麦根系生理特性的调节作用.植物生态学报,1996,20(3):255-262.

[68] 凌美华.冬小麦农田蒸发及其计算方法研究.地理集刊,(12),北京:科学出版社,1980.

[69] 刘昌明,任鸿遵.水量转换.北京:科学出版社,1988.

[70] 刘昌明,王会肖,等.土壤-作物-大气界面水分过程与节水调控.北京:科学出版社,1999.

[71] 刘来华,李韵珠,綦雪梅.等.冬小麦水氮有效利用的研究.中国农业大学学报,1996,1(5):67-73.

[72] 刘士平,杨建锋,李宝庆,等.新型蒸渗仪及其在农田水文过程研究中的应用.水利学报,2000(3):29-36.

[73] 刘文兆.作物生产、水分消耗与水分利用效率间的动态联系.麦类作物学报,1998,13(1):22-26.

[74] 刘晓英,李玉中,郝卫平.华北主要作物需水量近50年变化趋势及原因.农业工程学报,2005,21(10):155-159.

[75] 刘晓英,林而达.气候变化对华北地区主要作物需水量的影响.水利学报,2004,35(2):77-82.

[76] 罗亚勇,赵学勇,黄迎新,等.植物水分利用效率及其测定方法研究进展.中国沙漠,2009,29(4):648-655.

[77] 马春英,李雁鸣,任月同.土壤水分胁迫对小麦产量的影响及节水灌溉的可行性.河北农业大学学报,2003,26(增刊):1-4.

[78] 马瑞崑,刘淑贞,贾秀领,等.高产节水小麦基因型生理特性及综合评价.中国农业科学,1995,28(6):32-39.

[79] 潘洁,毛建华,郑鹤龄,等.节水灌溉条件下冬小麦耗水结构.天津农业科学,2002,8(4):10-14.

[80] 庞鸿宾.节水农业工程技术.郑州:河南科学技术出版社,2000.

[81] 茜大彬,李宏志,张松林.黑龙港地区冬小麦依水走肥省水栽培研究.灌溉排水,1986,6(2).

[82] 任鸿瑞,罗毅.鲁西北平原冬小麦和夏玉米耗水量的实验研究.灌溉排水学报,2004,23(4):37-39.

[83] 山仑,邓西平,张岁岐,等.春小麦对有限灌水的生理生态反应.农业用水有效性研究,北京:科学出版社,1992.

[84] 山仑.改善作物耐旱性及水分利用效率研究进展.北京:科学出版社,1994:258-268.

[85] 山仑.植物水分利用效率和半干旱地区农业用水.植物生理学通讯,1994,30(1):61-66.

[86] 邵东国,刘武艺,张湘隆.灌区水资源高效利用调控理论与技术研究进展.农业工程学报,2007,23(5):251-257.

[87] 邵明安,杨文治,李玉山.黄土区土壤水分有效性研究.水利学报,1987,8:38-44.

[88] 沈荣开,张瑜芳,黄冠华.作物水分生产函数与农田非充分灌溉研究述评.水科学进展,1995,6(3):248-254.

[89] 石岩,于振文,林琪,等.土壤水分胁迫对冬小麦耗水规律及产量的影响.华北农学报,1997,13(3):76-81.

[90] 石岩,于振文,位东斌,等.土壤水分胁迫对小麦根系与旗叶衰老的影响.西北植物学报,1998,18(2):196-201.

[91] 宋凤斌,许世昌,戴俊英.水分胁迫对玉米光合作用的影响.玉米科学,1994,2(3):66-70.

[92] 宋振伟,张海林,黄晶,等.京郊地区主要农作物需水特征与农田水量平衡分析.农业现代化研究,2009,30(4):461-465.

[93] 粟容前,康绍忠,贾云茂.农田土壤墒情预报研究现状及不同预报方法的对比分析.干旱地区农业研究,2005,23(6):194-199.

[94] 唐登银,杨立福,程维新.原状土自动称重蒸发渗漏器.水利学报,1987,7:45-53.

[95] 王兵,刘文兆,党廷辉,等.黄土塬区旱作农田长期定位施肥对冬小麦水分利用的影响.植物营养与肥料学报,2008,14(5):829-834.

[96] 王晨阳,毛凤梧,周继泽.不同土壤水分含量对小麦籽粒灌浆的影响.河南职技师院学报,1992,20(4):17-21.

[97] 王晨阳.土壤水分对小麦形态及生理影响的研究.河南农业大学学报,1992,26(1):89-98.

[98] 王馥棠,徐祥德,王春乙.华北农业干旱研究进展.北京:气象出版社,1997.

[99] 王会肖,蔡燕.农田水分利用效率研究进展及调控途径.中国农业气象,2008,29(3):272-276.

[100] 王会肖,刘昌明.作物水分利用效率内涵及研究进展.水科学进展,2000,11(1):99-104.

[101] 王建林,杨新民,房全孝.不同尺度农田水分利用效率测定方法评述.中国农学通报,2010,26(6):77-80.

[102] 王群,李潮海,栾丽敏,等.不同质地土壤夏玉米生育后期光合特性比较研究.作物学报,2005,31(5):628-633.

[103] 王新元,赵昌盛,陈宏恩.节水型农业与节水技术的研究.北京:气象出版社,1993:127-128.

[104] 王月福,于振文,潘庆民,等.水分处理与耐旱性不同的小麦光合特征及物质运转.麦类作物,1998,18(3):44-47.

[105] 王月福,于振文,潘庆民.土壤水分胁迫对耐旱性不同的小麦品种水分利用效率的影响.山东农业科学,1998(3):5-7.

[106] 吴海卿,段爱旺,杨传福.冬小麦对不同土壤水分的生理和形态响应.华北农学报,2000,15(1):92-96.

[107] 武永利,刘文平,马雅丽,等.山西冬小麦作物需水量近45年变化特征.安徽农业科学,2009,37(16):7380-7383.

[108] 武玉叶,李德全,赵世杰,等.土壤水分胁迫下小麦叶片渗透调节与光合作用.作物学报,1999,25(6):752-758.

[109] 夏江宝,刘信儒,王贵霞,等.土壤水分及环境因子对刺槐叶片气体交换的影响.水土保持学报,2005,19(2):179-183.

[110] 肖俊夫,刘战东,陈玉民.中国玉米需水量与需水规律研究.玉米科学,2008,16(4):21-25.

[111] 肖俊夫,刘战东,段爱旺,等.新乡地区冬小麦耗水量与产量关系研究.河南农业科学,2009,1:55-59.

[112] 肖俊夫,刘战东,段爱旺,等.中国主要农作物全生育期耗水量与产量的关系.中国农学通报,2008,24(3):430-434.

[113] 徐世昌,戴俊英,沈秀瑛,等.水分胁迫对玉米光合性能及产量的影响.作物学报,1996,23(3):356-363.

[114] 许大全.光合作用气孔限制分析中的一些问题.植物生理学通讯,1997,33(4):241-244.

[115] 许振柱,于振文,李长荣,等.土壤干旱对小麦生理特性和干物质积累的影响.干旱地区农业研究,2000,18(1):113-118.

[116] 许志方.论发展节水灌溉中的若干问题.武汉水利电力大学学报(社会科学版),1999,19(4):42-45.

[117] 严昌荣.北京山区落叶阔叶林优势种水分生理生态研究.北京:中国科学院植物研究所,1997:3.

[118] 杨建昌,王志琴,朱庆森.不同土壤水分状况下氮素营养对水稻产量的影响及其生理机制的研究.中国农业科学,1996,29(4):58-66.

[119] 杨建锋,李宝庆,李运生,等.浅地下水埋深区潜水对SPAC系统作用初步研究.水利学报,1999(7):27-32.

[120] 杨建锋.地下水-土壤水-大气水界面水分转化研究综述.水科学进展,1999,10(2):183-189.

[121] 应产耕.以水为中心的华北农业.//华北之农业(四),北京:北京大学出版社,1948.

[122] 由懋正,王会肖.农田土壤水资源评价.北京:气象出版社,1992:48-52.

[123] 由懋正.华北平原冬小麦水分利用率研究.//许越先,刘昌明,沙和伟.农业用水有效性研究.北京:科学出版社,1992.

[124] 于振文,岳寿松,亓新华,等.冬小麦高产高效灌水方案的研究.山东农业大学学报,1994,25(2):23-26.

[125] 宇振荣,赵同科.夏玉米需水及耗水规律的研究.华北农学报,2003,18(2):47-50.

[126] 袁凤辉,关德新,吴家兵,等.箱式气体交换观测系统及其在植物生态系统气体交换研究中的应用.应用生态学报,2009,20(6):1495-1504.

[127] 翟凤林.超高产节水小麦育种及其进展与展望.北京农业科学,1999,17(1):9-14.

[128] 张光灿,贺康宁,刘霞.黄土高原半干旱区林木生长适宜土壤水分环境的研究.水土保持学报,2001,15(4):1-5.

[129] 张济洲,胡伟林.河北省节水农业综合技术体系研究.中国农村水利水电,2001(8):13-15.

[130] 张久刚,王文琪,张鸿杰,等.肥料对提高山旱地小麦水分利用率的研究.山西农业科学,1996,24(3):7-9.

[131] 张秋英,李发东,高克昌,等.水分胁迫对冬小麦光合特性及产量的影响.西北植物学报,2005,25(6):1184-1190.

[132] 张岁岐,山仑.氮素营养对春小麦抗旱适应性及水分利用的影响.水土保持研究,

1995,2(1):31-35.

[133] 张岁岐,山仑.植物水分利用效率及其研究进展.干旱地区农业研究,2002,20(4):1-5.

[134] 张薇,司徒淞,王和洲.节水农业的土壤水分调控与标准研究.农业工程学报,1996,12(2):23-27.

[135] 张维强,沈秀瑛.水分胁迫和复水对玉米叶片光合速率的影响.华北农学报,1994,9(3):44-47.

[136] 张孝中,韩仕峰,李玉山.黄土高原南部农田水量平衡分析研究.水土保持通报,1990,10(6):7-12.

[137] 张正斌,山仑.小麦水分利用效率若干问题探讨.麦类作物,1998,18(1):35-38.

[138] 赵平,孙谷畴,曾小平,等.两种生态型榕树的叶绿素含量、荧光特性和叶片气体交换日变化的比较研究.应用生态学报,2000,11(3):327-332.

[139] 赵瑞霞,张齐宝,吴秀瑛,等.干旱对小麦叶片下表皮细胞、气孔密度及大小的影响.内蒙古农业,2001(6):6-7.

[140] 赵世伟,管秀娟,吴金水.不同生育期干旱对冬小麦产量及水分利用率的影响.灌溉排水,2001,20(4):56-59.

[141] 郑有飞,颜景义,张卫国.小麦气孔阻力对气象条件的响应.中国农业气象,1995,16(3):9-13.

[142] 周桂莲,杨慧霞.小麦抗旱性鉴定的生理生化指标及其分析评价.干旱地区农业研究,1996,14(3):65-71.

[143] 周贺玲,田小飞,李建军.气候变化对冬小麦需水量的影响研究.2006农业气象与生态环境年会,2006:150-152.

[144] 朱自玺,赵国强,方文松,等.不同土壤水分和不同覆盖件下麦田水分动态和增产机理研究.应用气象学报,2000,11(9):137-143.

第 **8** 章

农田养分及作物生产

8.1 土壤养分组成及其有效性

土壤养分是指由土壤提供的植物生长所必需的营养元素,能被植物直接或者转化后吸收。土壤养分可大致分为大量元素、中量元素和微量元素,包括氮(N)、磷(P)、钾(K)、钙(Ca)、镁(Mg)、硫(S)、铁(Fe)、硼(B)、钼(Mo)、锌(Zn)、锰(Mn)、铜(Cu)和氯(Cl)等 13 种元素。在自然土壤中,土壤养分主要来源于土壤矿物质和土壤有机质,其次是大气降水、坡渗水和地下水;在耕作土壤中,还来源于施肥和灌溉。

8.1.1 土壤养分的类型及其有效性

按照养分来源、溶解难易程度及其对植物的有效性,土壤养分大体上可以分为以下 5 种类型。

8.1.1.1 水溶性养分

水溶性养分是土壤溶液中的养分。这种养分对植物是高度有效的,很容易被植物吸收利用。水溶性养分大部分是矿质盐类,实际上是呈离子态的养分,如阳离子中的 K^+、NH_4^+、Mg^{2+}、Ca^{2+} 等和阴离子中的 NO_3^-、$H_2PO_4^-$ 和 SO_4^{2-} 所组成的盐类。这些水溶性养分来源于土壤矿物质或有机质的分解产物。也有一些水溶性养分是简单的可溶性有机物质,这种类型的养分呈分子态,如有机物质分解所形成的有机酸类和糖类物质等。

8.1.1.2 代换性养分

代换性养分是土壤胶体上吸附的养分,主要是阳离子 K^+、NH_4^+、Mg^{2+} 等养分。在一些阳性胶体上也有吸附态的磷酸根离子态养分。代换性养分可以看做是水溶性养分的直接补充来源。实际上,土壤中的代换性养分和水溶性养分之间是不断互相转化的,处于动态平衡之中。也就是说,土壤胶体吸附的养分是一种代换性离子,它经常与土壤溶液中的离子发生代换反应。因此,从土壤本身来看,这种吸附性养分是否易被植物吸收,取决于吸附量的多少、离子饱和度以及溶液中离子的种类和浓度等一系列因素。习惯上把代换性养分和水溶性养分合起来称为速效养分。

8.1.1.3　缓效性养分

缓效性养分是指某些土壤矿物中较易分解释放出来的养分。例如缓效性钾就包括黏土矿物水云母(伊利石)中的钾和一部分原生矿物黑云母中的钾,以及层状黏土矿物所固定的钾离子。缓效性钾通常占土壤全钾量的 2% 以下,高的可达 6%。土壤中的缓效性钾是速效性钾的贮备。

8.1.1.4　难溶性养分

难溶性养分主要是土壤原生矿物(如磷灰石、白云母和正长石)中所含的养分,一般很难溶解,不易被植物吸收利用。但难溶性养分在养分总量中所占的比重很大,是植物养分的重要贮备和基本来源。此外,土壤中的可溶性养分也可形成新的沉淀,如磷酸钙等,转化为难溶性养分。但这部分养分在新沉淀时要比土壤原生矿物中的养分易于分解。

8.1.1.5　土壤有机质和微生物体中的养分

土壤生态系统主要包括土壤微生物、蚯蚓及其他低等土壤生物活动对土壤肥力的影响,特别是根际微生物因受植物根系分泌着的糖类、氨基酸、有机酸、脂肪酸和甾醇、生长素、核甙酸、黄酮、酶类以及其他化合物等营养源的影响,使植物根际具有很高的活性。与此同时,根表组织陆续地死亡和脱落,改变着周围土壤的物理性质和化学性质,丰富了土壤有机质,反过来又为微生物的大量增殖创造了环境条件,促进了土壤-根际微生物更趋活跃,使植物根际具有很高的生物活性。

微生物是异化过程起主导作用的生物,它们分解有机物质,释放出各种营养元素,既营养自己,也营养作物;在根际土壤中,这种分解作用的强度远远超过非根际土壤。土壤有机质中的养分大部分需经微生物分解之后才能被植物吸收利用。土壤微生物在其生命活动过程中吸收一些土壤中的有效养分,这些养分暂时不能被植物利用,但随着微生物的死亡分解,养分很快释放出来。所以大体上可把微生物体内所含的养分看作是有效性的,而土壤有机质中所含的养分,只有少部分是有效性的。但总的来说,有机质中的养分比难溶性矿物质中的养分容易释放。

应当指出,上述几种类型的土壤养分之间并没有截然的界限,而是处于一种动态平衡之中,也就是说,这几种类型的养分是可以相互转化的。怎样才能使土壤中的养分发生转化,来满足植物优质高产的营养要求呢? 这就需要采取有效措施,首先使土壤中的难溶性矿物质和有机质逐渐转化为缓效性养分,进而转化为速效性养分,使之源源不断地满足植物对营养的需要。

8.1.2 影响土壤养分有效性的因素

土壤中各种类型的养分是可以相互转化的,其中有效性养分与植物生长的关系最为密切,其含量多少受多种土壤条件的影响。

8.1.2.1 土壤的酸碱反应

大多数土壤的 pH 值在 4.0～9.0。土壤 pH 值对养分有效性的影响是多方面的。pH 值既直接影响土壤中养分的溶解或沉淀,又影响土壤微生物的活动,从而影响养分的有效性。

总体来说,土壤 pH 值对养分有效性的影响是:在酸性土中,由于 H^+ 浓度高,有利于土壤矿物的风化,从而增加钾、镁、钙和硼、铜等微量元素的释放,使其有效性提高。但是在酸性环境下,由于土壤胶体上的交换位置大部分被 H^+ 和 Al^{3+} 占据,钾、镁、钙和硼、铜等微量元素淋失的机会增加,而锰、铝、铁等重金属溶解度增加,所以酸性土壤发生钾、钙、镁和硼等营养元素缺乏症,而锰、铝、铁等重金属元素却相对过剩;另外,在酸性土壤中,由于磷被铁、铝固定,使其有效性降低,钼的可给性也变差。

盐碱土和石灰性土壤的 pH 值较高,铁、锌、锰等金属元素的活性下降,有效性降低。碱性土壤中,硼、钾、镁等元素含量虽高,但由于钙的影响,有时也会造成这些元素的缺乏。另外由于磷与钙形成难溶性盐,也可发生缺磷现象。在碱性土壤中,只有钼的可给性提高,有时会发生吸收过剩。

土壤 pH 值对土壤微生物类群及其生命活动有明显影响,因而间接影响了养分的有效性。

8.1.2.2 土壤的氧化还原反应

土壤氧化还原条件是土壤通气状况的标志,它直接影响植物根部和微生物的呼吸过程,同时也影响到土壤营养的存在状态及其有效性。一般来说,土壤通气良好,氧化还原电位高,能加速土壤中养分的分解过程,使有效养分增多;而通气不良时,氧化还原电位低,有些土壤养分被还原,或在嫌气条件下分解的有机质产生一些有毒物质,对植物生长不利。土壤的氧化还原状况,对一些具有氧化态和还原态的养分离子是非常重要的。

土壤中除了钾、钙、镁、锌等少数金属离子外,大多数的养分离子能在不同程度上进行氧化或还原,尤其是氮、硫、铁、锰的氧化还原反应正好在土壤的 Eh 值范围内,因此,反应进行十分频繁,对于这些养分的有效性有很大影响。例如氮在氧化条件下形成 NO_3^--N,而在还原条件下则形成 NH_4^+-N。一般情况下,土壤 Eh 值低于 200 mV 时,NO_3^--N 逐渐减少,而 NH_4^+-N 逐渐稳定。在旱地土壤中除特殊情况外,通常 Eh 值为 500 mV 以上,所以通常土壤中含有相当数量的 NO_3^--N。土壤中氧化还原状况对磷的有效性影响与对氮的影响不同,氮不论是氧化态还是还原态都能被植物吸收利用,而磷一般是在氧化态($H_2PO_4^-$、HPO_4^{2-}、PO_4^{3-})被植物吸收利用,还原态磷一般是不能被植物吸收利用的。但在水田的还原条件下,与低价铁螯合的磷酸盐溶解度较大,有效性较高。所以在不同氧化还原条件下,磷的转化及其有效性,也要根据实际情况具体分析,特别是由于氧化还原电位的高低,引起土壤酸碱度变化,从而导致磷的有效性增减,这是十分值得注意的问题。

其他养分如 Fe^{3+} 和 Mn^{4+} 的溶解度小于 Fe^{2+} 和 Mn^{2+},而氧化态 SO_4^{2-} 的有效性较还原态硫化物大得多。这些元素在进行氧化还原反应时,不仅其本身的有效性发生变化,而且还影响与其形成沉淀的其他养分。例如,磷常被铁、锰所固定,而硫在还原状态下则影响根系对养分的吸收。

8.1.2.3 土壤水分状况

植物吸收的养分是呈溶解状态的,所以水分是土壤养分有效化的溶剂。只有溶解在土壤溶液中的养分才能通过扩散和质流到达根表。在实际生产中,土壤水分不足时,施肥效果很差。土壤水分对养分的转化虽有良好作用,但只有在适宜的土壤含水量范围内,植物才能正常地吸收水分和养分。土壤水分过多时,容易造成有效养分的流失,也容易使土壤通气不良,造成某些还原态养分的增加,而不利于植物吸收。土壤水分过少,有效态养分也随之减少。如果土壤干湿交替频繁,又容易引起钾的固定,使土壤溶液中钾的浓度大为降低。

8.2 主要作物产量形成对养分的需求及其养分管理

8.2.1 小麦产量形成对氮、磷、钾及其他矿质元素的需求

8.2.1.1 小麦适宜氮、磷、钾吸收比例研究

小麦生长发育所必需的氮、磷、钾、钙、镁、硫和微量元素营养主要是靠根系从土壤中吸收的,其中氮、磷、钾 3 种元素在小麦体内含量比较高,需要量大,对小麦生长发育起着极为重要的作用。研究分析表明,随着产量水平的提高,小麦氮、磷、钾吸收总量相应增加。每生产 100 kg 籽粒,需 $N(3.1\pm1.1)kg$、$P_2O_5(1.1\pm0.3)kg$、$K_2O(3.2\pm0.6)kg$,三者的比例约为 2.8 : 1 : 3.0,但随着产量水平的提高,氮的相对吸收量减少,钾的相对吸收量增加,磷的相对吸收量基本稳定(表 8.1)(于振文,2003)。如韩燕来等(1998)研究了产量为 9 405 kg/hm² 的超高产小麦的养分吸收情况,每生产 100 g 冬小麦籽粒需氮(N)、磷(P)、钾(K)的数量分别为 3.65 g、0.46 g 和 3.86 g。

8.2.1.2 小麦不同生育时期氮、磷、钾的需求

随着小麦在生育进程中干物质积累量的增加,氮、磷、钾吸收总量也相应增加。起身前麦苗较小,氮、磷、钾吸收量较少,起身以后,植株迅速生长,养分需求量也急剧增加,拔节到孕穗期小麦对氮、磷、钾的吸收达到一生的高峰期。对氮、磷的吸收量在成熟期达到最大,对钾的吸收到抽穗期达最大累积量,其后钾的吸收出现负值(表 8.2)。春小麦不同时期的吸肥量,据原宁夏农业科学研究所测定结果,氮、钾的吸收量以拔节到孕穗时期为最高,开花到乳

表 8.1 不同产量水平下小麦对氮、磷、钾的吸收量

产量/	吸收总量/(kg/hm²)			100 kg 吸收量/kg			吸收比	资料来源
(kg/hm²)	N	P₂O₅	K₂O	N	P₂O₅	K₂O	N : P : K	
1 965	116.7	35.6	54.8	5.94	1.81	2.79	3.3 : 1 : 1.5	山东农业大学
3 270	120.3	40.1	90.3	3.69	1.23	2.76	3.0 : 1 : 2.2	河南省农科院
4 575	125.9	40.2	133.7	2.75	0.88	2.92	3.1 : 1 : 3.3	山东省农科院
5 520	142.5	50.3	213.5	2.58	0.91	3.87	2.8 : 1 : 4.3	河南农业大学
6 420	159.0	73.6	166.5	2.48	1.15	2.59	2.2 : 1 : 2.3	烟台农科院
7 650	182.9	75.0	212.0	2.39	0.98	2.77	2.4 : 1 : 2.8	山东农业大学
8 265	229.2	99.3	353.0	2.77	1.20	4.27	2.3 : 1 : 3.6	河南农业大学
9 150	246.3	85.5	303.0	2.69	0.93	3.31	2.9 : 1 : 3.6	山东农业大学
9 810	286.8	97.4	330.0	2.92	0.99	3.37	2.9 : 1 : 3.4	山东农业大学
平均	178.8	66.3	206.4	3.13	1.12	3.18	2.8 : 1 : 3.0	

引自:于振文,作物栽培学各论,2003。

熟期为第二高峰,磷的吸收量从拔节后逐渐增多,一直到乳熟都维持较高的吸收量。不同生育时期营养元素吸收后的积累分配,主要随生长中心的转移而变化。苗期主要用于分蘖和叶片等营养器官(春小麦包括幼穗)的建成;拔节至开花期主要用于茎秆和分化中的幼穗;开花以后则主要流向籽粒。磷的积累分配与氮的基本相似,但吸收量远小于氮。钾向籽粒中转移量很少。

表 8.2 冬小麦不同生育时期氮、磷、钾累积进程

生育时期	干物质/(kg/hm²)	N		P₂O₅		K₂O	
		吸收量/(kg/hm²)	累积量/%	吸收量/(kg/hm²)	累积量/%	吸收量/(kg/hm²)	累积量/%
三叶期	168.0	7.65	3.76	2.70	3.08	7.80	3.32
越冬期	841.5	30.45	14.98	11.55	13.18	30.75	13.11
返青期	846.0	30.90	15.20	10.65	12.16	24.30	10.36
起身期	768.0	34.65	17.05	14.55	16.61	33.90	14.45
拔节期	2 529.0	88.50	43.54	25.20	28.77	96.90	41.30
孕穗期	6 307.5	162.75	80.07	49.80	56.85	214.20	91.30
抽穗期	7 428.0	170.10	83.69	54.00	61.64	234.60	100.00
开花期	7 956.0	164.7	81.03	57.30	65.41	206.10	87.85
花后 20 d	12 640.5	180.75	88.93	67.20	76.71	184.65	78.71
成熟期	15 516.0	203.25	100.00	87.60	100.00	191.55	81.65

引自:于振文,作物栽培学各论,2003。

8.2.1.3 小麦的养分管理及施肥技术

近年来的研究和应用结果都证明,氮具有来源的多样性、转化的复杂性、作物产量和品质效应反应的敏感性、环境效应的易危害性等多重特征,因此氮肥的管理必须建立在精确的、实时的土壤和作物氮营养监测基础上,强调作物生长发育的不同阶段和整个轮作期氮素的实时监测与调控。相对而言,磷、钾养分易于保持在根层,稍微的过量也不会马上造成产量和品质效应的明显变化,且具有较长期的后效等特征,因此监控的时间尺度可以适度拉长,在养分平衡的前提下依据土壤有效养分的监测和作物多年施肥的反应采用长期恒量监控的方式进行管理。养分供应,特别是氮的供应,无论从高产优质还是从提高养分利用效率的角度都应该做到养分供应与作物需求同步(张福锁等,2009)。表8.3为基于不同产量水平的冬小麦氮、磷、钾吸收量。根据不同的产量水平,确定冬小麦所需总氮量,采用实时监控的方法对氮肥进行管理。磷肥和钾肥按照恒量监控技术,可将所需施用的磷钾肥作为基肥一次施入。

表8.3　不同产量水平下冬小麦氮、磷、钾的吸收量　　　　　　　　　　　　　　kg/hm²

产量水平	养分吸收量			产量水平	养分吸收量		
	N	P_2O_5	K_2O		N	P_2O_5	K_2O
4 500	125	48	122	7 500	207	80	202
6 000	166	64	162	9 000	265	95	255

引自:张福锁等,中国主要作物施肥指南,2009。

1. 施肥量的计算

平衡施肥,就是测土配方施肥,国际上通称平衡施肥。过去我们把这项技术叫做测土配方施肥,是从技术方法上命名的。简单概括,一是测土,取土样测定土壤养分含量;二是配方,经过对土壤的养分诊断,按照庄稼需要的营养"开出药方、按方配药";三是合理施肥,就是在农业科技人员指导下科学施用配方肥。测土配方施肥是根据作物需肥量与土壤供肥量之间的差数,计算实现目标产量的施肥量,并实现农作物与土壤之间的养分平衡。其公式是:

$$施肥量(kg/hm^2) = [计划产量所需养分量(kg/hm^2) - 土壤供肥量(kg/hm^2)]$$
$$\div [肥料养分含量(\%) \times 肥料的利用率(\%)]$$

以冬小麦施用氮肥为例:小麦播种前测土得知 0～20 cm 耕层碱解氮(N)含量70～80 mg/kg。计划每公顷产9 000 kg,拟用"15-15-15"型复合肥作底肥、用"46-0-0"型作追肥,施肥量可以这样得出:每生产100 kg小麦籽粒需吸收氮(N)3 kg,经调查当地不施氮肥,正常施磷、钾的小麦亩产300 kg左右。当地氮肥利用率为35%左右,小麦氮肥的合理分配应底、追肥各半。

(1)计划产量所需养分量=3×9 000÷100=270(kg/hm²);

(2)土壤供氮(N)量:综合考虑了碱解氮含量及不施氮肥的产量,为135 kg/hm²;

(3)需要通过施肥补充氮(N)=(270−135)÷35%=386(kg/hm²);

（4）底、追肥各半，即 $386 \div 2 = 193$（kg/hm²）；

（5）底肥用"15-15-15"型，用量 $193 \div 15\% = 1\ 286.7$（kg/hm²）；追肥用"46-0-0"型，用量为 $193 \div 46\% = 419.6$（kg/hm²），即可满足9 000 kg/hm² 小麦的氮素供需平衡。

同样，可算出满足9 000 kg/hm² 小麦所需磷肥（P_2O_5）和钾肥（K_2O）施使用量。

2. 化肥施用原则

（1）注意增施最缺乏的营养元素。小麦施肥需要首先弄清土壤中限制产量提高的最主要营养元素是什么，只有补充这种元素，其他元素才能发挥应有的作用。如近年来，随着麦田氮素化肥用量的增加，增施氮肥的效果不太明显，土壤中磷素就成为限制产量提高的最小养分，增施磷肥可显著提高小麦产量。

（2）注意有机肥与化肥的合理配合。有机肥即指含有机质较多的农家肥，具有肥源广、成本低、养分全、肥效长、含有机质多、能改良土壤等优点。它不仅含有小麦生长必需的氮、磷、钾三要素，还含有钙、镁、硫、铁及一些微量元素。有机质经过腐殖化后，可形成一定数量的腐殖质，能促进土壤团粒结构的形成，改良土壤的理化性状，改善耕作性能，提高土壤肥力，同时可促进土壤微生物活动，加速土壤养分有效化过程和提高化学肥料利用率等。化肥具有养分含量高、肥效快等优点。由于小麦需肥较多，营养期较长，一方面在整个生长期需要源源不断供给养分；另一方面在小麦的关键生育时期需肥较多，出现需肥高峰期。因此，化肥与有机肥配合施用，可以弥补有机肥含养分较低、肥效缓慢的弱点，能及时满足小麦生长发育的养分需要。对于高产麦田来说，一般每公顷施有机肥应在45 000 kg 以上。若有机肥源不足，可在施入15 000～22 500 kg 有机肥的基础上，再施腐熟的麦秸7 500～15 000 kg，或新鲜碎玉米秸45 000～75 000 kg，也可施入 750～1 500 kg 饼肥。实践证明，只有以有机肥为主，有机肥和化肥配合施用，才能保证小麦连年持续增产。

（3）注意底肥与追肥的合理配合。小麦从出苗到返青对氮的吸收量占总量的 1/3 以上，从出苗到拔节对磷、钾的吸收量占总量的 1/3 左右。因此，麦田施用化肥应以底肥为主，追肥为辅。中高产麦田化肥底施和在拔节期追施的比例以总施氮量的 7:3 或 6:4 效果最好。而在干旱少雨的丘陵旱地，使用化肥以全部底施"一炮轰"的效果最好。麦田追施化肥一定要注意结合浇水。

（4）注意土壤质地、茬口和光温条件。粗质沙性土壤与中等质地的壤土和细质的黏土相比，养分亏缺的可能性大，保肥能力也差，应增加施肥量，并采用分次施肥的办法，避免因一次集中施肥而使养分流失，对于前茬作物生育期长、养分消耗多、土壤休闲时间短的麦田，应增加施肥量，以满足小麦增产的需要；在温度偏低、光照不足的气候条件下，小麦生育进程缓慢，充足的氮素供应可延长营养生长的持续时间，但对生殖生长不利，因此，应适当控制氮肥而相对增加磷、钾肥的使用量。此外，水浇地施用化肥的增产作用明显大于干旱条件，因此，水浇地化肥用量可高于旱地。

3. 施肥方法

（1）肥料的混后施用。在小麦生产中，通常需要不同肥料的配合施用，以满足其生长发育的需要，获得高产。因此，根据小麦的需肥规律，把不同的肥料混合起来施用，就可以减少操作次数，提高劳动生产率，节约经费开支。但是，混合施用必须掌握以下原则：一是可减少肥料中有效养分的损失而提高肥效，二是能改善肥料的物理性状，三是能发挥养分间的促进作用。根据上述原则,麦田常用肥料的混合施用具体可分 3 种情况:①可以混合;②临时混合,立即施用;③不可以混合。

(2)肥料与农药的混后施用。在小麦生育后期,常常需要药剂防治病虫害,又要进行根外追肥或喷施激素类物质来预防小麦的早衰或贪青,减轻和避免干热风危害。既要喷药,又要喷肥,那么能不能药肥混合一次完成呢?这关键在于农药和肥料的酸碱性质问题。有的能混合,有的不能混合。酸性农药不能与碱性肥料混用,否则农药易分解失效;铵态氮肥和水溶性磷肥不能与碱性农药混合,否则肥料的有效成分降低。如后期喷施草木灰水时,就不能把乐果药液或 1605 药液兑入同喷,否则就要降低药效;而 1605 或乐果与磷酸二氢钾混合施用,则无副作用,还可以减少操作程序,提高功效。此外,还要看对作物是否产生不良影响,以及可否提高肥效或药效。如含砷农药(砒酸铅、福砷等)和钠盐、钾盐肥料混合时,就会产生较多的水溶性砷,增加药害,不能混用;而 2,4-D 类除草剂与化肥混用时,不仅对作物无害,而且能显著提高杀草效果;五氯酚钠和氮肥混合用能抑制土壤硝化作用,提高氮肥肥效;除草醚、敌稗也可与氮肥混用,均有良好效果。

(3)种肥的施用。由于种肥集中施在种子附近,对促根壮蘖、培育壮苗有明显作用,特别是在土壤瘠薄、底肥不足或是误期晚播的情况下,施用种肥的增产作用尤其显著。试验证明,用 $37.5 \sim 60 \ kg/hm^2$ 硫酸铵作种肥,每千克肥料可增产小麦 5 kg 左右,用过磷酸钙 $75 \sim 150 \ kg/hm^2$ 作种肥,每千克肥料可增产 $1.5 \sim 3 \ kg$。

在种肥施用技术方面要注意以下问题:①肥料选择:在选用种肥时,必须采用对种子或幼芽副作用小的速效肥料。在现有氮素化肥中,硫酸铵吸湿性小,易于溶解,适量施用对种子和幼苗生长无不良影响,适合作小麦种肥。尿素含氮量高,浓度大,但含有缩二脲,影响种子萌发和幼苗生长,故一般不宜与种子混合播种。如需要用尿素作为小麦种肥时,用量不宜过大,最好用耧先施种肥,再进行播种,尽量避免种子与肥料接触。过磷酸钙易于溶解,在土壤中移动性小,钙镁磷肥无腐蚀性,物理性好,都可作为种肥。磷酸铵含氮、磷量高,作种肥效果最好。优质有机肥中的厩肥、牛羊粪、猪鸡粪等,可与氮磷化肥混制成颗粒状作小麦种肥。此外,有些麦区用磷酸二氢钾或细菌肥料进行拌种,或用微量元素作为小麦种肥,均有一定的增产效果。②施用方法:硫酸铵与小麦种子混播,用 $45 \sim 60 \ kg/hm^2$,或者按种子量的 1/2 与麦种干拌均匀后混合播种。尿素与种子混播,应严格控制尿素用量,以 $22.5 \sim 30 \ kg/hm^2$ 为宜,最高不能超过 37.5 kg,并且随拌随播,最好种子和肥料分开,避免肥料和种子接触,这样尿素用量可增加到 $75 \sim 120 \ kg$。若用颗粒状磷酸铵作种肥,用量一般为 $75 \sim 150 \ kg/hm^2$,既便于混播,又因含有氮、磷成分,所以增产尤为显著。种子与种肥混播时,最好用装有土粒或种子的口袋,压在种子箱内的种子上,可以避免种子和种肥混播不匀。在机播条件下,如用氮、磷化肥作种肥,可在播种机上加装种肥箱,以便同时下种和下肥,无论粉状或粒状化肥,均可达到集中施肥的效果。在使用小麦种肥时,有些化肥品种对小麦种子和幼苗具有毒害作用,不宜做种肥,主要有 3 类:一是对种子有腐蚀作用的肥料。碳酸氢铵具有吸湿性、腐蚀性和挥发性,过磷酸钙对种子有强烈的腐蚀作用,用这些化肥作种肥,对小麦种子发芽和幼苗生长会产生严重危害。如必须用这些化肥作种肥,应避免与种子直接接触,可将碳酸氢铵在播种沟之下或与种子相隔一定的土层;或将过磷酸钙与灰杂肥混合后施用。二是对种子有毒害作用的肥料,尿素含有缩二脲,其含量如果超过 2% 即对种子和幼苗产生毒害作用。另外含氮量高的尿素分子也会渗入种子的蛋白质结构中,使蛋白质变性,影响种子发芽出苗。三是含有害离子的肥料。氯化铵、氯化钾等化肥含有氯离子,施入土壤后会产生水溶性的氯化物,对小麦种子发芽、生根和幼苗生长极为不利。硝酸铵和硝酸钾等肥料含有的硝酸根离子对小麦种子的发芽也有一定的影响,因而不宜作种肥施用。

(4)配方施肥。小麦与其他作物相比,有 3 个显著特点:一是小麦对土壤肥力的依赖性很大;二是小麦氮肥用量不宜过大,过大时易造成前期生长过旺,后期倒伏减产;三是小麦对磷特别敏感,三叶期缺磷,次生根少,分蘖延迟或不分蘖,此后缺磷,延迟抽穗、开花和成熟,穗粒数减少,千粒重下降。

①施肥数量。

低产田:每公顷施有机肥45 000 kg,钾肥 75～120 kg,标准磷肥 900～1 050 kg,尿素375 kg。

中产田:每公顷施有机肥 45 000～60 000 kg,钾肥 120～150 kg,标准磷肥 1 050～1 200 kg,尿素 375～450 kg。

高产田:每公顷施有机肥60 000～75 000 kg,标准磷肥 1 200～1 350 kg,尿素 525 kg,钾肥 150～225 kg,锌肥 22.5～30 kg。

晚茬麦:每公顷施有机肥 60 000 kg 左右,钾肥 120～150 kg,标准磷肥 1 125 kg,尿素375 kg。

②施肥方法。

氮肥:旱薄型低产田,常年浇不上水的,可 70%作底肥,30%作追肥,或全部作底肥;沙薄型低产田,要采取少量多次的施肥方法,底肥和追肥各半;中高产田可用总氮量的 50%～70%作底肥,50%～30%作追肥。

磷肥:可全部作底肥,并分层施用,70%于耕翻前撒施,30%在耕播后撒耙头。

有机肥、饼肥、钾肥和微肥:全部一次作底肥。

种肥:用硫酸铵 60～75 kg/hm^2,或尿素和二铵 30 kg/hm^2,用量不宜过多,以免烧苗。

(5)根外追肥。根外追肥(又称叶面追肥),就是指不将肥料施入土壤,而是施在作物的地上部器官,通过地上部器官(主要是叶片)来获取肥料中的有效养分。根外追肥主要在生育后期,究竟追施何种肥料,要"看天、看地、看长相",根据具体情况而定。"看天"就是要根据天气情况进行追肥,应选择在晴天无风时进行,雨天喷肥效果不好,喷肥也可和后期病虫害防治结合进行。"看地、看长相"就是根据土壤营养状况,小麦长势、长相而确定追施肥料的种类和数量。抽穗到乳熟,如叶色发黄、脱肥早衰麦田,重点应喷施氮素化肥。每公顷用750～900 kg 1%～2%尿素或 2%～4%硫酸铵溶液进行喷施,增产效果十分显著,一般喷1～2 次可增产小麦 5%～10%,高的可增产 20%左右。没有早衰现象的高产麦田,一般不再追施氮素化肥;有可能贪青晚熟的麦田,不能追施氮素化肥。这两类麦田,应重点喷施0.2%～0.4%浓度的磷酸二氢钾溶液或 5%的草木灰水,每公顷 750～900 kg,都能获得一定的增产效果。一般可提高千粒重 1～3 g,增产 5%以上,高的可达 15%左右。施氮肥较多的缺磷麦田应重点喷施 2%～4%的过磷酸钙溶液,每公顷8 400 kg,也能达到促进籽粒灌浆、提高千粒重的效果。中、低产麦田可用氮磷混合喷施,对促进籽粒灌浆、延缓植株衰老有十分明显的效果。另外,当有干热风时,无论何种麦田,喷施磷酸二氢钾或草木灰水等,均有防御干热风的作用。

8.2.2 玉米产量形成对氮、磷、钾及其他矿质元素的需求

8.2.2.1 玉米适宜氮、磷、钾吸收比例研究

玉米植株高大，对养分需求较多，其一生所吸收的养分因种植方式、产量高低和土壤肥力水平高低而异。玉米进行正常生长发育的必需矿质元素中，大量元素为 N、P、K；常量元素为 Ca、Mg、S；微量元素为 Fe、Mn、Cu、Zn、Mo、B 等。玉米在不同生育阶段对氮、磷、钾的吸收是不同的，试验结果表明，一般每生产 100 kg 籽粒需要纯 N 2~4.4 kg、P_2O_5 1.15~1.8 kg、K_2O 3~4 kg（闫书安，2008；孙立军，2011；刘凤丽，2011；牛亚琴，2011）（表 8.4）。实现 12 000 kg/hm² 的产量，需施纯 N 16~24 kg（尿素 35~52 kg）、P_2O_5 12~15 kg（标准过磷酸钙 80~100 kg）、K_2O 10~15 kg（KCl 17~25 kg），还需施用适量的微量元素肥料（牛亚琴，2011）。

表 8.4　玉米不同条件不同产量水平对氮、磷、钾的吸收量

籽粒产量/(kg/hm²)	N		P_2O_5		K_2O	
	吸收量/(kg/hm²)	100 kg 籽粒吸收量/kg	吸收量/(kg/hm²)	100 kg 籽粒吸收量/kg	吸收量/(kg/hm²)	100 kg 籽粒吸收量/kg
1 699.5~3 000	37.5~96.0	2.21~3.85	13.05~54.0	0.77~1.80	17.55~91.50	0.99~2.44
3 000~6 000	90.0~234.0	1.79~4.43	7.5~90.0	0.78~1.73	60.00~199.7	1.38~3.41
6 000~9 000	154.1~241.5	2.14~3.74	49.95~96.30	0.77~1.44	109.95~271.05	1.61~3.66
9 000~12 000	187.1~264.0	1.97~2.76	60.0~94.5	0.63~1.03	190.5~448.5	1.42~3.83
12 000~15 000	228.0~273.0	1.70~1.87	73.50~132.9	0.50~0.99	256.5~310.8	1.75~2.32
15 000~18 966	385.95	2.03	160.5	0.85	445.65	2.35

引自：于振文，作物栽培学各论，2003。

8.2.2.2 玉米不同生育时期氮、磷、钾及其他矿质元素的需求

氮：氮是玉米生长发育过程中所需的大量养分之一，对玉米生长起着重要作用。植物构成细胞原生质、叶绿素以及各种酶的必要元素之一就是氮。因此，在玉米根、茎、叶、花等器官的生长发育及体内新陈代谢过程中，氮元素起着至关重要的作用。当玉米在生长初期缺氮时会表现出植株生长缓慢，整个植株呈现黄绿色；当玉米处于旺盛生长时期缺氮时会表现出整个植株颜色变浅，呈淡绿色，同时，植株下部叶片逐渐枯萎。缺氮严重的或关键期缺氮，果穗小，顶部籽粒不充实，蛋白质含量低，产量受到严重影响。春播玉米苗期温度较低，所以氮素吸收速度较慢，前期吸收氮素只占全生育期总吸收量的 2.14%，中期约占 51.16%，后期约占 11.9%。夏玉米生长期间处于高温多雨季节，氮素吸收速度比较快，在吐丝期补充少量氮素化肥，有助于改善玉米生长后期的氮素营养状况。从全生育期来看，春播玉米虽然吸收速度始终低于夏播玉米，但是由于生长期较长，其氮素的总吸收量明显高于夏播玉米（牛亚琴，2011；孙立军，2011）。

磷:磷在玉米营养中占有的地位也很重要。良好的磷素营养,可以培育玉米壮苗,扩大根系生长,对其他养分和水分的吸收、抗旱、耐涝等方面都有很重要的意义。在玉米生长的后期,磷元素能够促进植物体内营养物质的运输、转化、再分配、再利用等。磷元素从茎、叶组织运转到玉米穗中,能够参与籽粒中淀粉的合成,以达到顺利积累籽粒养分的目的。玉米缺磷的特征是:嫩株敏感,植株矮化,生长缓慢,根系减少;叶尖、叶缘失绿呈紫红色,后期叶端枯死或变成暗褐色;根系不发达,雌穗授粉受阻,籽粒不充实,果穗少或歪曲,成熟推迟。玉米对磷素的吸收和氮素相似,但春玉米、夏玉米间也有差异。春玉米在苗期只吸收1.12%左右,拔节至孕穗期吸收量占总量的45.04%。夏玉米对磷素的吸收较早,苗期吸收10.16%,拔节至孕穗期吸收62.96%,抽穗至受精期吸收17.37%,籽粒形成期吸收9.51%,说明70%以上的磷素在抽穗前已被吸收(牛亚琴,2011;孙立军,2011)。

钾:钾对玉米植株整个生长发育过程及代谢过程都有着重要的影响。尤其对玉米根系的发育,特别是对须根的形成有着重要的作用。当玉米缺钾时,会出现生长缓慢的现象,叶脉间出现黄白相间的褪绿条纹,下部老叶片尖端和边缘呈紫红色;严重的叶边缘、叶尖枯死,全株叶脉间出现黄绿条纹或矮化,节间缩短植株矮小;果穗发育不正常,常出现秃尖,籽粒淀粉含量降低、千粒重减轻,容易倒伏,直接影响玉米产量。春玉米、夏玉米对钾素的吸收基本相似,在抽穗前已吸收70%以上,至抽穗受精时已吸收全部的钾,因此钾肥一般要在生育前期施用。从钾素在植株的累积吸收变化看,其高峰期在拔节至抽穗前,在此期间其吸收累积量约占其总量的74.16%,抽穗至灌浆期吸收略有减少,蜡熟至完熟期有时会出现植株累积吸收量增加的现象(牛亚琴,2011;孙立军,2011)。

从不同时期的三要素累积吸收百分率来看,苗期0.7%~0.9%,拔节期4.3%~4.6%,大喇叭口期34.8%~49.0%,抽雄期49.5%~72.5%,授粉期55.6%~79.4%,乳熟期90.2%~100%。玉米抽雄后吸收氮、磷的数量均占50%左右。因此,要想获得玉米高产,除要重施穗肥外,还要重视粒肥的供应(于振文,2003)。

从玉米每日吸收养分百分率看,氮、磷、钾吸收强度最大的时期是在拔节至抽雄期,即以大喇叭口期为中心的时期,日吸收量为一生吸收总量的1.83%~2.79%。阶段吸收量,拔节至抽雄期的28 d吸收氮46.5%,磷44.9%,钾68.2%。可见,此期重施穗肥,保证养分的充分供给是非常重要的。此外在授粉至乳熟期,玉米对养分仍保持较高的吸收强度,这个时期是产量形成的关键期。

从籽粒中的氮、磷、钾的来源分析,在籽粒中的三要素的累积总量约有60%是由前期器官积累转移进来的,约有40%是由后期根系吸收的。这进一步证明,玉米施肥不但要打好前期的基础,也要保证后期养分的充分供应。

此外,玉米对锌肥敏感,锌元素在玉米生长发育过程中起到的作用较大,主要能够促进蛋白质合成和光合作用,同时也能够影响到生长素的合成。如果玉米缺锌,会出现由于生长素不足而导致细胞壁无法伸长,致玉米植株节间变短,发育变慢。严重的幼苗出土后在2周内出现症状,叶片具浅白条纹,后期中脉两侧出现一个白化宽带组织区,且中脉和边缘仍为绿色,有时叶缘、叶鞘呈褐色或红色。玉米中、后期缺锌,使抽雄期与吐丝期加长,不利于授粉,从而严重影响玉米产量(刘凤丽,2011)。除此之外,玉米叶子在生长期中积累的钙、镁、锰占整株中该元素总量的50%以上。成熟时籽粒积累的锌、铜比例较高,分别为59.9%和

37.6%。试验结果表明,每生产 100 kg 籽粒需要吸收 Ca 0.20 kg、Mg 0.42 kg、Fe 2.5 g、Mn 3.43 g、Zn 3.76 g、Cu 1.25 g。说明在玉米生育初期满足氮、磷、钾肥料供应的同时,应适量配施微量元素肥料(牛亚琴,2011)。

8.2.2.3 玉米的养分管理及施肥技术

玉米的配方施肥原理,是根据玉米的养分需求比例及产量水平计算玉米的养分吸收量,如表 8.5 所示。根据不同的产量水平,确定夏玉米所需总氮量,采用实时监控的方法对氮肥进行管理,磷肥和钾肥按照恒量监控技术,可将所需施用的磷、钾肥作为基肥一次施入。

表 8.5　夏玉米不同产量水平下氮、磷、钾的吸收量　　　　　　　　　　kg/hm²

产量水平	养分吸收量			产量水平	养分吸收量		
	N	P₂O₅	K₂O		N	P₂O₅	K₂O
6 000	134	41	117	9 000	188	77	283
7 500	161	59	150	10 500	220	85	215

引自:张福锁等,中国主要作物施肥指南,2009。

根据玉米各生育期的吸肥规律,和一些高产地区的经验总结,玉米的施肥原则是:施足基肥,轻施苗肥,巧施拔节肥,重施攻苞肥,酌施粒肥。各时期的施肥比例大致为:基肥可占总量的 35% 左右,苗肥占 10%,拔节肥占 15%,攻苞肥可占 40% 以上。一般磷肥作底肥一次施用。钾肥作底肥和拔节肥或攻苞肥两次施用,肥料用量和前后比例应根据当地土壤条件等实际情况,灵活掌握。

1. 基肥

以有机肥为主,用量为 1 000～1 700 kg/hm²,并配施 N 2～3 kg/hm²、P₂O₅ 5 kg/hm²、K₂O 3 kg/hm²。播种前将有机肥和化肥混合,集中条施或穴施。播种时施用的有机肥要腐熟,化肥作种肥时,应避免接触种子。

2. 苗肥

玉米苗期株体小,需肥不多,但养分不足,幼苗纤弱,叶色淡,根系生长受阻,影响中、后期的生长,因此,施苗肥要做到早施(3～4 叶时)、偏施(小苗、弱苗多施)、轻施(以防过多肥害)。春玉米结合中耕施腐熟粪 7 500 kg/hm² 和尿素 45 kg/hm²。夏玉米生长快、成熟期短,苗肥应在 3～4 叶施,并适当增加用肥量。苗肥应占施肥总量的 5%～10%。

3. 拔节肥

拔节时施用的肥料叫壮秆肥,不仅要继续满足根、茎、叶大量生长的需要,而且还要保证生殖器官发育的养分供应,使营养生长和生殖生长平衡发展。特别是采用中早熟及早熟品种的夏玉米和秋玉米,施用壮秆肥,增产效果显著。因此,拔节肥要巧施,一般春玉米拔节肥在植株 7～9 叶展开时施用为宜,用水粪肥 15 t/hm²,再加尿素 45～60 kg/hm²。在沙质土壤中,钾、镁等养分容易流失,应增加钾肥和镁肥的施用,以利于根系健壮、秆壮穗多,穗大粒多,并可防止空秆和倒伏。壮秆肥的施用量占施肥总量的 10%～15%。

4. 攻苞肥

攻苞肥又叫穗肥,主要作用是促进雌雄穗分化,实现粒多、穗大、高产。穗肥用量应占施肥总量 50% 左右,以速效氮肥为主,一般用粪肥约 22 500 kg/hm²,配施尿素 120~150 kg/hm²,穴施后盖土。用 45% 复混肥料 525~600 kg/hm² 的效果更佳。施用时期在雌穗小穗小花分化期,一般在小喇叭到大喇叭口期间,玉米抽雄前 10~15 d(出现大喇叭口时或手能摸到天花时),生产上还应根据植株生长状况、土壤肥力水平以及前期施肥情况考虑施用的时期和数量。一般土壤瘠薄、底肥少、植株生长较差的,应适当早施、多施;反之,可适当迟施、少施。

5. 粒肥

粒肥应根据玉米长势而定,攻苞肥不足,果穗节以下黄叶多,出现脱肥时应施粒肥;反之,长势旺的可不施。粒肥一般在玉米果穗吐丝时施用,主要施用速效氮肥;施用尿素 30~45 kg/hm²,兑水浇施;也可用 1% 尿素和 0.2% 磷酸二氢钾溶液叶面喷施,均有良好效果。粒肥用量占总用肥量的 5%。

土壤中的微量元素一般不缺乏,但在酸碱度过大的土壤中或有机肥少、以氮化肥为主的地区,易出现微量元素缺素症。适量施用微肥,可以提高产量。锌肥的用量因施用方法而异,基施用量以硫酸锌 15~30 kg/hm² 为宜;以 0.02%~0.05% 硫酸锌溶液浸种 12~24 h,能明显提高玉米发芽率和增产;拌种时 1 kg 玉米种子用 2~3 g 硫酸锌加少量水稀释后与种子拌匀即可;叶面喷施用 0.05%~0.10% 硫酸锌溶液,于苗期、拔节期、大喇叭口期、抽穗期均可喷施,但以苗期和拔节期喷施效果较好。硼肥作底肥,可用硼砂 22.50~51.75 kg/hm² 或硼镁肥 375 kg/hm²,浸种时用 0.01%~0.05% 的硼酸溶液浸 12~24 h。

8.2.3 水稻产量形成对氮、磷、钾及其他矿质元素的需求

8.2.3.1 水稻适宜氮、磷、钾吸收比例研究

水稻必须从土壤中吸收一定数量的各种营养元素,如氮、磷、钾、硅、硫、钙、镁及锰、铜、硼等,才能正常生长发育。其中作为肥料施用的,主要是氮、磷、钾。据各地对水稻收获物成分分析的结果,每 100 kg 稻谷需要吸收 N 2.0~2.4 kg、P_2O_5 0.9~1.4 kg、K_2O 2.5~3.8 kg,氮、磷、钾配比约为 1:0.5:1.3(表 8.6)。品种类型及品种间差异较大,其中粳稻比籼稻、晚稻比早稻、北方比南方需氮较多而需钾较少。

8.2.3.2 水稻对氮、磷、钾和其他矿质元素的需求

氮:氮素是水稻生长发育过程中关键的营养元素,是决定水稻最终产量的最重要元素,水稻在生长发育中一直需要较高的氮素营养,这是由高产所需要的营养生理特性所决定的。水稻是喜铵态氮作物,氮素肥料只能用铵态氮肥和能迅速铵化的酰胺态氮肥(如尿素),如果施用硝态氮肥,则水稻难以吸收,在土壤中既易随水流失,又能产生反硝化作用而挥发损失,从而污染环境(栾远,2011)。在水稻生长过程中对氮素的吸收有两个明显的高峰,第一个高峰期是水稻分蘖期,即水稻插秧后 2 周;第二个高峰期是插秧后的 7~8 周,如果此时氮缺乏,常常会导致颖花退化,而降低最终产量(马德福和刘明一,2010)。

表 8.6　水稻高产群体养分吸收状况

| 年份 | 品种 | 产量/(kg/hm²) | 养分吸收量/(kg/hm²) | | | N∶P∶K | N∶P₂O₅∶K₂O |
			N	P	K		
1989	中系 8408	11 670	193.8	34.5	212.4	5.62∶1∶6.16	2.45∶1∶3.24
	黎优 57	11 400	177.3	33.3	171.8	5.32∶1∶5.16	2.32∶1∶2.71
	秀优 57	11 150	175.5	30.0	128.6	5.85∶1∶4.29	2.55∶1∶2.25
	秀岭 A×8411	11 080	186.2	31.4	104.4	5.93∶1∶3.32	2.59∶1∶1.75
	沈农 93	10 840	186.5	43.4	141.0	4.30∶1∶3.25	1.88∶1∶1.71
1990	辽粳 5 号	11 520	171.0	52.9	144.3	33.32∶1∶2.73	1.41∶1∶1.43
	辽粳 287	11 100	180.9	32.1	107.6	5.64∶1∶3.35	2.46∶1∶1.76
	沈农 841	10 870	190.8	44.0	130.0	4.34∶1∶2.95	1.90∶1∶1.56
	平均	11 200	182.7	39.6	142.5	4.61∶1∶3.60	2.20∶1∶2.05

引自：于振文，作物栽培学各论，2003。

磷：水稻对磷的吸收量较小，远比氮肥少，平均约为氮肥施用量的 1/2。但是，磷肥是水稻生长比较关键的元素，尤其在水稻生育后期需要较多，磷能促进植株体内糖的运输和淀粉合成，加速灌浆结实，有利于提高千粒重和籽粒结实率。水稻幼苗期和分蘖期磷的供应非常重要，此时缺磷会对以后的生长和产量产生明显的不良影响。因此，水稻生长的全生育期都需要磷元素，磷肥必须早施，在水稻开花以后追施磷肥会抑制体内淀粉的合成而阻碍籽粒灌浆。水稻对磷的吸收规律与氮元素相似，在幼苗期和分蘖期吸收最多，插秧后 21 d 左右为吸收高峰。此时磷元素在水稻体内的积累量约占全生育期总磷量的 54%，此时如果磷元素缺乏，会影响水稻的有效分蘖数及地上与地下部分干物质的积累。分蘖盛期含磷最高，约含 P₂O₅ 2.4 mg/g 干物质，此时磷素营养不足，对水稻分蘖数及地上与地下部分干物质的积累均有影响。水稻在幼苗期吸收的磷元素，可以在整个生育过程反复多次从衰老器官向新生器官转移，直至水稻成熟时，会有 60%～80% 磷元素转移集中到籽粒中，而抽穗后水稻吸收的磷元素则大多残留于根部（王鹏等，2009；马德福和刘明一，2010）。

钾：钾能提高水稻对恶劣环境条件的抵抗力并减少病虫害发生，所以有人称钾肥为"农药"。钾通过促进碳、氮代谢，可减少病原菌所需的碳源和氮源、提高植株三磷酸腺苷酶的活力，促进酚类物质的合成，从而提高作物的抗病能力。钾能增加植株根、茎、叶中硅的含量，提高单位面积叶片上硅质化细胞的数量，茎秆硬度、厚度和木质素含量均随施钾量增加而增加，并最终增加水稻对病原菌侵染的抵抗力。水稻对钾元素的吸收量较大，甚至高于氮元素，但是，水稻对钾元素的吸收较早，基本在水稻抽穗开花前就完成了钾元素的吸收。水稻幼苗期吸收钾元素的量较低，植株体内钾元素含量只要保证在 0.5%～1.5% 就不会影响水稻的正常分蘖。钾的吸收高峰表现在分蘖盛期到拔节期，此时植株茎、叶中钾的含量保持在 2% 以上。如果孕穗期茎、叶含钾量不足 1.2%，会导致颖花数显著减少。抽穗期至收获期茎、叶中的钾并不像氮、磷那样向籽粒集中，其含量一般维持在 1.2%～2%（王鹏等，2009；马德福和刘明一，2010）。

总体来说,水稻各生育期内的养分含量一般是随着生育期的发展,植株干物质积累量的增加,氮、磷、钾含有率渐趋减少。但对不同营养元素、不同施肥水平和不同水稻类型,变化情况并不完全一样。据研究,稻体内的氮素含有率,早稻在返青之后,晚稻在分蘖期以后急剧下降,拔节以后比较平稳;含氮高峰早稻一般在返青期,晚稻在分蘖期。但在供氮水平较高时,早、晚稻的含氮高峰期可分别延至分蘖期和拔节期。磷在水稻整个生育期内含量变化较小,在 0.4%~1% 的范围内,晚稻含量比早稻高,但含磷高峰期均在拔节期,以后逐渐减少。钾在稻体内的含有率早稻高于晚稻,含钾量的变幅也是早稻大于晚稻,但含钾高峰均在拔节期。水稻各生育阶段的(养分吸收量)是不同的,且受品种、土壤、施肥、灌溉等栽培措施的影响,水稻对养分的日吸收量,双季早、晚稻对氮素的吸收形成一个突出的高峰,时间在移栽后 2~3 周内,双季早稻高峰期早于晚稻。单季稻生育期长,一般存在 2 个吸肥高峰,分别相当于分蘖盛期和幼穗分化后期。水稻双季稻在拔节开始至抽穗,吸肥一般占总量的 50%~60%,拔节之前和抽穗以后各占 20%~25%(黄正家,2006)。卢普相等(1998)研究了早稻高产水平下对氮、磷、钾的吸收累积特点,得出 9 000 kg/hm² 的产量水平下,早稻对氮的吸收累积量及阶段累积量。研究表明,水稻幼穗分化 1~5 期,氮、磷、钾的净吸收量都呈现高峰,而钾在灌浆至成熟期还有一个次高峰(王鹏等,2009;马德福和刘明一,2010)(表 8.7)。

表 8.7　高产水稻氮、磷、钾吸收累积量　　　　　　　　　　　　　　　　kg/hm²

插后时间/d	N 吸收累积量	P 吸收累积量	K 吸收累积量	插后时间/d	N 吸收累积量	P 吸收累积量	K 吸收累积量
0	0	0	0	45	137.6	22.63	196.7
15	24.87	2.64	12.67	66	177.3	26.32	221.4
30	79.68	9.498	65.46	98	181.5	30.75	301.6

引自:于振文,作物栽培学各论,2003。

除了大量元素外,硅和锌也是水稻的必需营养元素,对水稻的生长发育有重要作用。水稻是代表性的喜硅作物,吸硅量在各种作物中最多,有"硅酸植物"之称。锌能促进生长素的合成,水稻锌含量是营养器官大于繁殖器官。苗期和穗期尤其苗期是水稻的吸锌高峰,吸收的锌占整个生育期锌吸收量的 84.6%~96.1%。缺锌是水稻生产较为普遍的问题,缺锌最明显的症状是植株矮小,叶片中脉变白,分蘖受阻,出叶速度慢,严重影响产量。因此,有人将锌列入仅次于氮、磷、钾的水稻"第四要素"。

8.2.3.3　水稻的养分管理及施肥技术

氮是水稻生产中最普遍存在的一个养分限制因子,但采用习惯方法施于稻田的氮肥中,被水稻吸收的不过 30% 左右,损失却高达 50% 左右(朱兆良,1985;朱兆良,1991)。我国水稻生产施氮量自 20 世纪 70 年代末以来不断增加,这不仅消耗掉大量的宝贵资源,造成肥料利用率低,而且过量施氮还直接和间接地导致一系列不良的污染问题(彭少兵等,2002;冯涛等,2006)。因此,生产中,要根据水稻的产量水平计算水稻的养分吸收量(表 8.8),再调查土壤的供肥量和肥料的利用率,就可以用下面的公式计算出理论上的施肥量,以满足水稻各生

表 8.8　水稻不同产量水平下氮、磷、钾的吸收量　　　　　　　　kg/hm²

产量水平	养分吸收量			产量水平	养分吸收量		
	N	P_2O_5	K_2O		N	P_2O_5	K_2O
6 000	134	41	117	9 000	188	77	283
7 500	161	59	150	10 500	220	85	215

引自：张福锁等,中国主要作物施肥指南,2009。

育期的养分需求：

$$稻田施肥量 =（计划产量需肥量 － 土壤供肥量）/ 肥料利用率$$

稻田施肥的原则应该是有机肥与无机肥相结合；氮、磷、钾、微肥结合；施足基肥,早施分蘖肥,巧施穗粒肥,瞻前顾后,平稳促进。目前都采用平衡施肥技术,也称配方施肥技术,即根据土壤供肥能力和水稻生长发育的需求,确定施用的肥料种类、数量及各生育阶段的分配比例,分段多次施肥(于振文,2003)。

1. 施足基肥

基肥以有机肥为主,化肥为辅。有机肥属完全肥料,含有各种养分,除氮、磷、钾外,还有钠、镁、硫、钙及各种微量元素,施用有机肥,可改善土壤通气性能,提高保肥保水性能,促进稻株稳健生长,从而有利于水稻获得高产优质。农家肥一定要选用腐熟的农家肥。

2. 早施蘖肥

水稻返青后及早施用分蘖肥,可促进低位分蘖的发生,增穗作用明显。分蘖肥分两次施,一次在返青后,用量占氮肥总量的 20% 左右,目的在于促进分蘖；另一次在分蘖盛期作调整肥施,用量占总氮量的 10% 左右,目的在于保证全田生长整齐,并起到保蘖成穗的作用。这样既可以减少无效分蘖,又可以减少由于一次施肥过多而造成的肥料损失。

3. 巧施穗、粒肥

适量追施穗、粒肥,使中、后期氮肥占氮肥施用量的 10% 以内,产量和经济效益都较高。应根据密度的大小来调整穗肥和粒肥的施用量。群体适宜的稻田穗肥倒 2 叶伸长时施,促进剑叶稍长一些,小群体则在穗分化前施。粒肥在孕穗至齐穗期施用,用量视具体条件而定。天气条件好正常施,阴雨寡照,或水稻贪青晚熟,或已发生过稻瘟病,则不施,以免引发稻颈稻瘟病。直立穗品种一般不施粒肥。

4. 重视施用磷、钾肥

磷、钾肥是水稻生长发育不宜缺少的元素,可增强植株体内活力,促进养分合成与运转,加强光合作用,延长叶的功能期,使谷粒充实饱满,提高产量。磷肥以基肥为宜,钾肥以追施较好。

5. 适当补充中微量元素

中量元素硅、钙、镁、硫,均具有增强稻株抗逆性,改善植株抗病能力,促进水稻生长的作用。实践表明：缺硫土壤施用硫肥、缺硅土壤施用硅肥,均有显著的增产效果。微量元素如锌、硼等,能改善水稻根部氧的供应,增强稻株的抗逆性,提高植株抗病能力,促进后期根系发育,延长叶片功能期,防止早衰；能加速花的发育,增加花粉数量,促进花粒萌发,有利于提高水稻成穗率;还能促进穗大粒多,提高结实率和子粒的充实度,从而增加稻谷产量。

8.2.4 大豆产量形成对氮、磷、钾及其他矿质元素的需求

8.2.4.1 大豆适宜氮、磷、钾吸收比例研究

大豆是需肥较多的作物,据研究,每生产 100 kg 大豆种子,需吸收纯 N 8.5 kg、P_2O_5 1.5 kg、K_2O 3.2 kg,三者比例大致为 4∶1∶2(表 8.9),比水稻、小麦、玉米等都高。而根瘤菌只能固定氮素,且供给大豆的氮也仅占大豆需氮总量的 50%～60%。因此,还必须施用一定数量的氮、磷和钾肥,才能满足其正常生长发育的需求(於振南和海斌客,2004;何宏新等,2008;张继强,2011;潘成,2011)。

表 8.9 100 kg 大豆子粒产量从土壤中带出的养分数量

品种	产量/(kg/hm²)	100 kg 大豆子粒的土壤养分带出量/kg			年份
		N	P_2O_5	K_2O	
开育 8 号	3 318	8.29	1.64	3.72	1981
开育 8 号	2 271	8.63	1.43	3.50	1984
辽豆 3 号	3 046.5	9.45	1.95	2.96	1986
红丰 3 号	2 031	8.25	1.89	2.01	1986

引自:于振文,作物栽培学各论,2003。

8.2.4.2 大豆不同生育时期对氮、磷、钾及其他矿质元素的需求

氮:氮肥的施用量必须与大豆各生长时期对氮素的需求相适应,科学合理的使用氮肥,节本又增效。单一的依赖根瘤固氮而不施用氮肥或氮肥施用量不足,必将抑制大豆的生长发育;过量施用氮肥,增加生产成本,不仅不增产,甚至减产。有研究表明,大豆在不同的生育时期对氮素营养的需求不同,大豆需氮的关键时期一般在幼苗期和开花期。大豆子叶中所贮藏的蛋白质可满足子叶期以前幼苗对氮素的需求。在出现第一片复叶时,根瘤虽已形成,但尚未形成固氮能力,需要从土壤中吸收氮素营养。苗期至始花期需要的氮素营养虽然不多,如果不能及时足量供应,往往会阻碍幼苗的正常生长发育,继而影响后期的生长和产量。开花期需氮量达到高峰,体内氮流入种子,根瘤固氮作用开始减弱,氮不足。在初花期追一定量的氮肥是一项最有效的措施。始花期至盛荚期,既依赖土壤施肥又依赖根瘤固氮,两者营养作用同等重要。开花结荚期是需氮量最多的时期,这是因为,这个时期是营养生长和生殖生长高度交错、且都达到旺盛时期,需要有大量的营养物质供给;而且,这个时期,根瘤开始衰老,固氮作用逐渐变弱,需要及时补充氮素。盛荚期以后直至成熟,主要依靠根瘤固定的氮,大豆各营养器官在积累氮的同时也开始向豆荚中转移氮素。所以花期追肥,特别是追施氮肥,突出一个"巧"字,是夺取大豆高产的一项重要措施(张继强,2011)。大豆植株

氮素积累与干物质积累特点相一致。植株获得氮素多则干物质积累也多,这是高产的基础(王志好,2008;张继强,2011)。总体来说,对氮的需求,大豆出苗期和分枝期占全生育期吸氮总量的15%,分枝期至盛花期占4%~16%,盛花期至结荚期占28.3%,鼓豆期占24%,开花期到鼓粒期是大豆吸氮的高峰期(潘成,2011)。

磷:大豆的整个生育期都要求较高的磷营养水平。从出苗到盛花期对磷要求最为迫切,特别是在苗期,缺磷会抑制大豆营养器官生长;花荚后期,籽实中干物质合成达到了高峰,若此时缺磷,则养分运输受阻,蛋白质和脂肪的合成就无法进行,容易造成瘪粒,以致减产(张继强,2011)。大豆植株如能在前期获得足够的磷素,后期即使缺磷亦不致显著减产,因为豆荚所需的磷,可由其他营养器官中储存磷的转移来获得。大豆施磷的效果与土壤中有效磷含量有密切关系,大豆所需磷素营养得到补充后,可促进大豆根系的生长,降低蒸腾速率,提高土壤水分利用效率和提高光合速率,进而提高产量(王志好,2008)。总体来说,大豆对磷的需要,苗期至初花期占17%,初花期至鼓粒期占70%,鼓粒至成熟期占13%。大豆生长中期对磷的需要最多(潘成,2011)。

钾:钾有提高大豆脂肪降低蛋白质含量的趋势;钾能显著促进大豆产量的形成。有试验表明,叶面喷施钾肥量对大豆油分含量、百粒重、产量影响极显著。大豆对钾的需要,开花前累计吸钾量占43%,开花期至鼓粒期占39.5%,鼓粒期至成熟期仍需吸收17.2%的钾。大豆施肥要本着既能满足各生育期对营养的需要,又能发挥根瘤菌的固氮作用的原则进行,做到氮、磷、钾等大量元素和硼、钼等微量元素合理搭配,并且做到迟效、速效肥并用(潘成,2011)。

钼与硼:大豆对微量元素的需要量极少,但钼能促进根瘤的形成与生长,使根瘤数量增多,体积增大,固氮能力提高;钼对大豆氮素代谢有重要作用,能增加各组织的含氮量,提高蛋白质含量;促进植株对磷的吸收、分配和转化。硼能够促进碳水化合物的运输和代谢,加速细胞伸长和分裂,促使生殖器官正常发育。合理施硼可提高产量,改善品质。有研究表明,施钼和硼可增加大豆叶面积,提高叶绿素含量、光合速率和豆荚中可溶性糖含量。在大豆生育后期,硼和钼能延长叶片功能期,且钼、硼同施增产作用更大(王志好,2008)。

8.2.4.3 大豆的养分管理及施肥技术

大豆是需肥较多的作物,它对氮、磷、钾三要素的吸收一直持续到成熟期。长期以来,对于大豆是否需要施用氮肥一直存在某些误解,似乎大豆依靠根瘤菌固氮即可满足对氮素的需要。这种理解是不对的。从大豆总需氮量来说,根瘤菌所提供的氮只占到1/3左右。从大豆需氮动态上说,苗期固氮晚,且数量少,结荚期特别是鼓粒期固氮数量也减少,不能满足大豆植株的需要。因此种植大豆必须施用氮肥。总的来说,大豆的施肥技术如下。

1. 多施有机肥

用较多的有机肥作底肥,不仅有利于大豆生长发育,而且有利于根瘤菌的繁殖和根瘤的形成,增强固氮能力。在施肥水平较高的地区,可以在前茬增施有机肥料,特别是麦茬直播夏大豆,由于播种时间紧,来不及整地施基肥,应在前茬小麦田多施有机肥,一般施充分腐熟的优质农家肥22 500~30 000 kg/hm²,后茬大豆则施用化肥(何宏新,2008;潘成,2011)。

2. 巧施氮肥

大豆需氮素虽多,但由于其自身具有固氮能力,因此需要施的氮肥并不太多,关键是要突出一个"巧"字。氮肥施用是影响大豆产量的一个主要因素,氮肥施用量适当,能促进大豆根瘤的发育,增加单株固氮能力,对提高大豆产量是有益的。但是如果盲目过量施用氮肥,不仅抑制固氮作用,而且造成大豆营养过剩,植株徒长、郁蔽和倒伏,致使花荚脱落,产量降低。结荚期至鼓粒期是大豆需氮高峰期,吸氮量占总需氮量的40%以上,该阶段的氮素充足供给对大豆产量形成至关重要,而此时的根瘤固氮很难满足大豆对氮的高需要量,该阶段是追施氮肥的关键时期。因此,根据氮素实时监控的方法确定大豆所需的总氮量,50%作为基肥施用,50%作为追肥,在花期施用(张福锁等,2009)。具体来说,中等以下肥力的田块,适时适量施用氮肥有较好的增产效果;肥力较高的田块则不明显,施用过多不仅浪费,而且还会造成减产。一般地块可施尿素75 kg/hm² 或碳酸氢铵225 kg/hm² 作底肥;高肥田可少施或不施氮肥;薄地用少量氮肥作种肥效果更好,有利于大豆壮苗和花芽分化。但种肥用量要少且要做到肥种隔离,以免烧种。一般地块种肥施尿素45~75 kg/hm²,同时配施150~225 kg/hm² 过磷酸钙为宜,或施尿素30~45 kg/hm² 加磷酸二铵45 kg/hm² 增产更明显。大豆开花前或初花期追施含氮化肥,追施尿素45~75 kg/hm²,也有良好的增产作用。追肥可于中耕前撒施,随后立即中耕。肥地此肥可不施(何宏新等,2008;王铁文等,2010;潘成,2011)。

3. 增施磷肥

大豆作为一种油料作物,属于喜磷作物,需要较多的磷素营养。充足的磷肥供应对于保证大豆正常生长、提高大豆产量有重要作用。因而大豆种植要施用足够多的磷肥。磷有促进根瘤发育的作用,能达到"以磷增氮"效果。磷在生育初期主要促进根系生长,在开花前磷促进茎叶分枝等营养体的生长。开花时磷充足供应,可缩短生殖器官的形成过程;磷不足,落花落荚显著增加。当土壤中磷的供应不足时,大豆根瘤虽然能侵入根中,但是不结瘤。钼肥是根瘤固氮必不可少的微量元素,在土壤缺磷的情况下,单施钼肥反而使根瘤减少。磷对根瘤中氨基酸的合成以及根瘤中可溶性氮向植株其他部分转移都有重要作用。因此,种植大豆或其他豆科作物,施用磷肥增产效果特别显著。目前为止大部分地区土壤均表现一定程度缺磷,而且磷肥在土壤中移动性小,容易被吸附固定,所以磷肥宜作基肥或种肥早施,应与有机肥混合堆沤,采用沟施、穴施等集中施用方法为好(王铁文等,2010)。一般可施过磷酸钙225~300 kg/hm² 或磷酸二铵120~150 kg/hm²。如果前茬小麦施足了磷肥,土壤中不缺磷的,可不再施用磷肥(於振南和海斌客,2004;何宏新,2008;潘成,2011)。

4. 根外补肥

大豆进入花荚期是需要各种营养元素最多的时期,而鼓粒期后植株开始衰老,吸收能力下降,大豆常因缺肥而造成早衰减产。大豆叶片对养分有很强的吸收能力,叶面喷肥可延长叶片的功能期,且肥料利用率很高,对鼓粒结实作用明显,一般能增产10%~20%。用量为每公顷磷酸二铵1 kg 或尿素0.5~1 kg 或过磷酸钙1.5~2 kg,或磷酸二氢钾0.2~0.3 kg 加硼砂100 g,兑水50~60 kg 于晴天傍晚喷施(其中如用过磷酸钙要先预浸24~28 h 后过滤再喷),喷施部位以叶片背面为好。从结荚开始每隔7~10 d 喷1次,连喷2~3次。此外,结合根外喷肥,在肥液中加入适当品种和适量的植物生长调节剂,增产效果会更好(张继强,

2011;潘成,2011)。

5. 施用钼肥和硼肥

在酸性土壤上,种豆科作物特别容易发生缺钼现象,影响产量。因此,应适量施用钼肥。施钼的方法有拌种和叶面喷施两种。拌种:在播种前按钼肥说明书规定的剂量,用喷雾器喷向种子喷雾同时搅拌,待搅拌均匀溶液全被种子吸收阴干后即可播种。注意拌种后不要晒种,以免影响种子发芽。叶面喷施:在大豆开花期喷施适量的钼酸铵,还可在喷钼酸铵的同时,叶面喷施磷肥,效果更好。硼肥作基肥,每公顷用硼砂 6~7.5 kg 拌细土 150~225 kg 施用。也可于苗期至开花期,叶面喷施两三次(王志好,2008;王铁文等,2010)。

8.3　养分循环和土壤养分演变

8.3.1　养分循环

生物地球化学循环是最重要的生态系统功能过程之一,是指物质从土壤(或大气)到生物到凋落物,经分解后再回到土壤(或大气)的过程。许多物质(元素)参与了循环,其中最为重要的是水分、C、N、P、S 等物质(元素),对它们的生物地球化学循环的认识是理解生态系统、生物圈,乃至整个地球系统的关键。农田生态系统是由大气、土壤和生物共同组成的,它是陆地生态系统的重要组成成分,其结构功能和系统生产力及演替变化规律一直是农业生态学研究的热点,其中土壤生态系统和生物群落是农田生态系统的核心,它们共同组成了农田生态系统中碳与植物营养元素的主要储存库和交换库。在农田生态系统营养元素循环过程中,土壤扮演着储存、释放和调节这些元素在系统中转化、运行的重要角色。在农田利用条件下,土壤肥力的提高与发展既是农田生态系统进步的结果,同时也是推进系统生产力发展的动力。回顾人类管理农田生态系统的历史,不难看到,通过改善养分投入这一农田生态系统管理中最基本的实践,已使得世界农业在过去 100 余年中有了何等巨大的进步!

8.3.1.1　氮循环

1. 自然界中的氮循环

全球氮循环主流存在于土壤和植物之间,在全球陆地生态系统中,氮素总流量的 95% 在植物—微生物—土壤系统中进行,只有 5% 在该系统与大气圈和水圈之间流动。在生态系统中,植物从土壤中吸收硝酸盐、铵盐等含氮化合物,与体内的含碳化合物结合生产各种氨基酸,氨基酸彼此联结构成蛋白质分子,再与其他化合物一起建造植物有机体,于是氮素进入生态系统的生产者有机体中,进一步为动物取食,转变为含氮的动物蛋白质。动植物排泄物或残体等含氮的有机物经微生物分解为 CO_2、H_2O 和 NH_3 返回环境。氮在生态系统的循环过程中,常因有机物的燃烧而挥发损失或因土壤通气不良,硝态氮经反硝化作用变为 N_2O 和 N_2 而挥发损失,或因灌溉、水蚀、风蚀、雨水淋洗而流失等,损失的氮或进入大气、或进入水体,变为多数植物不能直接利用的氮素。因此,必须通过上述各种途径的固氮来补充,从而保持生态系统中氮素的平衡。

生物圈的氮循环过程极为复杂,从基本概念出发,可以将生物圈氮循环分解为以下 3 个最重要的亚循环即基本循环、自养循环和异养循环(图 8.1)(Jansson,1982)。

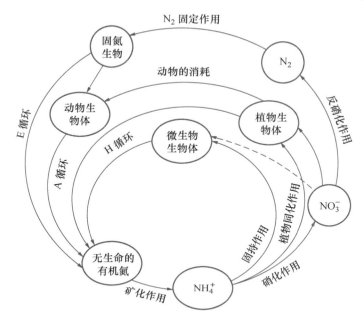

图 8.1 自然界氮的循环由 3 个主要亚循环组成:
基本循环(E)、自养循环(A)和异养循环(H)

基本循环是生物圈氮循环中最重要的循环通道,它起自大气中的氮在固氮微生物的作用下进入生物有机体而成为有机氮,生物有机体死亡后在分解者(主要是微生物,不过动物取食消化过程中也进行着食物的分解)的参与下有机氮经矿化分解而形成 NH_4^+,进一步在微生物的硝化作用下形成 NO_3^-,最后在微生物的反硝化作用下形成 N_2(和 N_2O)而重返大气层。在人类活动尚未严重干预这一循环通道以前,进入生物圈的氮几乎主要来自生物固氮(雷电可形成少量 NO_3^--N 随降水进入生物圈),而进入生物圈的氮也几乎主要通过生物反硝化过程而重返大气圈,从而保持生物圈的氮收支处于平衡状态。

氮的自养循环主要发生在当死亡有机体经微生物矿化而形成 NH_4^+ 和 NO_3^- 之后植物参与了对这些氮的吸收竞争,从而使一部分氮转入了植物-动物食物链;动、植物死亡后,包括动物排泄物中的氮便进入无生命的有机氮库,等待进入下一轮的循环过程。

氮的异养循环发生在活着的微生物体与有机氮、矿化氮之间,当死亡的有机体受微生物分解时,一部分有机氮可直接为微生物吸收利用,有机氮矿化形成的 NH_4^+-N 也可被微生物同化利用(氮的生物固持)而再度转为有机氮,从而完成氮的异养循环。微生物对 NO_3^- 的同化利用极差,因此,一旦形成 NO_3^-,便十分容易转入氮的自养循环或基本循环。

上述氮的 3 个亚循环的周转速率是很不相同的,土壤中微生物的死亡半衰期大致在 1～1.7 年(Jenkinson 等,1989),可以推测异养循环的周转速率可能较快;其余两个亚循环需经过植物和动物转化,因此其中所含氮的循环周转速率便较缓慢。Jenkinson(1990)综合不同作者的研究资料,估计大气圈进入陆地生态系统的氮约为每年 2.9 亿 t,如果陆地表面返回大气层的氮也是每年 2.9 亿 t,即处于收支平衡状态,则这一氮的年收入或年支出约可占陆地表面土壤-生物有机氮库的 0.16%,于是可估计陆地生态系统中氮的平均周转期约为 600 年。而 Rosswall(1983)估计了全球陆地生态系统各组分的氮素平均周转速率,所得数据如下:植物,4.9 年;枯枝落叶,1.1 年;土壤微生物,0.09 年;土壤有机质,177 年;土壤无机氮,0.53 年。

2. 农田生态系统中的氮循环

农业是在人类经营管理下的一种人工生态系统,因此,农田生态系统氮循环的结构框架虽然离不开生物圈氮循环的基本格局,但其内涵则丰富得多。由于受不同管理制度所影响,氮循环的各分支通量、库与库之间氮交换的频度和强度等,不同农田生态系统之间差异极大。从服务于人类生存与发展的任务出发,农田系统氮循环调控的目标是:提高投入氮素养分的生物生产效率、减少农田中氮的非生产性损失和可能引起的环境风险;而建立适度规模的土壤有机氮库,提高农田土壤的供氮力,通常也是农业中氮素管理的重要任务之一。

在农田生态系统中,氮素通过不同途径进入土壤亚系统,在土壤中经各种转化和迁移过程后,又不同程度地离开土壤亚系统,形成土壤—生物—大气—水体紧密联系的氮循环(图 8.2)。

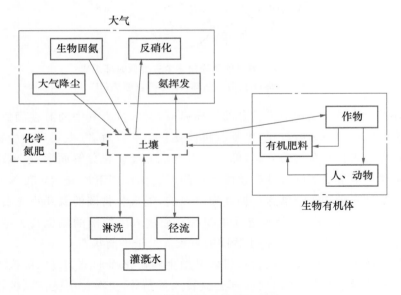

图 8.2 农田生态系统氮循环示意图

(骆世明,2001)

就中国农业而言,输入系统的氮素主要包括生物固氮、施用的化学氮肥和有机肥料、降水和干沉降以及灌溉带入的氮量。从系统输出的氮素除了随收获物移出的氮量以外,还有通过各种气态与液态方式或途径损失的氮量。近 30 年来由于化肥氮用量急剧增长,中国农业中的氮收入主要来自化肥,有机肥料氮已降为次要地位,而生物固氮也由于绿肥种植面积连年下降而在农业的氮供给中仅占据很小的份额。农业系统的氮支出中,农产品输出和人畜消费过程中的氮损失可能是最大的支出项,其次可能是由于肥料氮的作物利用率低而引起的各种氮损失——反硝化、氨挥发以及 NO_3^--N 的淋失等。

3. 人类活动对氮循环的干扰及其对环境的影响

人类活动对氮循环的干扰主要表现在：含氮化合物的燃烧产生大量氮氧化物（NO_x），污染大气；过度耕垦使土壤氮素肥力（有机氮）下降；发展化工固氮，忽视或抑制生物固氮，造成氮素局部富集和氮循环失调；城市化和集约化农牧业使人畜废弃物的自然再循环受阻。其中，人类农业活动对氮循环的影响主要是由于不合理的作物耕作方式和氮肥施用而引起的氮素流失与亏损，主要途径包括：反硝化、氨挥发、淋失、地表径流和土壤侵蚀。

氮素的流失对环境的影响是多方面的。农田氮素损失可造成地表水体的富营养化，农田渗漏水中的 $NO_3^- $-N 和 $NO_2^- $-N 可污染地下水，$NH_4^+$-N 进入水体会对鱼贝类等水产资源造成严重危害。农作物从土壤链进入人体和牲畜体，进而形成亚硝酸盐，亚硝酸盐在机体内与仲胺结成亚硝酸铵，这是一种致癌、致突变、致畸形物质，严重危害人畜健康。同时，人类的工农业活动干扰了生态系统中氮素的自然循环过程，如含氮化合物的燃烧、土壤的反硝化作用等，可导致大量气态氮氧化物（NO_x）的产生和释放，形成酸雨，进而对水生生态系统和陆地生态系统造成严重危害。众所周知，N_2O 可以长期存在于对流层中，并能导致臭氧的分解，起到破坏臭氧层的作用，而臭氧层具有防止紫外线辐射到达地面的功能，是一种天然的保护性屏障。同时，过量的紫外线照射对动植物的生长也不利。

N_2O 和 CO_2、CH_4 一样，也是一种温室气体，它对温室效应的贡献在过去的 100 年内约为 5%～10%，N_2O 主要来自土壤，土壤反硝化是向大气排放 N_2O 的主要途径，海洋也是一个排放源。排放到大气中 N_2O 大部分被平流层的光分解作用分解，小部分被土壤吸收。从总体上说可以维持平衡。但由于发展农业，燃烧树木，农作物残体及矿物燃烧，施肥等，增加了向大气的排放量，破坏了平衡，造成 N_2O 浓度的增加。

为了减少氮素对人类生存环境的影响，在农业上对氮素加强管理和调控是十分重要的，其调控途径主要包括以下几个方面：①改进氮肥施用技术，包括氮肥深施、分次施肥等；②平衡施肥和测土施肥；③施用长效缓释肥料；④合理灌溉；⑤防止水土流失和土壤侵蚀。

8.3.1.2 磷循环

1. 自然界中的磷循环

磷在生态系统中属于典型的沉积型循环，磷的储存库是地壳，由于风化作用释放的磷酸盐和施用的磷肥，被作物吸收进入体内，含磷的有机物沿两条循环支路循环：一是沿生物链传递，并以粪便、残体的形式归还土壤；另一种是以枯枝落叶、秸秆归还土壤。各种含磷的有机化合物经土壤微生物分解，变成可溶性磷酸盐，并再次被植物吸收利用，这是磷的生物小循环。在这一循环过程中，一部分磷脱离生物小循环进入地质大循环，其支路有两条：一是动植物遗体在陆地表面的磷矿化；另一种是磷受水的冲蚀进入江河，流入海洋。进入海洋的磷有相当数量以捕鱼方式或海鸟带回陆地，但大部分以沉积方式进入海洋沉积物中。据统计，每年全世界由陆地流入海洋的磷酸盐大约为 10 万 t，以捕鱼等方式返回的元素磷为 6 t，而人们每年开采的磷酸盐为 100 万～200 万 t，进入海洋的磷酸盐一部分经过海洋的沉降和成岩作用，变成岩石，然后经地质变化、造山运动，才能成为可供开采的磷矿石。因此，磷是一种"不完全"的缓慢循环的元素（图 8.3）。

磷是自然界中最丰富的 20 种元素之一，在地壳中磷的丰度列第十一位。据估计，地球

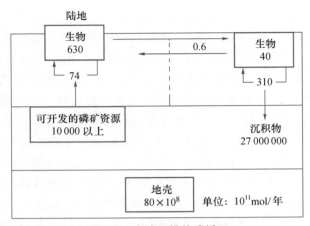

图 8.3　全球规模的磷循环

(骆世明，2001)

上可供开采的磷矿石储量为 $1.5×10^{10}$ t 磷，仅占岩石圈储磷量的千万分之三。

据大量土壤数据和相关资料，可初步估算土壤圈储磷量为 $6.2×10^{10}$ t，是全球可开采磷矿储磷量的 4 倍，相当于岩石圈储磷量的百万分之一。需要说明的是磷属于地球不可再生资源，人类终将面临磷危机的挑战，而一旦磷矿资源用尽，农业中磷肥供应的来路将中断，而磷又是植物生长必不可少的营养元素，其情形便不堪设想。

2. 农田生态系统中的磷循环

磷极易为土壤所吸持，几乎不进入大气，磷在黏细质地土壤中几乎不发生移动和淋失出土体，因此，磷在农田系统中的迁移循环过程十分简单，它远不如氮那么活跃和难以控制。几乎不存在不能控制的流失通道。

化学磷肥生产之前，农田中磷的根本来源是原始土壤成土过程中矿物风化释出并通过生物富集积累于土壤上层的磷。由于磷在农田系统中不易流失，依赖土壤矿物磷的缓慢释放和系统中有限数量磷的循环再利用，便可维持生产力低下的农田生态系统，使之经久而不衰。以产品中养分循环再利用为特点的中国式有机农业，曾经历 2 000 年以上的缓慢发展并可在土壤中保持小规模的有效磷库便是例证。不过，大多数土壤中的磷储量毕竟十分有限，含磷浓度为 500 mg/kg^2 的土壤，1 hm^2 耕层土壤约含磷 $1 200$ kg，相当于生产 300 t 粮食的作物需磷量。因此，对于生产力、商品率均极高的现代农业来说，欲保持作物充分稳定的磷供给，就唯有增加磷素的投入，扩大土壤有效磷库，提高土壤的供磷能力。

由于农田收获产品中 70%～80% 以上的磷集中在籽实中，以商品籽实输出为主的农田生态系统便可通过这一途径带走大部分农产品中的磷，因此农田系统中磷最主要的支出是农产品中磷的商品输出。因家畜排泄物及人粪尿收集管理不当引起的流失可能是农业中磷损失的主要途径，由于动物排泄物中磷的水溶性极高，堆储管理不当极易受雨水冲淋而流失。水土流失可带走农田表面的肥沃土层，同时也带走其中的磷及其他养分。

3. 人类活动对磷循环的影响

人类对磷循环的影响主要表现在以下几个方面：①人类对磷矿资源的开采与消耗。据统计，从 1935—1990 年间，磷矿总开采量达 37.9 亿 t 磷。1990 年全球磷矿开采量为 1.5亿 t，这相当于 0.2 亿 t 磷。如果按照这一速度，地球上的磷矿可开采 750 年。②磷肥的施用与淋失。施用磷肥补充了有效磷,土壤中的磷又会因收获物移出农田生态系统而逐渐下降。另一方面,水土流失及肥料淋失又会导致土壤中磷的损失。③生活污水、工业废水,尤其是农田径流所携带的氮、磷等营养物质进入水体,易造成水体的富营养化、赤潮等环境问题。

8.3.1.3 钾循环

1. 自然界中的钾循环

钾循环是以地质大循环为主,生物小循环为辅的物质循环。作为植物三大营养元素之一的钾在地壳中是第七个最丰富的元素,据推算在地壳中钾的储量为 6.5×10^{17} t。由于钾的化学活性很大,在自然界不存在元素态钾,在矿质土壤中通常只含有 $0.4 \sim 30$ g/kg 的钾,在 $0 \sim 20$ cm 深的土壤中总钾量为 $3\,000 \sim 100\,000$ kg/hm²,其中约98%为矿物钾,2%为溶液和交换态钾,土壤圈中钾是地球各个层中最活跃的部分,其中每年有 0.203 亿 t(以 1991年为例)的钾以化肥的形式进入土壤,同时由于作物吸收、淋溶和水土流失等,又有大量钾进入生物圈和水圈。由于自然界中没有气态钾存在,所以大气圈中的钾主要是以尘埃形式存在,其量较小。进入水圈中的钾,绝大部分进入海洋,因此海洋是另一个巨大的钾储存库,海水的含钾浓度为 0.37 g/kg,地壳中巨大钾矿藏的形成便主要是古代与大洋分离的海域或内陆盐湖经不断蒸发,水中的盐分逐步结晶沉积的结果。全球已发现并按目前的技术和利润可开采的钾储量估计为 140 亿 t,资源总量为 1 250 亿 t(Sheldrick,1985),中国已知的大型钾矿藏是位于青海省柴达木盆地的察尔汗盐湖。

2. 农田生态系统中的钾循环

在氮、磷、钾 3 个元素中,钾在自然界的活跃程度远不如氮,钾几乎不进入大气,不能形成有机态。但钾较磷易于在环境中迁移流动,因此,在某种意义上钾在自然界的活跃程度可超过磷。尽管如此,钾在农业系统中的循环过程依然十分简单。

土壤是农业系统中钾的储存库和交换库。矿质土壤的含钾浓度通常在 $0.4 \sim 30$ g/kg 幅度内(Bertsch 等,1985),中国耕作土壤的含钾浓度通常在 $3 \sim 20$ g/kg 幅度内,为土壤含磷浓度的 $10 \sim 40$ 倍。当土壤含钾浓度为 15 g/kg 时,1 hm² 耕层土壤的含钾量为36 000 kg,相当于生产1 500 t粮食的需钾量。作物和动物(包括人和家畜),也是农业系统中钾的交换库,不过与耕层土壤的钾储量相比,这两个库的动态储量要小得多,分别仅为土壤钾储量的数百分之一和数万分之一。

农业系统中土壤的钾收入主要来自化肥和农产品中钾的循环再利用(即农家肥中的钾)。作物、特别是禾本科作物的生长后期,其体内的钾可通过雨水淋洗或根系排除等途径而返回土壤。此外,降水和灌溉水可带进少量钾,根据我国观测资料,每年通过降水带进农田的钾量为每公顷 $2 \sim 10$ kg(刘崇群等,1984;马茂桐和农中扬,1988;张玉华等,1995)。

农业系统的钾支出主要是农产品中钾的商品输出、土壤中钾淋失以及农业废料中养分资源因收储管理不当而引起的钾损失等。与氮和磷不同,农作物收获产品中的钾集中在作物茎叶中,籽实中只占约20%的钾,因此以出售籽实为主的农业系统通过产品的商品输出而损失的钾量是有限的。

8.3.2 土壤养分演变

土壤是粮食生产的基础,耕地质量是关系到粮食安全、人类健康及生态环境与可持续发展的重要环节(卢良恕,2000;赵其国等,2001)。土壤养分是耕地质量的核心因素,与作物的产量又有非常密切的关系。土壤有机质和大量养分元素的含量是土壤肥力的核心,而通过合理施肥调节农田养分的循环和平衡是提高农田土壤肥力的主要手段(Paoletti 等,1993;鲁如坤,1998;Drinkwater 和 Snapp,2007)。由于存在各种养分的损失,农田生态系统中养分并非100%的循环,农田生态系统中作物养分投入和支出之间的平衡是评价农田养分管理可持续性的重要指标(Van derHoek 和 Bouwman,1999)。在不同的空间和时间尺度内分析农田生态系统养分的平衡状况及其对土壤质量和环境的影响,可以帮助提出合理的农田养分管理对策(Bindraban 等,2000)。一方面,欧美等发达国家化肥特别是氮肥过量使用导致农田养分的大量盈余(OECD,2001),农田养分损失(如活性氮)进入水体和大气环境,导致湖泊富营养化、温室气体效应等不利影响(Giles,2005);另一方面,农田养分的亏缺也会导致土壤肥力的退化和作物产量的下降,特别是在非洲地区(Stoorvogel 和 Smaling,1990)。

20 世纪 80 年代以来,我国化肥生产和投入逐年增加,化肥施用总量由 1980 年的 1 269.4 万 t 上升到 2005 年的 4 766.2 万 t,年平均增长率为 11.0%。其中氮肥的施用量由 934.2 万 t 增加到 2 229.3 万 t,磷肥(P_2O_5)的施用量由 273.3 万 t 增加到 743.8 万 t,钾肥(K_2O)施用量由 34.6 万 t 增加到 489.5 万 t,复合肥施用量由 27.3 万 t 增加到 1 303.2 万 t,年平均增长率分别为 5.55%、6.90%、52.6% 和 187%(杨林章和孙波,2008)。20 世纪 80 年代以来,我国农田的养分平衡总体上 N、P 的盈余不断增加,K 的亏缺不断减少(沈善敏,1998;Shen 等,2005)。我国大部分地区农田土壤有机质含量呈上升趋势,东北黑土地区由于基础土壤有机质含量较高、投入不足、水土流失等原因造成土壤有机质含量降低(黄耀和孙文娟,2006)。在区域分异方面,沿海地区的养分盈余高于中部和西部,主要与经济发展水平相关(鲁如坤等,2000;Sun 等,2008)。国家级耕地土壤监测点的长期监测表明,1985—1997 年间在农民习惯耕作施肥管理水平下,土壤有机质和氮、磷、钾养分含量不断提高;1998—2006 年间,土壤肥力基本稳定,土壤速效磷和速效钾有继续上升的趋势,土壤 pH 基本稳定;但不同区域土壤养分含量及 pH 值变化趋势差异很大(全国农业技术推广服务中心,2008)。

由于农田养分平衡的时空差异,加上不同区域农田土壤和作物类型的差异,导致不同区域农田土壤养分的变化同样存在时间和空间上变化的差异。中国农业科学院土壤肥力监测网对 9 个主要农田土壤的长期监测表明,NPK 配合施用,特别是化肥与有机肥的配合施用是快速提高土壤养分库的有效方法;与 NPK 配合施用相比,缺素施肥将导致土壤中相应元素含量的降低(徐明岗等,2006)。

不同地区的农田生态系统中,气候、地形、作物轮作管理和土壤性质对土壤养分变化的影响在一定程度上是通过影响土壤养分的转化、吸收、固定和迁移过程,从而影响了农田土壤养分的平衡,最终导致不同区域土壤中养分变化的不同。在农场(景观)尺度上的研究表明,施肥变化是导致土壤养分时空变异的主要因素(Sun 等,2003;路鹏等,2007)。在流域尺度上,土壤类型、地形和耕作管理(如灌溉、水土保持措施)等影响了土壤养分的时空变异(张世熔等,2007;郝芳华等,2008)。在县域尺度上,土壤类型、地形和施肥影响了土壤有机质和养分的时空变异(张玉铭等,2004;罗明等,2008;宋歌和孙波,2008)。在区域尺度上,不仅是土壤类型、施肥和地形(刘付程等,2004;周慧平等,2007),而且气候(Zhang等,2007)也影响了土壤养分的空间分布。

任意等(2009)对我国东北、西北、华北、西南、中南和华东地区农田的190个土壤质量监测点20多年来的土壤养分观测数据进行区域统计分析,结果表明:中南、华北区耕层土壤有机质含量在1986—1997年有显著的上升趋势,华东、东北区有下降趋势,西北、西南区基本稳定;1998—2006年各区变化不大,基本平稳。全氮、碱解氮与有机质含量变化存在显著相关关系,变化趋势也基本一致。20年来不同地区耕层土壤有效磷含量各区域均稳中有升。1986—1997年除西北耕层土壤速效钾含量有一定的下降趋势外,其他区域基本稳定;1998—2006年,土壤速效钾的平均含量变化也不大。总之,不同地区的土壤有效磷呈稳中有升的趋势,其他土壤养分指标不同地区存在一定的差异。

孙波等(2008)对我国6个农业生态试验站(海伦、沈阳、栾城、长武、常熟、鹰潭)站区农田土壤肥力在近年来时空演变的研究表明:除了海伦站黑土和常熟站水稻土的有机质和全氮平均含量下降外,其他站区均呈现增加趋势,主要原因是黑土和乌栅土有机质和全氮含量较高,目前农田有机C和N投入水平无法维持其平衡;6个站区土壤速效磷有增有减,而土壤速效钾除了栾城和鹰潭站区域外均呈降低趋势。从站区农田养分的年平衡与土壤养分的年变化量关系看,农田氮、磷、钾的盈亏量决定了土壤养分的变化方向。土壤有机碳和全氮的初始含量过高(分别超过15.1 g/kg和1.60 g/kg)时,也会导致其年际间的变化方向从增加变为降低。农田氮素盈亏量与土壤全氮变化量之间相关不显著,主要是由于化肥投入和作物籽粒输出的农田氮平衡不能完全代表土壤氮素的真实盈亏情况;而农田磷素和钾素的盈亏量与土壤速效磷和速效钾的年变化量显著相关。

韩秉进等(2007)通过对东北黑土农田进行广泛采样、化验分析发现,目前黑土农田有机质含量平均为33.9 g/kg,全氮1.91 g/kg,速效磷24.85 mg/kg,速效钾159.95 mg/kg。1979—2002年期间黑土农田土壤有机质下降了3.76~4.14 g/kg,平均每年下降0.16~0.18 g/kg;而土壤速效磷含量大幅度上升,已是原来1979年的2倍以上,23年里土壤速效磷上升了12.66~14.66 mg/kg,平均每年上升0.55~0.64 mg/kg。土壤速效磷被认为是过去20多年里人为生产活动改变最大的肥力因子,其他土壤养分指标的空间分布有较明显的地带性,存在显著的空间变异,尤其是土壤有机质、全氮、碱解氮与地理纬度高程度相关,受气候等自然因素影响较大。

陈洪斌等(2003)研究了辽宁省1979—1999年的20年中土壤养分变化情况,结果表明:辽宁省1979—1999的20年中,耕地土壤有机质、全氮、有效钾呈下降趋势,有效磷呈上升趋势。有机质年递减率约为0.06%,全氮年递减率为0.47%,有效钾年递减率约为1.27%,平均下降20.6 mg/kg,有效磷年递增率约为5.31%,平均上升7.3 mg/kg。

王绪奎等(2009)和孙瑞娟等(2006)对太湖流域土壤肥力变化趋势及原因进行分析。结果表明:1982—2004年,土壤有机质、全氮、速效磷、速效钾显著上升,不同土壤类型养分变化不尽一致;而pH和CEC显著下降。化肥的大量使用是土壤氮素、磷素水平提高的重要原因,土壤酸化并伴随盐基离子的淋失是限制土壤肥力质量的关键因素。

林碧珊和苏少青(2008)对广东省 200 多个稻田土壤肥力演变状况进行分析发现,稻田土壤有机质和全氮略有上升,但逐年变幅较小;土壤有效磷含量明显增加,已达丰富水平;土壤有效钾含量明显增加,但仍偏低,绝大部分水田钾素处于亏缺状态。

田有国等(2010)对 26 个 20 多年长期定位试验的褐土土壤肥力质量和产量变化进行了分析。结果表明:1986—2006 年,褐土区土壤有机质含量由 11.50 g/kg 上升到 15.75 g/kg;全氮由 0.73 g/kg 上升到 1.07 g/kg;碱解氮含量由 73.5 mg/kg 上升到 94.6 mg/kg,20 年增加了 21.1 mg/kg;有效磷含量 1998—2006 年增加幅度较大,由 18.1 mg/kg 上升到 28.7 mg/kg,年增加 1.3 mg/kg;速效钾含量也随时间呈一定的增加趋势。总之,褐土肥力总体呈稳中有升的趋势。土壤有机质、全氮、碱解氮和有效磷含量的上升趋势较土壤速效钾明显,土壤酸碱度保持基本稳定,作物产量也呈现了一定上升趋势。

自 1986 年起,农业部全国农业技术推广服务中心在全国典型潮土区开展了耕地土壤的肥力动态监测,以了解潮土区耕地地力的动态变化趋势。1987—2006 年的土壤肥力动态监测结果表明(张金涛等,2010),潮土区土壤有机质和全氮含量均有所增加;1987—1997 年全国潮土区土壤有机质和全氮含量年均增加 2.04% 和 2.59%;1998—2006 年全国潮土区土壤有机质含量年均增加 0.62%,全氮含量年均降低 0.39%;土壤有效磷和速效钾含量年均分别增加 0.77%～1.47% 和 1.61%～2.73%;土壤 pH 值降低 0.28 个单位,有酸化的趋势。

8.4 养分平衡与产量形成

8.4.1 我国农田养分平衡状况

农业的持续发展要求必须加强对养分循环和平衡的研究,改进土壤-作物系统内养分的调控,使循环向有利于人类需要的方向发展。国内外在农田土壤养分平衡方面进行过相当数量的研究,由于缺少养分平衡评价的指标,对农田土壤养分平衡状况的评价还较少,以至于过去一直注重作物的增产增收效果而不太注意土壤肥力的维持或提高。

就田块尺度和国家层次上,我国对农田养分收支平衡相关研究也取得了许多建设性结论,Lin 等(1996)和 Jin(1998)研究表明,1988 年中国的氮素就已经基本达到平衡,但是区域间养分的平衡情况存在较大差异,沿海地区氮素严重盈余,不仅浪费了肥料资源,而且污染了环境。曹志洪(1998)根据粮食产量与施肥量关系的研究认为,在我国东部沿海高产、经济发达的地区如上海、广东、福建,浙江的沿海地区,江苏的苏南地区,山东、辽宁、河北的沿海地区及京津唐等大城市郊区,肥料用量特别是氮肥和磷肥用量已过量,不仅肥效不能发挥,而且对土壤及水体的 N、P 污染威胁严重,地下水 NO_3^--N 含量超标,水体富营养化,使人们的饮用水、工业用水都有影响。姜子绍(2006)根据农田生态系统中钾素的收支关系与循环再利用存在的问题提出调控措施,从全国来看,我国施用钾素的数量比作物收获时从土壤中带走的钾素的数量少得多,钾素一直处于负平衡状况。我国土壤钾素肥力不断下降、钾肥有效地区不断扩大,虽然钾肥用量在逐年增长,但补充的钾尚不能维持钾的收支平衡。为了维持与提高土壤钾素肥力,使作物高产稳产,在今后农业生产中应充分注意土壤钾素的平衡,优化农田生态模式,注重水肥调控,坚持有机肥与无机肥配施的原则,促进钾养分循环,保持农田钾平衡,提高土壤钾肥力。王英(2002)根据农田投入与产出之间的关系评价了黑龙江省的养分收支平衡情况,发现黑龙江省钾肥施入明显不足。氮素已经基本处于平衡状态,盈余不大,磷素的收支状况是20世纪70年代末磷素亏缺2.4×10^4 t,到了20世纪80年代就基本达到了平衡。总体来说,由于钾的持续亏缺致使黑龙江省耕地土壤肥力正在逐年下降,近2/3的耕地已经成为中低产田,形势比较严峻。林忠辉(1998)通过统计发现,我国经济发达的东部地区化肥施用量占全国的40.3%,中部地区化肥施用量占46.7%,西部仅占13%。如果能同时做到区域间和区域内肥料资源的合理配置,则可以在化肥总量不变的情况下,较大幅度地提高全国粮食产量。中化化肥农大研发中心根据各省主要作物合理施肥量和种植结构分析全国作物施肥状况,发现如果按1999年种植结构算,全国N、P、K合理消费量分别是$2\,483.6\times10^4$ t、$1\,276.9\times10^4$ t和958.6×10^4 t;从区域间分布看,华北和华东是化肥消费大户,其他几个区域相差不大,全国化肥实际消费量与合理消费量相比,氮肥基本持平,磷肥和钾肥投入不足;氮肥在华北、华东和华中已过量,其他地区投入不足,西北缺得最多,西南缺得最少;磷肥只有华中略微过量,华北、西北和东北缺得最多;钾肥全部不足,华北缺得最多,其次是华中,再依次是华东、华南、西南、西北和东北。

而造成这种现状的原因,是因为在土壤利用管理上,长期忽视了物质循环的特点及其相互转化的关系,只重视化肥(磷、钾重视也不够,施用不合理),而忽视中、微量元素和农家肥;只重视工程措施,而忽视生物措施;只重视物质产出,而忽视物质归还,导致耕地锐减,地力下降;作物营养失调,病虫害滋生,农产品产量和品质下降;水土流失严重;土地沙化不断扩展;草场退化加剧;生物物种日益减少等现象。生态农业通过合理地协调其系统中的养分能够缓解这些现象,通过平衡施肥技术可以合理地协调生态农业中的养分,解决日趋严重的土壤问题和生态恶化现象,提高土地生产力,保证生态农业顺利建设。

8.4.2 平衡施肥

平衡施肥是指在农业生产中,综合运用现代科学技术新成果,根据作物需肥规律、土壤供肥性能与肥料效应,制定一系列农艺措施,从而获得高产、高效,并维持土壤肥力,保护生态环境(李晓文等,1999)。它是农业生产发展的需要,是施肥技术在应用过程中不断发展的结果。平衡施肥要考虑的因素如图8.4所示。

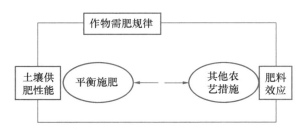

图8.4 施肥应考虑土壤、作物、肥料效应及配套措施等因素

平衡施肥是一项科学性、实用性很强的技术,具体在运用过程中包括以下内容:

①根据土壤供肥能力、植物营养需求,确定需要通过施肥补充的元素种类;②确定施肥量;③根据作物营养特点,确定施肥时期,分配各期肥料用量;④选择切实可行的施肥方法;⑤制定与施肥相配套的农艺措施,实施施肥。

平衡施肥法的核心是确定施肥量:施肥量的确定应有一定的预见性,即在作物播种前确定作物施肥量但也应有一定的灵活性,在作物生长过程中可根据其生长状况和大气变化调整施肥量。平衡施肥就是要考虑农田系统中养分循环的输出和输入因子,使系统中的养分收支平衡,通过配套措施尽量减少对环境不利的支出,提高收获物的产量和品质,参见图8.5。

8.4.2.1 平衡施肥作用

农业受自然资源的制约很大,其中又以水和土的制约因素最大。平衡施肥就是通过采取各种措施来达到改善生态和生物生存环境。

许多研究表明,平衡施肥能增加农作物产量,改善农产品品质,提高作物抗病虫害能力,发展优质农业(黄光荣,2006;孙文涛等,2008;尹彩侠等,2010;姬景红等,2010)。平衡施肥能合理、均衡地供给作物生长发育所需要的各种营养元素,增强作物抗病、抗寒、抗高温、抗干旱的能力,促进作物健康生长,协调产量因素,增加作物产量,改善农产品外在品质和内在品质,从而提高农产品商品性能和市场竞争力以及经济效益,改善人们生活水平等。

平衡施肥能大大提高化肥利用率(邢月华等,2009;赖丽芳等,2009;姬景红等,2009;马文娟等,2010),实现低耗、低污染。平衡施肥可以做到各种养分合理施用,大大改善肥料的利用结构,提高肥料的利用率,减少肥料的浪费和施用量,从而减少因肥料流失产生的环境污染。

此外,许多长期定位试验也表明(韩志卿等,2004;马俊永等,2007;吴春艳等,2008),平衡施肥能保护耕地,培肥地力,保持农业持续发展。平衡施肥坚持使用有机肥,不仅归还了作物生长所急需的养分,也归还其他种类元素,可均衡土壤养分,改善土壤环境条件,维持土壤肥力经久不衰。

平衡施肥协调了土壤养分与作物营养的关系,提高了作物的抗逆性,减少了作物生长期内的农药用量,保护了生态环境;另外,平衡施肥技术要求化肥深施,这与习惯施肥方法的化肥地面撒施相比,减少了氮肥的淋溶量,从而降低了地下水中的硝酸盐和亚硝酸盐的含量以及铅、镉和氟的含量。有利于生产安全、健康的绿色食品,有利于我国农业持续、健康的发展(图8.5)。

8.4.2.2 调控农业生态系统养分平衡的途径

养分既是物流的组成,也是保持能流和物流良性循环的重要条件,因此必须使农业生态系统的养分总是处于良性循环及动态平衡的状态。为此,可采取以下主要途径:

1. 保持产出与输入平衡,在措施上应使"输入"适当高于"输出"以增强后劲

对于土壤-作物生态系统来说,首选应做到从农田中取走多少养分(包括籽实和秸秆中的养分)即应归还多少养分的原则,而且,为了培肥地力以增强生产的后劲,一般应"输入"大

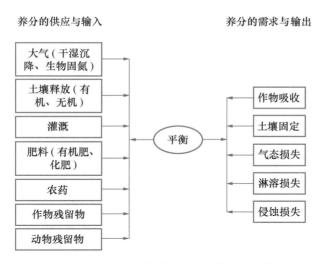

养分的供应与输入 养分的需求与输出

大气（干湿沉降、生物固氮）

土壤释放（有机、无机）

灌溉

平衡

肥料（有机肥、化肥）

农药

作物残留物

动物残留物

作物吸收

土壤固定

气态损失

淋溶损失

侵蚀损失

图 8.5　生态农业中的养分循环平衡控制示意图

于"输出"。在具体措施上因土壤及肥料种类和增产效率不同而异。

氮肥在各种土壤上都具有不同程度的增产作用。当增产效率为 10%～50% 时，"输入"的数量一定要高于产出；若增产率在 50% 或以上时，"输入"可以与"输出"相平衡；但考虑到氮肥因挥发、反硝化、淋溶等而受到损失，因此氮肥的施用一般都应高于"输出"的数量。但最大的"输入"量应不因氮素流入水中或散发至大气中而造成环境问题。大多数作物对磷肥的利用率偏低，一般在 10%～25%，其中谷类和棉花较低，而豆科及绿肥作物较高。磷肥利用率（平均），水稻为 14%，小麦为 10%，玉米为 18%，棉花为 6%，紫云英为 20%。磷肥在土壤中的移动性较小，故施用一季磷肥后残留在土壤中的磷较多。因此磷肥的施用最好以一个轮作周期为单位。例如，在水旱轮作区，磷肥重点施在旱作物上，水稻只在秧田上施磷并用磷肥蘸秧根即可。一年两熟旱地上，磷肥可重点施在冬种作物上。一年一熟的轮作，磷肥可重点施在豆科作物或绿肥上；若无豆科轮作，则施在冬、春种植的作物或对磷肥敏感的作物（如油菜）上。钾在作物秸秆中的含量一般都高于种子和果实，因此更应重视"秸秆还田"或"过腹还田"。施用钾肥效果的大小与土壤的含钾量关系极为密切。土壤速效钾低于 30 mg/kg，对各种作物施钾肥都有显著的效果；土壤速效钾在 30～80 mg/kg，缓效钾在 200～400 mg/kg，对粮棉油和各种经济作物施用钾肥均可增产 10%～20%；土壤速效钾在 80～150 mg/kg，缓效钾在 400～600 mg/kg 时，钾肥对烟草、薯类、豆类和糖料等喜钾作物有一定的增产效果；当土壤速效钾高于 150 mg/kg，缓效钾在 600 mg/kg 以上时，钾肥一般不显增产效果，在这类土壤上取走作物产品，可以不施钾肥。

作物和畜禽对微量营养元素的需要和中毒极限，往往处于一个较窄的范围，对中量、微量元素的归还，既要考虑"输出"的数量，又要考虑土壤及水等环境中的含量，以及不同动植物的需要状况，切不可机械地运用归还学说。

2. 大力加强"增效减耗"技术

在作物施肥（特别是氮、钾肥）时，常有 20%～50% 的损失，为此，必须大力提倡采用"增效减耗"技术，如氮肥深施，碳铵球肥深施，水田以水带氮，钾肥基施，有机肥与无机肥配合施用等,都是提高肥料利用率,减少肥料损失的有效技术。在饲养牲畜和家禽时,也有 24%～35%的氮素等养分被损耗,应采用加强畜禽的消化吸收并减少损耗的技术(如秸秆氨化等),以提高对饲料的利用率。

8.4.3 华北平原农田生态系统养分平衡分析

华北平原约有 666.7 hm² 的中低产土壤,主要分布在潮土等土类上,存在的问题是地力贫瘠,常常受旱涝、盐碱等危害。土壤有机质大部分为(8±2)g/kg,全氮为(0.6±0.2)g/kg。供氮能力属中低水平,速效磷为(5±2)g/kg,供磷能力约为全国的 1/2,属低水平。从土壤交换性钾和缓效钾的含量来看,土壤供钾能力属中高水平,但从长远来看,应注意到华北平原土壤钾的耗竭问题。华北平原历史上曾有"缺磷、少氮、富钾"的说法,在目前的情况下应慎重对待。

在农田生态系统中,作物吸收的养分是重要的支出,施肥是最大的收入。土壤则作为养分库进行养分收支的调节。由于作物不断地吸收养分,对土壤养分库不可避免地构成连续的消耗,在所有农田生态系统中,都必须依靠良好的管理,以各种方式不断供应消耗所需的养分,以此维持或提高产量。

联合国粮农组织的一份报告指出,未来作物能否维持高产,取决于能否得到充足的养分,不然,土壤本身的储备将消耗殆尽。并认为,自 1950 年以来,发展中国家粮食增产的 75%是靠化肥获得的。近几十年来,全世界粮食增加的产量中,有 50%是靠化肥获得的。

在 20 世纪 50 年代初,在农业中的主要肥源是有机肥,而有机肥中氮素含量较低,磷钾含量相对较高,氮便成了限制作物产量提高的"最小养分",因此,在施有机肥的基础上,配合施适量的氮素化肥,便能使氮、磷、钾养分相对平衡,起到明显的增产效果。从 60 年代开始,由于氮素化肥用量明显增加,加之华北平原土壤供钾充足,土壤供磷不足成为主要矛盾,磷素成为限制提高作物产量的"最小养分",在施用有机肥与氮素的基础上,增施磷肥便出现显著的增产效果。进入 80 年代,化肥的施用量增长很快,1984—1987 年化肥施用量基本上稳定在 150 kg/hm² 左右,1998 年化肥施用量达 379.7 kg/hm²,为 1985 年的 2.47 倍,比 1990年增长 88%。随着复种指数的提高,作物产量的增加,土壤中显示出缺钾的症状,钾素已成为限制提高作物产量的"最小养分",此时,适量施用钾肥,便可增产 10%以上。

华北平原合理施肥与平衡施肥,是一项重大课题。通过近期的科学研究,对华北平原的养分平衡有 3 个问题需要有新的认识:一是关于华北平原的"富钾"问题;二是对石灰性土壤中磷素被土壤固定问题;三是在石灰性土壤中某些微量元素缺乏的问题。

在华北平原的成土母质中,富含钾次生矿物,缓效钾和速效钾含量较高,被称为"富钾区"。但是近年来,随着氮、磷化肥施用量的增加,作物产量的提高,土壤缺钾现象日渐普遍。特别是有机肥料施用较少的土壤或需钾较多的作物(如玉米、棉花等)表现尤为明显。根据林治安等的研究,小麦、玉米两熟制粮田连续施用氮、磷化肥 3 年后,玉米开始有缺钾表现,产量逐年下降,5～6 年后,玉米产量已接近无肥对照区水平,土壤中速效钾含量下降到 60 mg/kg 以下,如果此时补充钾肥,玉米产量迅速回升,在同等条件下,冬小麦则没有明显的缺钾症状,这与胡朝炳的研究结果一致。

近期的研究结果表明,石灰性土壤中基本不存在磷的固定问题。从长远观点考虑,磷肥的累计利用率可以达到相当高的水平。速效化学磷肥施入土壤后,除少量供当季利用外,其余绝大部分以缓效态 Ca_8-P、Al-P 和 Fe-P 等形式保存于土壤中。各种形态缓效磷与土壤中速效磷之间有极显著的相关性,表明缓效磷可以逐渐释放供给作物吸收,是作物所需磷素的重要来源。

华北平原施用化肥水平,1978 年约 112.8 kg/hm²,1984 年为 158.0 kg/hm²,1993 年为 256.6 kg/hm²,1998 年为 379.7 kg/hm²,化肥施用量逐年增长,氮、磷、钾比例不合理,其中钾尤低。氮素单一使用,没有足够的磷、钾和微量元素配合,非但不能增产,反而造成效益下降(表 8.10)。

表 8.10　华北平原化肥施用情况

项目	年份							
	1984	1986	1988	1990	1992	1993	1995	1998
化肥施用总量*/万 t	474.55	480.32	511.58	619.37	704.31	792.09	835.15	1 102.23
单位面积化肥施用量/(kg/hm²)	158.00	156.00	165.90	201.80	230.70	256.60	287.90	379.70

* 化肥用量是纯元素值。

作物所必需的微量元素的数量虽少,但对作物的生长发育起着至关重要的作用。1989—1991 年中国科学院对华北平原典型地区的土壤微量元素进行普查。山东省禹城市普查结果表明,93%的土壤缺锌或严重缺锌,约 85%的土壤缺锰或严重缺锰,50%土壤缺硼,几乎全部土壤缺钼。河南省封丘县土壤中有 85%的土壤缺锌和锰,95%的土壤缺钼,100%的土壤缺钴,1/3 的土壤缺硼。其他地区的土壤也有不同程度的微量元素缺乏(表 8.11)。

表 8.11　华北平原土壤中有效态微量元素含量　　　　　　　　　　mg/kg

地名	Zn	Mn	Cu	Fe	Mo	B
新乡市四县	0.52	122.4	1.331	11.90	0.19	0.61
新乡东四县	0.71	78.1	1.16	9.83	0.043	0.59
禹城市	0.63	115.0	1.50	8.40	0.02	0.36
武城县	0.47	64.7	1.59	7.40	0.32	0.78
栾城县	1.16	86.6	0.87	8.20	0.14	0.49
南皮县	0.82	76.9	1.06	9.70	0.09	0.70
安徽淮北	0.26~0.75	35~288	0.51~2.27	3.0~6.3	0.03~0.04	0.12~0.52
临界值	1.0	100	0.2	0.03~0.04	0.15	0.50

在华北平原大部分石灰性土壤中,某些微量元素(如锌、锰、铁、钼等)甚感缺乏,对作物已产生危害。因此,应尽快加强和推广微量元素肥料,实现全面均衡营养,保证农业高产高效和持续稳定发展。

随着生产水平的提高,对华北平原地区土壤养分的丰缺指标和化肥氮、磷、钾的配比应给予新的认识。就全国而言,氮、磷、钾化肥的比例为1∶0.31∶0.15,而世界上的比例为

1∶0.49∶0.37,中国的磷、钾化肥比例明显偏低,华北平原地区三大元素的比例更不协调:山东省为1∶0.35∶0.094,河南省为1∶0.40∶0.095,河北省为1∶0.32∶0.059。根据1993年的统计资料,钾素在三大元素所占的比例北京市为零,天津市为2.5%,河北省为3.5%,山东省为5.1%,河南省为5.6%,可见,华北地区钾肥施用量相当少(表8.12)。

表 8.12　氮、磷、钾、复合肥用量及比例(1993)

省市	总量/万 t	化肥用量(折纯)/万 t				占总量/%			
		N	P	K	复合肥	N	P	K	复合肥
北京市	15.0	9.0	1.0	0.0	5.0	60.0	6.7	0.0	33.3
天津市	8.1	5.2	0.6	0.2	2.1	64.2	7.2	2.5	25.9
河北省	193.6	115.5	36.3	6.7	35.1	59.7	18.8	3.5	18.1
山东省	355.0	192.0	68.0	18.0	77.0	54.1	19.2	5.1	21.7
河南省	288.0	169.0	68.0	16.0	35.0	58.7	23.6	5.6	12.2

参考文献

[1] Bertsch P M, Thomas G W. Potassium status of temperate region soils, in Potassium in agriculture. Wisconsin: Madison, 1985.

[2] Bindraban P S, Stoorvogel J J, Jansen D M, et al. Land quality indicators for sustainable land management: Proposed method for yield gap and soil nutrient balance. Agriculture, Ecosystems and Environment, 2000. 81 (2):103-112.

[3] Drinkwater L E, Snapp S S. Nutrients in Agroecosystems: Rethinking the Management Paradigm. Advanced Agronomy, 2007, 92:163-186.

[4] Giles J. Nitrogen study fertilizes fears of pollution. Nature, 2005, 433:791.

[5] Jansson S L, Parsson J. Mineralization and immobilization of soil nitrogen, in Nitrogen in agricultural soils. Wisconsin: Madison, 1982.

[6] Jenkinson D S, Parry L C. The nitrogen cycle in the Broadbalk wheat experiment: A model for the turnover of nitrogen through the soil microbial biomass. Soil Biol. Biochem, 1989, 21(4):535-541.

[7] Jenkinson D S. An introduction to the global nitrogen cycle. Soil Use and Management, 1990, 6(2):56-61.

[8] Jin J. Strengthening research and technology transfer to improve fertilizer use in China. In: Buresh R J, Sanchez P A, Calhoun F. Replenishing soil fertility in Africa. HongKong: Special publication, 1998, 21.

[9] Lin X, Yin C, Xu D. Input and output of soil nutrients in high-yield paddy fields in south China. In: KhonKaen. Proceedings of the international symposium on maximizing rice yields through improved soil and environmental management. Thailand, 1996:93-97.

[10] OECD (Organisation for Economic Co-operation and Development). Environmental indicators for agriculture, Volume 3, Methods and results. Paris: Organization for Economic Cooperation and Development, 2001.

[11] Paoletti M G, Foissner W, Coleman D. Soil Biota, Nutrient Cycling and Farming Systems. Boca Raton, FL: Lewis Publishers, 1993.

[12] Rosswall T. The nitrogen cycle in the major biogeochemical cycles and their interactions. Chichester: Wiley, 1983.

[13] SheldricK W F. World potassium reserves. Wisconsin: Potassum in agricultures Madison, 1985.

[14] Shen R P, Sun B, Zhao Q G. Spatial and temporal variability of N, P and K balances for agroecosystems in China . Pedosphere, 2005, 15(3): 347-355.

[15] Stoorvogel J J, Smaling E M A. Assessment of soil nutrient depletion in sub-Saharan Africa: 1983-2000. Report 28, W in and Staring Centre, Wageningen, The Netherlands, 1990.

[16] Sun B, Shen R P, Bouwman AF. Surface N balances in agricultural crop production systems in China for the period 1980—2015. Pedosphere, 2008. 18(3), 135-143.

[17] Sun B, Zhou S L, Zhao Q G. Evaluation of spatial and temporal changes of soil quality based on geostatistical analysis in the hill region of subtropical China. Geoderma, 2003, 115: 85-99.

[18] Van derHoek K W, Bouwman A F. Upscaling of nutrient budgets from agroecological niche to global scale. // Smaling E M A, OenemaO, Fresco L O, eds. Nutrient Disequilibria in Agroecosystems. Wallingford: CAB Internationa, 1999, 1: 57-73.

[19] Zhang X Y, Sui Y Y, Zhang X D, et al. Spatial variability of nutrient properties in black soil of northeast China . Pedosphere, 2007. 17(1), 19-29.

[20] 曹志洪. 科学施肥与我国粮食安全保障. 土壤, 1998. 2, 57-69.

[21] 陈洪斌, 王丽, 丁福成, 等. 辽宁省耕地土壤 1979—1999 年土壤养分肥力的变化. 土壤通报, 2003, 34(4): 271-275.

[22] 冯涛, 杨京平, 施宏鑫, 等. 高肥力稻田不同施氮水平下的氮肥效应和几种氮肥利用率的研究. 浙江大学学报: 农业与生命科学版, 2006, 32(1): 60-64.

[23] 韩秉进, 张旭东, 隋跃宇, 等. 东北黑土农田养分时空演变分析. 土壤通报, 2007, 38(2): 238-241.

[24] 韩燕来, 刘征. 超高产冬小麦氮磷钾吸收, 分配与运转规律的研究. 作物学报, 1998, 24(6): 908-915.

[25] 韩志卿, 张电学, 陈洪斌, 等. 长期施肥对褐土有机无机复合性状演变及其与肥力关系的影响. 土壤通报, 2004, 35(6): 720-723.

[26] 郝芳华, 欧阳威, 李鹏, 等. 河套灌区不同灌季土壤氮素时空分布特征分析. 环境科学学报, 2008, 28(5): 845-852.

[27] 何宏新, 于洪江, 王凤英, 等. 大豆的需肥特点与施肥技术. 科技创新导报, 2008,

23,213.

[28] 黄光荣.平衡施肥对烤烟产量和质量的影响.安徽农业科学,2006,34(11):2431-2440.

[29] 黄耀,孙文娟.近20年来中国大陆农田表土有机碳含量的变化趋势.科学通报,2006,51(7):750-763.

[30] 黄正家.水稻需肥特性及高产栽培施肥技术.安徽农学通报,2006,12(7):105.

[31] 姬景红,李玉影,刘双全,等.平衡施肥对大豆产量及土壤—作物系统养分收支平衡的影响.大豆科学,2009,28(4):678-682.

[32] 姬景红,李玉影,刘双全,等.平衡施肥对玉米产量、效益及土壤—作物系统养分收支的影响.中国土壤与肥料,2010,4:37-41.

[33] 姜子绍,宇万太.农田生态系统中钾循环研究进展.应用生态学报,2006,17(3):545-550.

[34] 赖丽芳,吕军峰,郭天文,等.平衡施肥对春玉米产量和养分利用率的影响.玉米科学,2009,17(2):130-132.

[35] 李晓文,胡远满,肖笃宁.景观生态学与生物多样性保护.生态学报,1999,19(3):390-407.

[36] 林碧珊,苏少青.广东省稻田土壤肥力演变状况及分析.安徽农学通报,2008,14(11):70-71.

[37] 林忠辉,陈同斌.中国不同区域化肥资源利用特征与合理配置.资源科学,1998,20(5):26-31.

[38] 刘崇群.我国南亚热带闽滇地区降雨中养分含量的研究.土壤学报,1984,21(4):438-443.

[39] 刘凤丽.玉米配方施肥技术.吉林农业,2011,6:125.

[40] 刘付程,史学正,于东升,等.太湖流域典型地区土壤全氮的空间变异特征.地理研究,2004,23(1):63-70.

[41] 卢良恕.农业可持续发展战略研究.21世纪初中国农业发展战略.北京:中国农业出版社,2000:461-495.

[42] 卢普相,罗联香,张美兴,等.早稻高产水平下对氮磷钾的吸收累积特点.广西农业科学,1998(4):181-182.

[43] 鲁如坤,时正元,施建平.我国南方6省农田养分平衡现状评价和动态变化研究.中国农业科学,2000,33(2):63-67.

[44] 鲁如坤.土壤—植物营养学原理和施肥.北京:化学工业出版社,1998:79-349.

[45] 路鹏,苏以荣,牛铮,等.红壤丘陵区村级农田土壤养分的空间变异与制图.浙江大学学报:农业与生命科学版,2007,33(1):89-95.

[46] 栾远.水稻的需肥特点及田间管理技术.安徽农学通报,2011,17(14):315-316.

[47] 罗明,潘贤章,孙波,等.江西余江县土壤有机质含量的时空变异规律研究.土壤,2008,40(3):403-406.

[48] 骆世明.农业生态学.长沙:湖南科学技术出版社,2001.

[49] 马德福,刘明一.水稻需肥特点及施肥技术.吉林农业,2010,10:84.

[50] 马俊永,李科江,曹彩云,等.有机-无机肥长期配施对潮土土壤肥力和作物产量的影响.植物营养与肥料学报,2007,13(2):236-241.

[51] 马茂桐,农中扬,柳州地区降雨中营养元素含量,土壤,1988,1:35-36.

[52] 马文娟,同延安,高义民,等.平衡施肥对线辣椒产量、品质及养分累积的影响.西北农林科技大学学报(自然科学版),2010,38(1):161-166.

[53] 牛亚琴.玉米需肥特点及施肥技术.村委主任,2011,2:43.

[54] 潘成.浅析黑龙江省大豆需肥特点.种子世界,2011,7:13.

[55] 彭少兵,黄见良,钟旭华,等.提高中国稻田氮肥利用率的研究策略.中国农业科学,2002,35(9):1095-1103.

[56] 全国农业技术推广服务中心,中国农科院农业资源与区划所.耕地质量演变趋势研究——国家级耕地土壤监测数据整编.北京:中国农业科学技术出版,2008.

[57] 任意,张淑香,穆兰,等.我国不同地区土壤养分的差异及变化趋势.中国土壤与肥料,2009,6:13-17.

[58] 沈善敏.中国土壤肥力.北京:中国农业出版社,1998.

[59] 宋歌,孙波.县域尺度稻麦轮作农田土壤无机氮的时空变化——以江苏省仪征市为例.农业环境科学学报,2008,28(2):636-642.

[60] 孙波,潘贤章,王德建,等.我国不同区域农田养分平衡对土壤肥力时空演变的影响.地球科学进展,2008,23(11):1202-1208.

[61] 孙立军.玉米需肥特点及施肥技术.养殖技术顾问,2011,7:262.

[62] 孙瑞娟,王德建,林静慧.流域土壤肥力演变及原因分析.土壤,2006,38(1):106-109.

[63] 孙文涛,汪仁,安景文,等.平衡施肥技术对玉米产量影响的研究.玉米科学,2008,16(3):109-111.

[64] 田有国,张淑香,刘景,等.褐土耕地肥力质量与作物产量的变化及影响因素分析.植物营养与肥料学报,2010,16(1):105-111.

[65] 王鹏,戴金明,何成凤.水稻需肥规律及施肥技术.现代农业科技,2009,23:97-98.

[66] 王铁文,刘凤东,李井峰.大豆需肥特点及施肥技术.现代农业科技,2010,21:96-99.

[67] 王绪奎,徐茂,汪吉东,等.太湖地区典型水稻土大时间尺度下的肥力质量演变.中国生态农业学报,2009,17(2):220-224.

[68] 王英.黑龙江省农田养分循环与平衡状况的初步探讨.土壤通报,2002,33(3):268-271.

[69] 王志好.大豆需肥特性及水肥运筹,2008,14(24):38-39.

[70] 吴春艳,陈义,杨生茂,等.长期肥料定位试验中土壤肥力的演变.浙江农业学报,2008,20(5):353-357.

[71] 邢月华,韩晓日,汪仁,等.平衡施肥对玉米养分吸收、产量及效益的影响.中国土壤与肥料,2009,2:27-29.

［72］徐明岗，梁国庆，张夫道.中国土壤肥力演变.北京：中国农业出版社,2006.

［73］闫书安,张春央.玉米需肥规律及科学施肥技术.安徽农学通报,2008,14(12)：33-34.

［74］杨林章，孙波.中国农田生态系统养分循环和平衡及其管理.北京：科学出版社,2008.

［75］尹彩侠，王立春，张国辉，等.平衡施肥对水稻产量和品质的影响.吉林农业科学,2007,32(4)：29-30，34.

［76］于振文.作物栽培学各论.北京：中国农业出版社,2003.

［77］於振南,海斌客.大豆需肥特点与施肥技术.新农业,2004,7：41.

［78］张福锁.中国主要作物施肥指南.北京.中国农业大学出版社,2009.

［79］张继强.大豆的需肥特点及施肥技术.现代农业,2011,10：21.

［80］张金涛，卢昌艾，王金洲，等.潮土区农田土壤肥力的变化趋势.中国土壤与肥料,2010,5：6-10.

［81］张世熔，孙波，赵其国，等.南方丘陵区不同尺度下土壤氮素含量的分布特征.土壤学报,2007,44(5)：885-892.

［82］张玉华，许广山，刘春萍.长白山云冷杉林生态系统水的化学特征.生态学报,1995,15(增刊B辑)：41-46.

［83］张玉铭，毛任钊，胡春胜，等.华北太行山前平原农田土壤养分的空间变异性研究.应用生态学报,2004,15(11)：2049-2054.

［84］赵其国，周建民，董元华.江苏省农业清洁生产技术与管理体系的研究与试验示范.土壤,2001(6)：281-285.

［85］周慧平，高超，孙波，等.巢湖流域耕层土壤磷素空间变异特征及其环境风险.农业环境科学学报,2007,26(6)：2112-2117.

［86］朱兆良.稻田节氮的水肥综合管理技术的研究.土壤,1991,23(5)：241-245.

［87］朱兆良.我国土壤供氮和化肥氮去向研究的进展.土壤,1985,17(1)：2-9.

第**9**章

作物生长模型与模拟

9.1 农田生态系统模型概述

黄秉维先生(1978)提出了光合生产潜力的概念,即在其他因素适宜的条件下,由太阳辐射决定的作物生产潜力,这成为了作物生长模型的基础理论,对于认识作物产量的限制因子,发现改善的途径有重要意义。荷兰学者进一步提出了作物产量按照影响因素划分的 3个水平:①潜在产量(potential yield):在适宜的土壤水肥条件下,只由太阳辐射和温度决定的最高作物产量;②可获得产量(obtainable yield):当土壤水肥资源有不同程度的短缺的时候,而形成的潜在作物产量;③实际产量(actual yield):受到病虫和杂草等因素影响而形成的实际最终产量。对于这些因素的分析可以获得资源的投入与产出的数量关系。资源的优化就是基于上述特征产量区间的资源利用效率的计算。

作物模型的主要功能体现在以下几个方面:①它是计算全球或区域初级生产力(primary productivity)、评价作物生长和资源利用效率的基础模型;②由于全球变化涉及作物生长所需要的基本要素,如 CO_2、温度和水分等,作物生长模型成为预测全球变化对农业影响的基本手段;③农田生态系统的 CO_2 同化和冠层蒸散伴随一系列的物质能量传输,是地球表层能量物质迁移和生物地球化学循环(biogeochemical cycle)的重要组成部分,作物生长模型为这些研究提供了有力的工具;④在精准农业、信息农业和作物长势的遥感监测与产量预报中,作物生长模型提供了理论支持。它还广泛应用于农田水肥管理、作物布局、适宜播种期预报等等。目前,欧美等发达国家通过长期的、大量的人力、物力投入,开发了数百种用于各种目的的农田生态系统模型。有些模型实现了商业化,在农业决策支持、生产管理与科学研究中发挥着巨大的作用。

9.1.1 作物生长模型国际发展历程

作物生长模型早期的研究是荷兰学者 de Wit 等和美国学者 Duncan 开创的(de Wit,

1965；Duncan 等，1967）。他们相继发表了两个能在计算机上模拟玉米生产过程的模型，这标志着作物模拟技术的问世。但上述模型主要以解释和描述作物本身的生理过程为目标，对环境因子考虑得较少，所采用的方法基本上是以分析试验数据的统计方法为主，涉及的变量较多，而各变量之间又存在着复杂的关系，故很难在农业生产中应用。

20 世纪七八十年代，针对早期作物模型机理性不足、应用性较差的弊病，作物模拟研究领域逐渐分化成以荷兰 de Wit 和美国 Ritchie 为代表的两大学派。荷兰学者注重作物生长过程的机理表达，即利用现有知识、理论或假说，首先构建作物过程的模拟模型或子模型，然后再将模拟结果与实验数据进行比较，看现有的知识、理论或假说能否圆满解释生长发育、光合作用、干物质分配和产量形成等生理过程。如果实验数据与现有理论不相符合，则为了增进对问题的认识与理解，又对现有理论或假说进行补充修改，重新构建模型并重复上述步骤，直至提出新的理论、假说或见解。这一思想贯穿在他们先后推出的ELCROS（初级作物生长模拟模型）、BACROS（基本作物生长模拟模型）、SUCROS（简单和通用作物生长模拟模型）、MACROS（一年生作物的模拟模型）和 WOFOST（世界粮食作物研究模型）等模型中（van Ittersum 等，2003）。荷兰学者研制的模型结构严谨，理论性和综合性强，一定程度上代表了本领域研究的最高水平。如 de Wit 等（1970）最早将呼吸作用纳入作物模型；Penning de Vries（1974）通过模拟试验，找出了生长性呼吸与光合同化物之间的数量关系；Goudrian（1977）将微气象学理论引入模型，实现了作物冠层阻抗对气、热交换影响的模拟；van Keulen 和 de Wit（1982）提出的作物生长 4 个层次水平的概念，等等，都对作物生长模型的发展做出了杰出的贡献。但这些模型对一些作物过程描述得过于详尽，包含了许多难于获得的参数和变量；并且，又将许多具有不同生长特性的作物都归纳为一种通用的作物模拟模型，似有繁简失当之嫌，因此他们的模型只能供科研和教学使用，难以面向生产实际。

美国学者则主张作物模拟模型既要在理论上可行，又要便于应用。因此在他们研制的模型中，一方面包含了动力学和生理过程，同时也包含以试验为基础的经验公式或参数。这种模型被称为基于作物过程的模拟模型，最具代表性的是著名的 CERES（作物-环境综合系统）模型系列，目前已覆盖了玉米、小麦、水稻、大麦、高粱、粟、马铃薯、大豆、花生、木薯等多种作物模型。所有这些模型，在 DSSAT（农业技术传播决策支持系统）外壳软件的支持下，采用相同的标准化格式输入天气、土壤和管理变量，并输出模拟结果，不仅可以动态地模拟环境因子、栽培管理和遗传特性对作物生长发育和产量形成的影响，还能模拟土壤的养分平衡和水分平衡（IBSNAT，1990）。1982 年之后，CERES 模型已在美国和其他许多国家、特别是发展中国家得到了广泛验证，并用于一些农业先进技术的传播。同一时期或稍后，颇具影响的作物模型还有：WINTER WHEAT（冬小麦模型）、GOSSYM（棉花生长模拟模型）（Baker，1983）、RICEMOD（水稻模型）、SICM（大豆综合作物模型）、EPIC（土壤侵蚀影响生产力模拟模型）、SIMRIW（水稻-天气模拟模型）、ORYZAL（水稻生产基本模型）等。上述作物模型涉及的不仅是作物过程本身，还包括了影响作物过程的其他要素，如病虫害、土壤侵蚀、气候变化和经济条件等。

美国学者十分重视作物模拟模型在生产上的可靠性，荷兰学者则强调实验室测定的重要性。为此，他们投入了大量的人力、财力，用于模型的检验和校准。上述模型，特别是美国的模型,在许多宏观分析中,如土地资源管理、大面积作物估产、全球气候变化影响评价等方面都发挥了良好作用,但在比较微观的作物生产管理决策方面还不尽如人意,其中一个很重要的原因就是没有考虑作物生产管理中的优化问题。因此,他们研制的作物生长模型,只有模拟模型部分,没有优化模型部分。只能回答在一定气候、土壤和栽培管理条件下"作物怎么生长"的问题,却无法解决"作物应该怎样种"的问题。虽然国外有些学者主张将作物模拟模型与农业专家系统结合起来,但由于农业专家的经验常受地域和品种的限制,效果并不好。

20世纪90年代之后,作物模拟继续朝着应用多元化方向发展,荷、美两大学派也出现了合流趋势,即一致主张机理性与应用性并重。同时,对作物生产中的优化问题亦更为重视。这段时间,研究的重点放在提高模型的普适性、准确性和操作的简易性等方面,并主张与其他学科的模型相衔接,与其他信息技术相结合,并成为其中重要的组成部分。

9.1.2 国内作物生长模型研究

我国作物计算机模拟研究起步于20世纪80年代。1983年,江苏省农科院高亮之等在美国俄勒冈州立大学合作研究期间发表的ALFAMOD-苜蓿生产的农业气象计算机模拟模式,是中国学者最早的有关作物模拟的研究论文(Hannaway和Gao,1983)。此后,中科院上海植生所黄策和王天铎(1986)发表了"水稻群体物质生产的计算机模拟模型",江西农业大学戚昌翰等(1989)提出了RICAM(水稻生长日历模型),高亮之等(1992)在长江流域大规模水稻气候生态试验的基础上研制成RICEMOD(水稻计算机模拟模型),均在学术界产生重要影响。1988年,江苏省农科院邀请美国密歇根大学教授、著名CERES模型的主要研制者Ritchie博士来南京举办专题讲座,对国内开展作物模拟模型研究起到积极的推动作用。至90年代,江苏省农科院高亮之、金之庆和黄耀等将作物模拟技术与水稻栽培的优化原理相结合,完成了我国第一个大型的作物模拟软件RCSODS(水稻栽培模拟优化决策系统)。此后,中国农科院曹永华等将CERES-Maize模型汉化;江苏省农科院金之庆等采用GCM与CERES模型耦合,系统地评价了全球气候变化对中国粮食生产的影响;华南农业大学骆世明等(1992)研制成RSM(水稻模拟模型);南京农业大学曹卫星(1995)等建立了小麦温光反应及小麦发育进程的模拟模型;中国农业大学潘学标等(1996)、冯利平等(1999)分别研制成COTGROW(棉花生长发育模拟模型)和COTSYS(棉花栽培计算机模拟决策系统);江苏省农科院黄耀等(1999)研制成水稻田甲烷释放模拟模型;于强等(1999)建立了作物光温生产潜力的数学模型,分析了我国南方稻区水稻的适宜生长期;刘建栋等(1999)建立了小麦和玉米的气候生产潜力模型,并分析了华北平原作物的气候生产力分布;中国科学院植物所尚宗波等(2000)发表了玉米模拟模型的系列文章等,都一定程度地反映了我国在作物模拟研究领域的水平。江苏农科院高亮之、金之庆等(2000)又推出了WCSODS(小麦栽培模拟优化决策系统),他们还在建立水稻理想株型的计算机模型以及作物光合-蒸散耦合模型等方面开展了深入研究。

在国内已研制的众多的作物模拟模型中,大多还只是停留在论文阶段,真正形成应用软件并在实际中应用的尚不多见。其中,江苏省农科院研制的水稻-小麦模拟优化决策系统

（RCSODS/WCSODS）被国内学术界公认为是较成功的大型作物模型软件。它采用的技术路线是将先进的作物模拟技术与稻麦高产栽培的优化原理相结合。因此整个系统具有较强的机理性、应用性、综合性、普适性和灵活性，可以针对各地不同的气候、土壤、品种和栽培方式，进行模拟、优化、决策。

20世纪90年代以来，我国学者针对不同地区、不同作物的土壤水分模拟开展了研究，并在旱地麦田土壤水分预测、冬小麦灌溉决策等方面进行了应用。龚元石（1995）建立了适用于华北地区的冬小麦和夏玉米田土壤分层水分平衡模型，并利用模拟结果研究了冬小麦和夏玉米田的水分变化规律，计算了农田实际蒸散量和土壤分层根系吸收量；巫东堂等（1996）建立了旱地麦田土壤水分预测模型；曹宏鑫（1998）等对长江下游地区麦田土壤水分动态进行了模拟研究。夏北成（1990）采用多元回归方法建立了描述土壤含水量变化的经验模型，并将该模型应用于小麦需水量及小麦病虫害发生规律的研究；李会昌（1997）根据水分动力学理论，探索了 SPAC 水流运动机理以及在不同条件下应用土壤水分运动参数的问题；刘多森和汪枞生（1996）应用土壤水分动力学模型对土壤水分状况进行了辨识；王西平（1998）等利用 VSMB 土壤水分平衡模型对河北省平原地区冬小麦田土壤墒情进行了区域性监测研究；王会肖等（1997）利用 WAVES 模型进行了土壤水分平衡模拟及灌溉对华北平原作物产量影响的研究；罗毅等（2000）利用土壤水分平衡模型对根区下限的毛管水上升进行了定量研究。

国内自20世纪80年代起开始进行土壤溶质运移模拟方面的研究，对土壤盐分运移的一维模拟有一些报导，且多为简单的对流-弥散动力学传输研究。90年代以来，关于土壤钾分解与吸收的动力学方程和大麦响应的关系（吕晓男和陆允甫，1995）、田间条件下土壤氮素运移的模拟模型等有所报道（黄元仿等，2001）。江苏省农业科学院建立了土壤与植株氮素动态模型，并将其连接到 RCSODS 系统中，用于施肥和变量施肥（金之庆等，2003）决策。1999—2001年，曹宏鑫等进行了长江下游地区马肝土小麦生长期土壤氮素动态模拟，较早开展了基于模型的作物生态平衡施肥决策研究（曹宏鑫等，1999）。但是我国在农田土壤氮素动态和植株氮素动态模拟的研究方面与国际水平相比还存在较大差距，需要多做工作。

9.2　应用 APSIM 模型模拟冬小麦-夏玉米轮作制的作物生长与水分利用

9.2.1　模型描述

农业生产系统模拟模型（agricultural production systems simulator，APSIM）是澳大利亚系列作物模型的总称，由隶属澳大利亚联邦科工组织（CSIRO）和昆士兰州政府的农业生产系统研究组（APSRU）在过去20多年内开发的农业系统机理模型（McCown 等，1996；Keating 等，2001）。APSIM 模型可用于模拟农业系统中作物生长、土壤水氮动态以及其对农业管理和环境变化的影响（Asseng 等，1996）。APSIM 模型主要由4部分组成：模拟农业系统中生物和物理过程的生物物理模块；由用户自定义管理措施和控制模拟过程的管理模块；各种调用模拟过程"进出"的数据输入、结果输出模块；驱动模拟过程和控制信息传递于不同模块的中心引擎。除核心构成以外，APSIM 模型还由 APSFRONT、APSIM-Explore 等组成了用于模型构建、测试和应用的 APSIM 模型用户界面，通过 APSGRAPH、APSIM-Outlook 等多种数据库工具显示模拟输出结果。APSIM 模型还提供了模型发展、测试和文件工具（APSRUDO、APSTOOL）和为 Web 用户和开发者的支持设施。

目前，APSIM 模型被广泛应用于不同气候带分析种植制度、种植结构、作物管理气候波动/变化对作物系统生产力和水肥利用效率的影响（Nelson 等，1998a；Asseng 等，1998；Asseng 等，2000；Reyenga 等，2001；Keating 等，2002；Robertson 等，2005）。例如，Asseng 等（1998；2000）分别在澳大利亚西部和荷兰应用 APSIM 对小麦的生长过程进行了模拟研究，模型能较好地模拟小麦地上和地下部的生长动态，籽粒产量和小麦对土壤水分和氮素的吸收，并能够较好地模拟不同气候类型条件下不同氮肥应用对小麦产量的影响。Robertson 等（2005）应用 APSIM 模型评估了马拉维地区豆科作物和玉米轮作系统下氮素和产量效益。不同作物、植被或牧草系统中水土保持、农田水平衡等方面的研究也是 APSIM 模型应用中的重要领域。Nelson 等（1998）和 Keating 等（2002）在分别在菲律宾应用 APSIM 模型分析玉米不同种植方式的保水功能和澳大利亚墨累达令流域不同农作系统下农田水平衡分量特征，并分析了气候对这些农田水平衡分量的影响及其时间变化特征。全球气候变化对作物系统的影响是 APSIM 分析客观问题的一个重要方向。Reyenga 等（1999，2001）运用 APSIM 模型模拟分析澳大利亚小麦对 CO_2 浓度上升和气候变化的响应。

9.2.2　模型的修正与参数确定

根据 Boote 等（1996）的建议，校准与验证模型应选取最高或最低水肥处理进行，本研究采用位于河北省的栾城试验站水分池试验区充分灌溉和无灌溉（雨养）两个处理（1998—2001）、位于山东省的禹城试验站水氮耦合大田试验区灌溉施氮处理（1997—2001）和通量观测场试验区灌溉施氮处理（2002—2005）及位于河南省的封丘试验站综合观测场试验区灌溉施氮处理（2003—2006）的试验数据确定 APSIM 模型的参数并检验其模拟小麦、玉米生长和水分利用的适用性。

9.2.2.1　模型的修正

为了使模型能更好地应用于华北平原模拟小麦-玉米轮作系统，本文根据研究区域气候特征和小麦、玉米生长发育特点，修正了小麦模块中表述小麦生长发育的热时曲线形态、光合-温度响应曲线、根生长速率等形态函数；对玉米模块中玉米光能利用效率做了修正。

1. 热时-温度响应曲线

APSIM 模型中，热时-温度关系是根据冠层三基点温度计算的（图 9.1a）。根据 Wang 和 Engel（1998）的结果，本研究模型应用中将热时-温度响应曲线修正为多点响应曲线（图 9.1b）。修正后的热时-温度响应曲线能更好地模拟小麦叶面积生长发育动态（图 9.3a）。

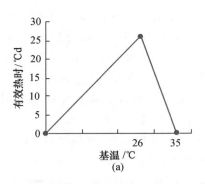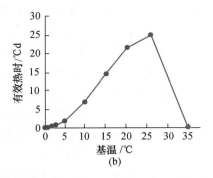

图 9.1   APSIM 模型中小麦模拟缺省热时-温度响应曲线(a)和修正后热时-温度响应曲(b)

2. 光合-温度响应曲线

模型缺省光合-温度响应曲线如图 9.2a 所示,修正后的光合-温度响应曲线见图 9.2b。修正后的光合-温度响应曲线能更好地模拟小麦生物量累积(图 9.3b)。

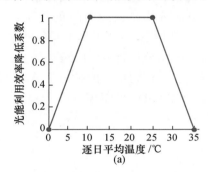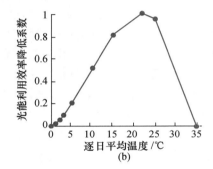

图 9.2   APSIM 模型中小麦模拟缺省光合-温度响应曲线(a)与修正后光合-温度响应曲(b)

3. 玉米光能利用效率

APSIM 模型中,玉米光能利用效率(RUE)值为 1.60 g MJ/m,利用模型缺省 RUE 值模拟的玉米生物量较实测值偏低,为了改善模型模拟玉米生物量能力,本研究将模型玉米 RUE 值修正为 1.8 g MJ/m。修正后的 RUE 能较好地模拟玉米生物量累积(图 9.3c)。

9.2.2.2   土壤参数的确定

容重、饱和含水量、田间持水量、凋萎系数、排水系数和径流曲线数等描述土壤水分状况参数根据实测结果和试验区土壤特性确定。APSIM 模型在栾城站、禹城站、封丘站水分池试验区土壤水分参数(表 9.1)给出了 APSIM 模型在栾城站、禹城站和封丘站试验区确定的土壤剖面层次和土壤参数。模型需要输入的土壤初始含水量,采用作物播种前后实测土壤含水量确定。由于试验没有测定土壤养分等土壤物理参数,本文根据相关文献(熊毅和席承藩,1965;李承绪,1990;阎鹏和许世良,1994)和模型默认值确定该部分参数。

9.2.2.3   作物遗传参数的确定

作物遗传参数由作物的生物特性决定,本文利用栾城、禹城和封丘 3 个站试验区作物、

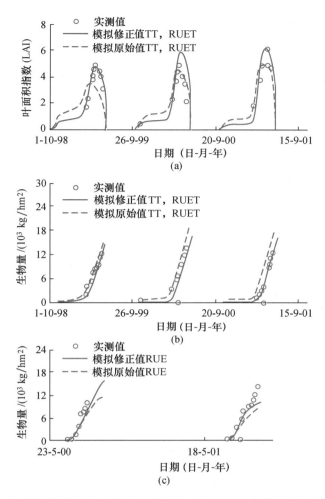

图9.3 利用模型默认与修正的小麦模拟热时-温度响应曲线模拟的小麦叶面积指数的对比(a),光合-温度响应曲线模拟小麦生物量的对比(b),利用模型默认与修正的玉米光能利用效率模拟的玉米生物量的对比(c)

土壤以及同期气象资料,采用"试错法"在计算机上调试、确定作物遗传参数。作物品种参数确定的具体方法是:挑选一个参数而固定其他参数不变,在模型给定或根据参考文献确定的该参数范围内每次增加或减小5%,反复运行作物模型,直到模型模拟值(LAI、生物量或籽粒产量)与实测值的根均方差最小,确定该参数值,然后再采用同样方法确定其他参数,最后确定模型最优参数组合。这些参数是利用栾城站1999—2000年,禹城站1998—1999年和2002—2003年,封丘站2004—2005年小麦-玉米轮作系统实际田间观测得到的作物物候、生长发育动态和产量通过模型调试得到的。考虑到3个试验站在这些年份田间观测数据较全,因而选择这些年份确定模型参数。

9.2.2.4 管理参数确定

这类参数与作物种植管理相关,涉及作物管理(品种、播期、播量、播深等)和田间管理

表 9.1　APSIM 模型在栾城站、禹城站、封丘站水分池试验区土壤水分参数

站点	土壤层次/cm	土壤类型	容重（g/cm³）	饱和含水量（mm/mm）	田间持水量（mm/mm）	凋萎含水量（mm/mm）	排水系数
栾城	0～20	沙壤	1.3	0.44	0.36	0.1	0.3
	20～40	沙壤	1.3	0.46	0.35	0.11	0.1
	40～60	轻壤	1.31	0.43	0.33	0.14	0.16
	60～80	中壤	1.31	0.43	0.34	0.14	0.23
	80～100	轻黏	1.25	0.44	0.34	0.14	0.19
	100～120	轻黏	1.24	0.44	0.34	0.14	0.12
	120～160	黏土	1.25	0.48	0.39	0.13	0.12
禹城	0～20	沙壤	1.47	0.4	0.32	0.06	0.34
	20～40	沙壤	1.49	0.41	0.31	0.07	0.3
	40～60	沙壤	1.52	0.41	0.34	0.08	0.22
	60～80	中壤	1.46	0.42	0.33	0.1	0.19
	80～100	中壤	1.49	0.42	0.3	0.11	0.17
	100～120	中壤	1.53	0.42	0.28	0.1	0.17
	120～150	轻黏	1.54	0.43	0.27	0.07	0.14
封丘	0～30	沙壤	1.45	0.43	0.21	0.12	0.33
	30～75	粉沙黏土	1.46	0.41	0.31	0.24	0.19
	75～150	粉沙壤土	1.38	0.47	0.36	0.15	0.14

（灌溉、施肥、耕作管理）等方面。管理参数还包括运用简练语言定义的一些模块运行规则、计算和信息。所有管理参数数据以自由格式存储于模型管理文件中。

9.2.3　模型的校正

利用栾城站 1999—2000 年灌溉和雨养两个试验处理,禹城站 1998—1999 年和 2002—2003 年,封丘站 2004—2005 年小麦-玉米轮作系统实测小麦、玉米物候发育、叶面积、生物量、收获产量、土壤含水量和作物耗水量对模型校准统计评价结果见表 9.2 至表 9.5。总的来说,模型对两作物 LAI 模拟较好,模拟的 3 个试验站玉米 LAI 的 RMSE 值为 0.45～1.06,模拟的小麦 LAI RMSE 值为 1.20～1.60。模型在 3 个试验站模拟的小麦生物量 RMSE 值为 980～1 550 kg/hm²;模拟的玉米生物量 RMSE 值为 760～1 960 kg/hm²。在栾城和禹城站模拟的土壤含水量 RMSE 值为 12.4～23.8 mm,在禹城和封丘站模拟的逐日 ET 的 RMSE 值为 0.95～2.35 mm/d。对于产量的模拟,栾城站干旱处理模拟值偏低,禹城站 1999 年玉米实测值特殊高,模型模拟值低于该实测值,除此之外,小麦和玉米产量模拟值与实测值差值较小。

表 9.2 模拟灌溉和雨养条件下小麦、玉米生长发育和农田水
平衡分量统计分析(栾城水分池,1999—2000 年)

项目	小麦				玉米			
	样本数	r^2	β	RMSE	样本数	r^2	β	RMSE
LAI	15	0.77	1.3	1.2	16	0.9	1.09	0.45
生物量	15	0.91	0.94	1.39×10^3 kg/hm²	17	0.95	0.93	0.76×10^3 kg/hm²
土壤水含量	74	0.97	1.01	12.4 mm	44	0.92	0.99	22.6 mm
逐日蒸散	487	0.77	0.98	0.95 mm	199	0.27	0.94	2.35 mm

表 9.3 模拟的小麦、玉米生长发育和农田水平衡分量统计分析(禹城
大田试验区 1998—1999 年和 2002—2003 年)

项目	小麦				玉米			
	样本数	r^2	β	RMSE	样本数	r^2	β	RMSE
LAI	25	0.66	1.38	1.48	28	0.91	0.99	0.47
生物量	17	0.91	1.16	1.55×10^3 kg/hm²	28	0.95	0.8	1.91×10^3 kg/hm²
土壤含水量	88	0.71	1.01	22.4 mm	42	0.89	1.21	23.8 mm
ET	238	0.78	1.16	1.19 mm	92	0.52	0.99	1.93 mm

表 9.4 模拟的小麦、玉米生长发育和农田水平衡分量统计分析(封丘站大田试验区 2004—2005 年)

项目	小麦				玉米			
	样本数	r^2	β	RMSE	样本数	r^2	β	RMSE
LAI	13	0.91	1.55	1.6	8	0.77	0.92	1.06
生物量	13	0.95	0.98	0.98×10^3 kg/hm²	8	0.95	0.82	1.96×10^3 kg/hm²
ET	234	0.65	0.94	1.41 mm	85	0.5	0.79	1.41 mm

表 9.5 模拟和实测的小麦、玉米产量比较(栾城站 1999—2000 年、禹城站 1998—1999 年
和 2002—2003 年、封丘站 2004—2005 年)

站点		小麦/(10^3 kg/hm²)		玉米/(10^3 kg/hm²)	
		模拟值	实测值	模拟值	实测值
栾城	(灌溉,1999—2000)	5.31	5.73	3.92	3.89
栾城	(雨养,1999—2000)	3.55	1.28	3.97	3.99
禹城	(1998—1999)	5.38	5.55	11.88	8.24
禹城	(2002—2003)	5.06	4.47	8.22	8.82
封丘	(2004—2005)	4.55	4.81	9.75	8.04

9.2.4　模型的验证

根据上节确定的作物和土壤参数,将 APSIM 模型在栾城站 1998—2001 年,禹城站 1997—2001 年和 2002—2005 年及封丘站 2003—2006 年的气候及相应的试验期间灌溉、施肥等管理措施下运行模型,得到模型在 3 个站试验期间的模拟结果,将模拟得到的 LAI、地上生物量、产量、土壤含水量和 ET 的模拟值与相应的实测值进行比较来评价模型在研究区域的适用性。

9.2.4.1　作物生长动态

1. 叶面积指数

图 9.4 为栾城站 1998—2001 年充分灌溉和雨养处理下小麦、玉米 LAI 的模型模拟值与实测值的对比结果。总的来说,两个水分处理的作物 LAI 的模拟值与实测值基本一致,能够反映出作物叶面积生长对不同土壤水分状况的响应。模拟的小麦 LAI 曲线在出苗至返青前与实测情况基本吻合,但返青后,由于模型低估了小麦叶子的衰老速度或由于小麦返青、拔节期无效分蘖导致死亡,而模型未能较好的反映这些影响因素的影响(邬定荣等,2003),而使模拟值与实测值的误差开始增大。总体上模拟的小麦 LAI 略高于实测值,β 值为 1.22,r^2(1∶1)值为 0.82,RMSE 为 1.05(图 9.5)。从图中还可以看出,模型对玉米 LAI 的模拟好于小麦 LAI 的模拟,模拟的玉米 LAI 的 r^2(1∶1)值为 0.82,RMSE 为 0.52,β 值为 1.10。

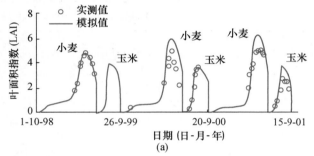

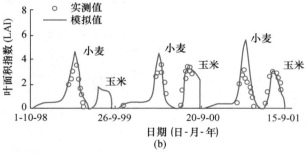

图 9.4　充分灌溉(a)和雨养(b)条件下模拟和实测小麦、玉米叶面积指数的比较(栾城站,1998—2001 年)

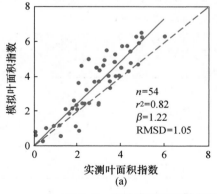

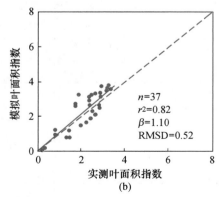

图 9.5　充分灌溉和雨养条件下模拟和实测小麦(a)、玉米(b)叶面积指数关系和统计指标(栾城,1998—2001 年)

模型在禹城站 1997—2001 年和 2002—2005 年模拟的小麦、玉米 LAI 与实测值的比较见图 9.6。从图中可以看出,模拟的小麦 LAI 变化动态与实测值变化基本一致,但冬小麦返青后模拟值略偏高。模型在 4 个小麦生长季模拟 LAI 的 r^2(1∶1)值为 0.65,RMSE 为 1.98,β 值为 1.43(图 9.7)。模拟的玉米 LAI 的 r^2(1∶1)值为 0.85,RMSE 值为 0.57,β 值为 1.04。这些模型评价指标值亦表明模型能较好的反应该试验站气候和管理措施下小麦、玉米叶面积的变化动态。

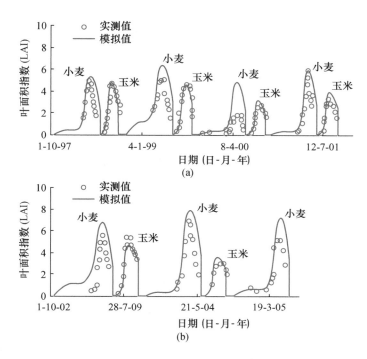

图 9.6 模拟和实测小麦、玉米叶面积指数的比较[禹城站,
1997—2001 年(a)和 2002—2005 年(b)]

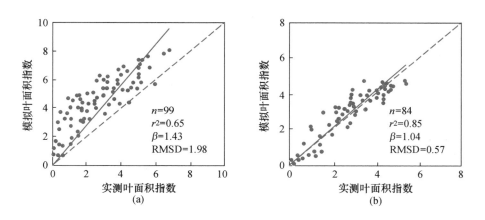

图 9.7 模拟和实测小麦(a)、玉米(b)叶面积指数的关系和
统计指标(禹城,1997—2001 年和 2002—2005 年)

封丘站 2003—2006 年小麦、玉米 LAI 的模拟结果与实测值的比较说明模型能够较好的反映该站作物叶面积的变化动态(图 9.8)。模拟的小麦 LAI 的 r^2(1∶1)值为 0.82,RMSE 值为 1.35,β 值为 1.42(图 9.9)。模拟的玉米 LAI 的 r^2(1∶1)值为 0.82,RMSE 值为 0.86,β 值为 0.94(图 9.9)。

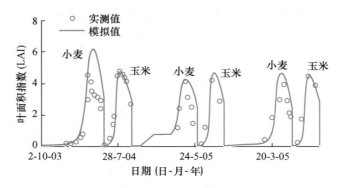

图 9.8 模拟和实测小麦、玉米叶面积指数的比较

(封丘站,2003—2006 年)

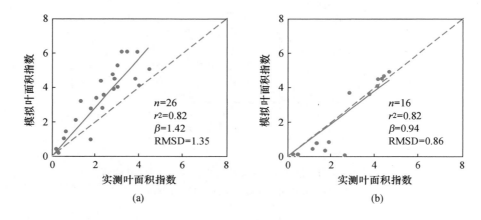

图 9.9 模拟和实测小麦(a)、玉米(b)叶面积指数的关系和

相关统计指标(封丘站,2003—2006 年)

2. 作物生物量

模型在栾城站 1998—2001 年灌溉和雨养条件下小麦、玉米生物量的模拟值与实测值的变化基本一致(图 9.10)。但从模拟结果看,雨养条件下,小麦生物量的模拟值与实测值有一定的偏差,说明模型在模拟作物生物量对严重水分胁迫的响应方面还需进一步的完善。但总的看来,模型能够较好地模拟不同灌溉和气候条件下作物生物量的动态。模型模拟的小麦生物量 r^2(1∶1)为 0.88,RMSE 为 1.26×10^3 kg/hm^2,β 值为 0.97;模拟玉米生物量的 r^2(1∶1)值为 0.94,RMSE 为 0.92×10^3 kg/hm^2,β 值为 1.02(图 9.11)。

模型在禹城站 1997—2001 年和 2002—2005 年小麦、玉米生物量的模拟值与实测值的变化基本一致(图 9.12)。模拟的小麦生物量 r^2(1∶1)为 0.91,RMSE 为 1530 kg/hm^2,β 值为 1.03;模拟的玉米生物量的 r^2(1∶1)值为 0.92,RMSE 为 1950 kg/hm^2,β 值为 0.83(图 9.13)。

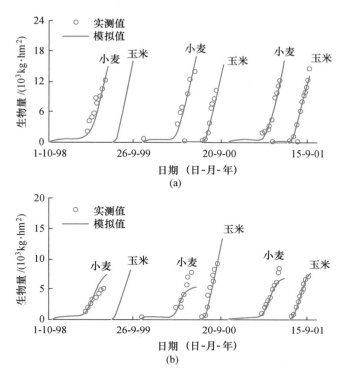

**图 9.10 充分灌溉(a)和雨养(b)条件下作物叶面积指数模拟值和
实测值的比较(栾城站 1998—2001 年)**

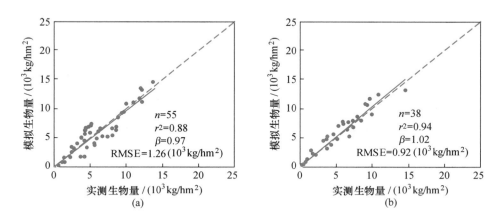

**图 9.11 充分灌溉和雨养条件下模拟和实测小麦(a)和玉米(b)
地上生物量关系和相关统计指标(栾城站 1998—2001 年)**

　　模型在封丘站 2003—2006 年对小麦、玉米生物量的模拟也能较好的反映实测值的变化
动态与趋势(图 9.14)。模拟的小麦生物量的 r^2(1∶1)值为 0.93,RMSE 为 1 040 kg/hm²,β
值为 1.04;模拟的玉米生物量的 r^2(1∶1)值为 0.95,RMSE 为 1 800 kg/hm²,β 值为 0.83
(图 9.15)。

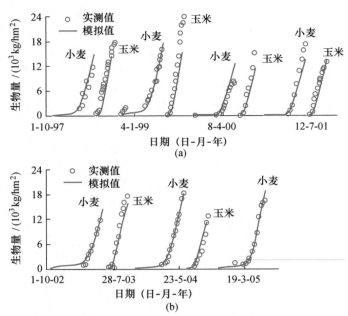

图 9.12　模拟和实测小麦、玉米地上生物量的比较[禹城站，1997—2001 年(a) 和 2002—2005 年(b)]

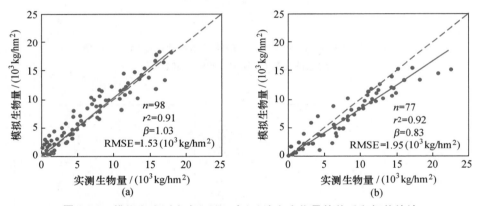

图 9.13　模拟和实测小麦(a)、玉米(b)地上生物量的关系和相关统计指标(禹城，1997—2001 和 2002—2005 年)

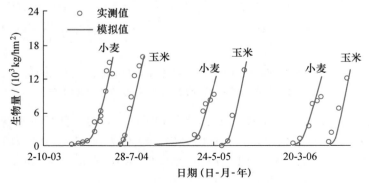

图 9.14　模拟和实测小麦和玉米地上生物量的比较
(封丘站 2003—2006 年)

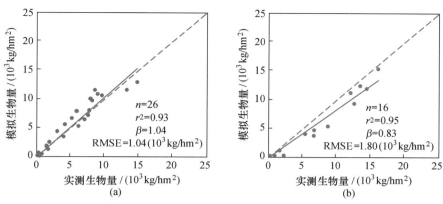

图 9.15　模拟和实测小麦(a)和玉米(b)生物量的关系和相关统计
指标(封丘站,2003—2006 年)

综合 3 个试验站小麦、玉米 LAI 和生物量的模拟结果(图 9.16),模拟的小麦 LAI 的 r^2
(1∶1)值为 0.61,RMSE 为 1.74,β 值为 1.36。模拟的玉米 LAI 的 r^2(1∶1)值为 0.83,
RMSE 为 0.63,β 值为 1.03。模拟的小麦生物量 r^2(1∶1)值为 0.91,RMSE 为 1 420 kg/
hm^2,β 值为 1.36。模拟的玉米生物量的 r^2(1∶1)值为 0.91,RMSE 为 1 710 kg/hm^2,β 值为
0.87。较低的 RMSE,较高的 1∶1 线性相关系数,接近于 1∶1 斜率,表明模型能较好的模
拟华北平原 3 个试验站小麦、玉米叶面积和生物量的变化动态,能够反映出作物叶面积和生
物量对不同土壤水分状况(不同灌溉制度和气候条件)的响应。

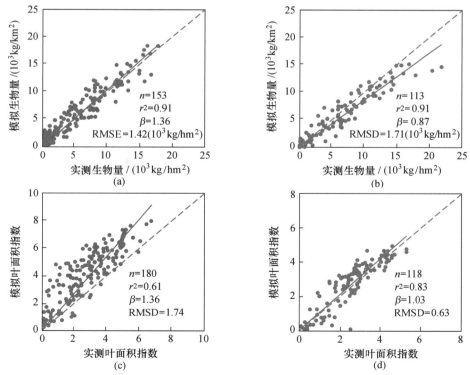

图 9.16　模拟和实测小麦(a)、玉米(b)生物量,小麦(c)、玉米(d)叶面积指数的关系和相关
统计指标(3 个试验站试验期间所有作物生长季)

9.2.4.2 作物产量

图 9.17 为栾城站 1998—2001 年灌溉和雨养处理下小麦、玉米产量模拟值和实测值的比较。图 9.18 和图 9.19 分别为禹城站模拟和封丘站试验期间所有作物生长季小麦、玉米产量模拟值与实测值的比较。从图中可以看出,APSIM 模型能较好地模拟研究区域小麦和

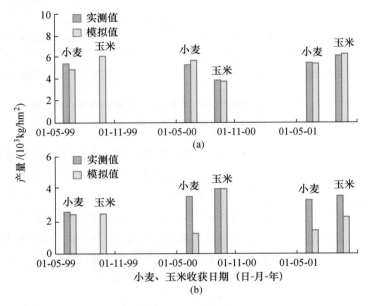

图 9.17　栾城站 1998—2001 年充分灌溉(a)和雨养(b)条件下作物产量模拟值和实测值的比较

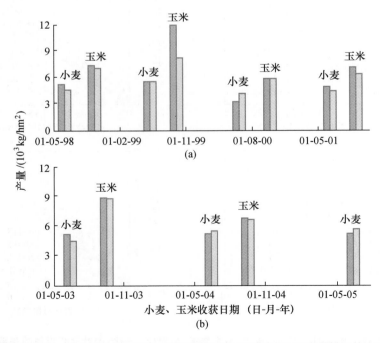

图 9.18　禹城站 1997—2001 年(a)和 2002—2005 年(b)小麦和玉米作物产量模拟值和实测值的比较

232

玉米产量对气候、土壤和灌溉管理措施的响应,但在雨养条件下,模型模拟的小麦产量低于实测值(图 9.17b),这是由于严重水分胁迫条件下,模型低估了灌浆期碳水化合物的再分配量,从而导致模型模拟小麦收获产量低于实测值。

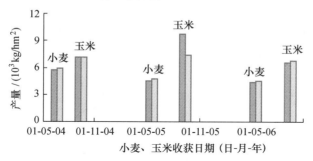

图 9.19 封丘站 2003—2006 年小麦和玉米模拟和实测作物产量的比较

3 个试验站小麦、玉米产量模拟值与实测值的比较统计评价见图 9.20。3 个试验站所有作物生长季小麦产量范围为 2 550～5 730 kg/hm²;实测的玉米产量范围为 3 530～11 880 kg/hm²。模拟的小麦和玉米产量可以反映实测产量的变化范围,模拟的小麦产量范围为 1 280～5 850 kg/hm²;模拟的玉米产量范围为 2 270～8 820 kg/hm²。模拟的小麦产量的 r^2(1∶1) 值为 0.66,RMSE 为 810 kg/hm²,β 值为 0.97。模拟的玉米产量的 r^2(1∶1) 值亦为 0.66,RMSE 为 1 330 kg/hm²,β 值为 0.90。小麦、玉米产量统计指标 RMSE、1∶1 线相关系数和 1∶1 线斜率值亦表明模型能较好的模拟研究区域小麦、玉米产量对不同灌溉管理和气候条件的响应。

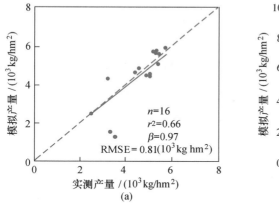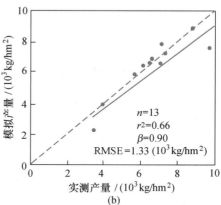

(a)   (b)

图 9.20 3 个试验站所有生长季小麦(a)和玉米(b)模拟和实测产量的关系和相关统计指标

9.2.4.3 农田水平衡

模型对土壤水动态变化和土壤-作物系统 ET 的模拟精度是决定模型能否准确模拟作物水分利用的重要因素。图 9.21 给出了模型在栾城站模拟的灌溉和雨养条件下小麦-玉米轮作系统的 0～160 cm 土层深度内土壤水的验证结果。从图中可以看出,模型模拟的土壤水变化趋势与幅度符合实测值变化特征,能够反映试验区试验条件下土壤水分的变化动态。但在玉米生长季,由于降水量相对集中,土壤水模拟值和实测值有些偏差,表明模型在土壤水模拟方面还存在有待进一步改进的方面。土壤水模拟值与实测值的统计分析见图 9.22。灌溉和雨养条件下,模拟的所有作物生长季土壤水的 RMSE 值为 19.8 mm,r^2(1:1)值为 0.95,β 值为 1.01。

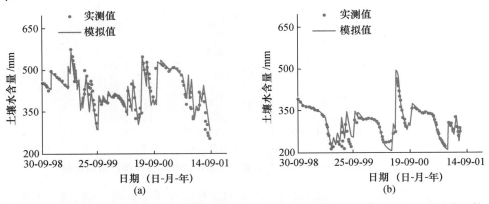

图 9.21　栾城站 1998—2001 年充分灌溉(a)和雨养(b)条件下土壤水模拟值和实测值的比较

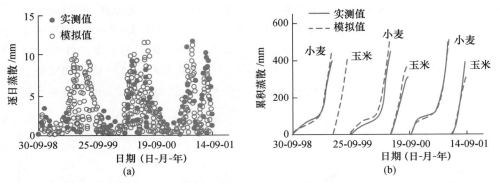

图 9.22　栾城站 1998—2001 年利用蒸渗仪观测逐日蒸散与模拟值(a)及响应的累积蒸散(b)的比较

ET 是土壤水量平衡的关键因子之一,ET 的模拟精度是检验模型性能的重要指标。根据蒸渗仪所在试验场地灌溉管理措施驱动模型,得到蒸渗仪所在试验场地试验条件下的 ET 模拟值,并把它与实测的 ET 进行比较。图 9.22 为模型在栾城站 1998—2001 年小麦-玉米轮作系统下模拟的逐日和累积 ET 与实测值的比较。从图中可以看出,模型能够较好地模拟作物生长季 ET 的变化范围和变化特征,但一些日数的模拟幅度略有偏差,有时过高或过低估计了逐日 ET 的变化。所有作物生长季实测逐日 ET 变化范围为 0.01~11.84 mm,模拟的逐日 ET 变化范围为 0.02~11.98 mm。模拟的所有作物生长季逐日 ET 的 r^2(1:1)值为 0.60,RMSE 值为 1.4 mm,β 值为 0.93(图 9.23)。模拟的小麦、玉米生长季累积 ET 变化特征与实测的两作物生长季累积 ET 变化模式相一致,累积 ET 模拟值比实测值偏高,平均高 8%;模拟与实测的玉米生长季累积 ET 变化趋势相近。

图 9.24 为模型在禹城站模拟的 1997—2001 和 2002—2005 年小麦-玉米轮作系统下0~150 cm 土层深度内土壤含水量的验证结果。从图中可以看出,模拟的土壤水变化趋势符合实测值的变化趋势,能够较好的反映土壤水的变化动态。模拟的土壤水 RMSE 值为 28.1 mm,r^2(1:1)值为 0.82,β 值为 1.01(图 9.26a)。

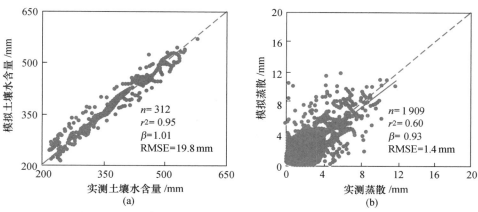

图 9.23 栾城站 1998—2001 年灌溉和雨养条件下模拟值和实测
土壤水(a)和逐日蒸散(b)关系和相关统计指标

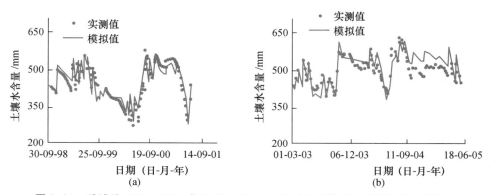

图 9.24 禹城站 1997—2001 年(a)和 2002—2005 年(b)模拟和实测土壤水的比较

模型在禹城站模拟的逐日 ET 与实测值的对比结果(图 9.25)表明模型模拟的作物逐日
ET 的变化过程与实测值有较好的一致性,但是在作物的生育中后期模型模拟值与实测值偏
差增大。所有作物生长季实测逐日 ET 变化范围为 0.01~8.38 mm;模型模拟的逐日 ET
变化范围为 0.03~9.46 mm。模拟的所有作物生长季逐日 ET 的 RMSE 值为 1.6 mm,相
关系数 r^2(1:1)为 0.57,β 值为 0.85(图 9.26b)。模型对作物生长季累积 ET 的模拟值与实
测值变化趋势有很好的一致性。虽然有的作物生长季逐日 ET 模拟值与实测值偏差较大,
但总的来说,模型对作物 ET 的模拟结果比较好。

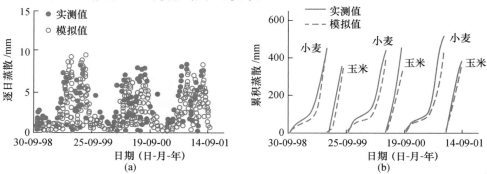

图 9.25 禹城站 1997—2001 年模拟和实测逐日蒸散(a)和累积蒸散(b)的比较

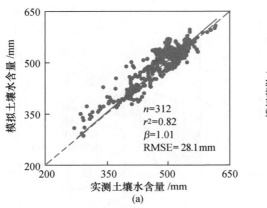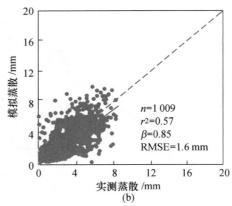

图 9.26 禹城站 1997—2001 年模拟和实测土壤水(a)和逐日蒸散(b)关系和相关统计指标

模型在封丘站模拟的逐日 ET 与实测值的对比结果(图 9.27)表明模型模拟的作物逐日 ET 的变化过程与实测值有较好的一致性。所有作物生长季实测逐日 ET 变化范围为 0.01～11.21 mm;模拟的逐日 ET 变化范围为 0.01～10.32 mm。模拟的所有作物生长季逐日 ET 的 RMSE 值为 1.9 mm,r^2(1∶1)值为 0.55,β 值为 0.89(图 9.28)。模型对所有作物生长季累积 ET 模拟值与实测值变化趋势有很好的一致性。

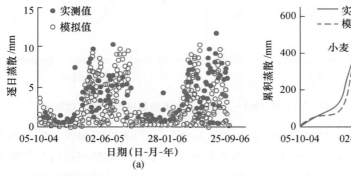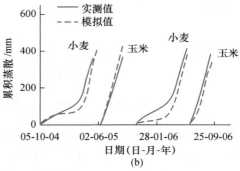

图 9.27 封丘站 2003—2006 年模拟和实测逐日蒸散(a)和累积蒸散(b)的比较

上述模拟结果表明 APSIM 模型能够较好的模拟研究区域不同气候和灌溉管理措施条件下小麦-玉米轮作系统的作物生长发育动态、产量、作物水分利用和土壤水动态。模型校准与验证结果使我们有理由相信 APSIM 模型能够在研究区域解释气候波动和灌溉管理对小麦-玉米轮作系统的作物产量和农田水平衡的影响。

9.2.5 模型的敏感性分析

APSIM 模型作为评价气候波动/变化对作物生产影响的效应模型在华北平原是否适用,还可

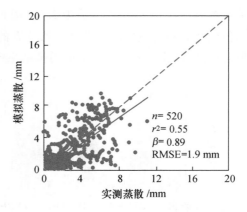

图 9.28 封丘站 2003—2006 年模拟和实测逐日蒸散关系和相关统计指标

以通过模型的敏感性来判断。所谓敏感性分析,就是在模拟过程中,人为地改变某些影响作物生长发育的品种、土壤、气候要素等参数,然后看模拟产量对这些要素变化的响应如何。气象参数中,从时间变化上来看,辐射与积温的年变化不大,降水量的年变化则相当可观;从空间上来看,辐射、积温与降水的区域差异都较大,因此有必要了解模型对于输入气象要素的敏感性。气象数据的敏感性分析是指在原来每日气象数据的基础上,增加或减少一些百分比,比较气象数据改变前后的模拟结果,分析模拟结果是否合理,以及模型对改变的气候要素的敏感程度如何。通过敏感性分析,可以判断作物模型模拟结果是否符合该地区作物产量对气候要素波动/变化响应的实际情况,并以此衡量模型的可靠性。根据 APSIM 模型要求的气象参数,分析了气象参数中的太阳辐射、降水和温度。由于温度起主要作用的是平均温度,因此对模型运行所要求的最高、最低气温同时作降低或升高处理,以达到对平均温度进行改变的目的。利用栾城试验站 1998—2001 年小麦生长季的气象数据为基础,改变各项输入参数,每次只改变其中一个气象要素,以 1998—2001 年栾城水分池试验数据确定的小麦参数为基准值,运行 APSIM 模型,记录下气象要素改变量以及模拟产量与标准产量的差距(表 9.6),从而得出模型敏感性。

表 9.6 **APSIM 模型气象要素参数敏感性分析**

参数	模拟结果变化量				
	改变量	充分灌溉产量/ (kg/hm^2)	产量变化/%	雨养产量/ (kg/hm^2)	产量变化/%
标准值	0	5 776.2	0.00	2 936.1	0.00
太阳辐射	−10%	5 240.0	−9.28	2 805.9	−4.43
	10%	5 834.2	1.00	3 187	8.55
最高、最低温度	−1℃	5 852.2	1.32	2 669.5	−9.08
	+1℃	4 457.7	−22.83	3 005.4	2.36
降水	−10%	5 375.5	−6.94	2 721.9	−7.30
	10%	5 822.1	0.79	3 160.1	7.63

由表 9.6 可见,气象要素变化对产量的影响较大,太阳辐射、最高、最低温度对潜在产量和水分限制产量有重要影响。模拟产量都随温度的升高而降低,这是因为温度上升将使小麦的发育速度加快,生育期缩短,光合时间减少,特别是灌浆不充分,从而导致减产。温度降低产量却上升是可以理解的。温度降低了,生育期延长,作物的灌浆期也延长,不像原来那样高温逼熟,因而产量增加。降雨量对水分限制产量有较大影响,降水增加模拟产量所有增加,降水减少模拟产量减少,这反映了小麦生长季内水分多少对研究区域小麦生长具有重要影响,也表现了气象因子影响该区小麦生长发育规律。太阳辐射与蒸发、蒸腾有关,从而也影响作物产量。总的看来,在本研究区域内,APSIM 模型的模拟产量对温度、降水和辐射的改变是敏感的,说明 APSIM 模型作为评价气候波动/变化影响的效应模型在华北平原是适用的。

9.2.6 小结

模型的试验验证及其在研究区域的适用性评价是本研究的重要组成部分,模型校准质量的好坏,直接关系到对模型的正确评价,并影响到模型在研究区域应用的效果。同时,模型是否能够得到正确的验证结果涉及试验场地的条件、试验观测仪器设备和获得的数据质量。本章较为详细地介绍了3个试验站——栾城站,禹城站和封丘站及田间试验概况,3个试验站分别位于研究区域即华北平原的中部、东部和南部,在区域生态环境条件上具有代表性。

本节的详细验证和评价了APSIM模型在华北平原小麦-玉米一年两熟生产条件下模拟不同灌溉管理和气候条件下作物生长和农田水平衡等过程的有效性。APSIM模型在华北平原多站点尺度上对小麦-玉米轮作系统中两作物生长发育、水分利用和土壤水状况进行了详细地校准和验证分析。通过模型校准与验证,初步得出如下结论:①在具备合适的参数和模型所必需的输入数据的情况下,模型可以模拟研究区域不同气候条件和管理措施下不同作物品种的叶面积增长、干物质积累和产量形成等过程,总体来看,模型能较好地反映研究区域气候条件下冬小麦、夏玉米的生长。由于模型低估了严重水分胁迫条件下作物灌浆期碳水化合物的累积,从而造成雨养条件下作物产量的模拟值与实测值存在一定的差异。②在农田水平衡模拟中,模型总体上能够模拟土壤水和ET的变化动态以及这些要素对不同灌溉管理和气候波动的响应。③敏感性分析表明,APSIM模型在研究区域模拟的作物产量对温度、降水和辐射的改变是敏感的,该模型作为评价气候波动/变化影响作物生长的效应模型在华北平原是适用的。从模型在研究区域不同土壤、气候和管理条件下的验证结果看,APSIM模型在华北平原表现出较大的潜在应用价值,能够评价分析不同土壤、气候和管理措施对作物生长发育和农田水平衡的影响,为华北平原作物生产和农业水资源管理提供了可靠的工具。另一方面,模型还存在一些有待改进的方面,APSIM模型对严重水分胁迫条件下作物生长发育过程的模拟还需进一步研究,在土壤水和ET的模拟方面也还有待进一步完善。另外,在实际农业生产中,农户面对的是许多自然、生物、社会因子的相互影响与综合制约作物生长及产量形成过程,而目前的模拟模型还不能考虑全部限制因子,因此对有些过程如叶面积发育的模拟仍需进一步深入研究。

综上所述,APSIM模型在研究区域的模拟结果基本可靠,能够较好地模拟研究区域小麦-玉米轮作系统下两作物生长发育动态、水分利用和土壤水动态。模型能够解释气候波动和灌溉管理措施对作物系统的影响,因此,该模型能够用来模拟分析该区历史气候波动和气候变化对农业生产和农田水平衡的影响。

9.3 农田生态系统氮素利用效率与硝态氮淋失的模拟

9.3.1 模型的描述

9.3.1.1 CERES 模型的结构

20世纪70年代初,由美国农业部农业研究署主持,以Ritchie教授为首的专家组,完成了名为CERES作物生长模型(crop environment resource synthesis system, CERES),即作物-环境资源综合系统。到目前为止,已完成了小麦、水稻、大麦、玉米、高粱、小米和马铃薯等作物生长模型,并应用于国际农业推广(IBSNT)研究项目,在世界各地进行验证在这里主要介绍的模型就是其中的 CERES-Wheat 和 CERES-Maize 模型。模型主要模拟了作物的生长、土壤水分的动态和土壤 N 素的动态,以及三部分之间的相互作用。作物的生长发育模块是 CERES 模型的核心模块,从作物的发育期、干物质积累、分配、对水分的利用和对 N 素的利用等五方面模拟了作物的生长。

9.3.1.2 根际水质模型

根际水质模型(RZWQM)是一个综合的农业系统模型,它集成了作物许多生物、物理、化学过程,能够预测土壤-水分-作物管理措施对农业生产的土壤及水质的影响。RZWQM 模型对土壤水分过程描述得非常详细,利用 Green-Ampt 公式描述水分的下渗,用 Richards 公式描述土壤水分在各层土壤中的再分配。土壤碳/氮模块包括两个地表汇,3 个土壤有机质汇和 3 个土壤微生物汇,并合理地考虑了氮的矿化、硝化和反硝化,氨气的挥发、尿素的水解、甲烷的排放和微生物群体动态(Shafferetal,2002)。用改进过的 Shuttleworth-Wallace 公式模拟潜在蒸散,改进之处是考虑了地表作物残留对空气动力学与能量平衡的影响(Farahani 和 DeCoursey,2000)。通过改变影响性质和改变系统的状态,模型模拟了耕作措施中的施肥、喷洒杀虫剂、播种与收获、灌溉、地表作物残留等等。耕作导致土体密度发生改变,这个过程的模拟由与 EPIC 模型类似的公式来模拟(Williams 等,1984)。土体密度改变后,土壤孔隙度、饱和含水量、土壤持水能力、导水率等都发生了变化。在 RZWQM 模型中考虑了地表残茬的作用,它减少了土壤蒸发因此提高了土壤的固水能力,这个过程的模拟由"改进的 Shuttleworth-Wallace 蒸散模型"来模拟。地表残茬同时又是土壤养分过程中碳和氮的源(Rojas 和 Ahuja,2000)。关于此模型更详细的描述请见其他文献,如 Rojas 和 Ahuja(2000)。RZWQM 模型有一个通用的植物生长模型,通过对它的参数化,可以达到模拟特定作物的生长的目的。模型不对作物发育阶段进行仔细的区分,它通过 7 个生长阶段来控制作物的发育:①种子冬眠;②发芽;③出苗;④移栽;⑤营养生长阶段;⑥生殖生长阶段;⑦植株老化。作物从一个阶段发育到另一个阶段的最小天数由用户指定,并受环境因素的影响,影响因素包括水、氮、温度等的胁迫。RZWQM 模型中的这个通用的植物生长模型已经通过了对玉米、大豆和冬小麦等作物的模拟(Ahuja 等,2000),并评价了模型主要模块在多种不同环境下和不同作物、不同土壤温度、排水、土壤养分动态、施肥管理、灌溉管理和土壤杀虫剂动态中的表现(Ma 等,2000;Ma 等,2001)。

9.3.1.3 RZWQM-CERES 模型

RZWQM-CERES 模型是 CERES 模型中作物包括小麦和玉米生长发育模块结合到 RZWQM 模型中,作物生长发育所需要的气象资料、土壤水分、氮素等物质都有 RZWQM 模型提供,而作物生长所吸收的养分、水分等为 RZWQM 计算土壤水分、氮素等养分平衡提供数据支持,从而将两个模型有效地结合起来(Ma 等,2006)。因此结合模型 RZWQM-CE-RES 的主要过程和计算方法都是在原来 RZWQM 的基础上,而作物的生长发育等过程是以 CERES 模型为基础的。改进的模型具有农田管理和土壤环境模拟的优势,同时增强了作物生长发育的模拟功能。

驱动 RZWQM 和 CERES 模型运行的最小输入是逐日的太阳辐射、最高最低温度和降水。土壤参数很重要,因为水分供给关系对产量的形成有重大的限制作用,因此模型需要土壤导水率、作物根深、土壤水分的上限和下限等参数。作物管理因素一般包括播种日期、行距、植株数目等。另外,灌溉与施肥的量和日期也需要确定。

9.3.2 模型参数的输入

9.3.2.1 土壤参数

土壤质地和组分以及养分状况根据田间试验区的测定结果输入,包括禹城试验站的水分池试验区(A)和大田水氮耦合试验区(B)以及栾城生态试验站水分池试验区共 3 个试验区的土壤资料,其中试验 A 区和 B 区土壤资料差异很小。这些资料可作为 DSSAT-CERES 和 RZWQM-CERES 模型的基本土壤参数输入,而土壤水力学参数根据 3 个试验区的实测资料或以前的研究结果作为 DSSAT-CERES 模型初始的输入,而 RZWQM-CERES 模型需要土壤不同层次在 1/3 bar 时的土壤含水量,由于试验区没有实测数据,根据实测的土壤水分含量进行校正。土壤养分参数仅在禹城试验 B 区进行校正,其他两个试验区的模型验证没有考虑土壤养分平衡模块,没有校正土壤养分参数。试验 B 区的土壤养分参数输入主要根据实测结果,而没有测定的参数(土壤微生物,土壤各个氮库之间的转化系数)都按照模型默认的数值,作为最初的输入资料,在此基础上利用试验实测数据进行校正。

9.3.2.2 作物遗传参数

作物遗传参数根据当地的作物生长发育状况以及 Yu 等(2006)和 Hu 等(2006)的研究结果作为基础,利用试验实测数据进行校正和优化。

9.3.2.3 气象资料

DSSAT-CERES 模型和 RZWQM-CERES 模型所需输入的气象资料基本相同,主要包括最低、最高气温,日太阳辐射,日降雨量,R-C 模型还需要大气相对湿度以及降雨强度资料,后者没有实测资料,可根据日降雨量按照降雨历时 2 h 进行转化,对模型的模拟效果影响很小(Ma 等,2003)。

9.3.2.4 模型校正和验证所需试验资料

(1)土壤水分数据:土壤水分的校正和验证利用 3 个试验区(A 区 2001—2003;B 区 2000—2002;栾城试验区 1998—2001)不同的灌溉和气候条件下的土壤水分动态数据,包括不同土壤层次的土壤水分含量,作物根区范围内土壤贮水量,农田蒸发以及地下水的交换等指标。

(2)禹城和栾城试验站蒸渗仪日蒸散量数据和土壤水分数据。

(3)作物生长发育模块的校正和验证同样利用 3 个试验区实测资料,主要包括叶面积指数、干物质积累、产量、生育期等指标。

（4）土壤氮素动态：土壤氮素模块的校正和验证在禹城水氮耦合试验 B 区进行，利用不同灌溉和施肥处理的实测资料，包括不同土壤层次土壤硝态氮动态，作物根系范围内土壤硝态氮含量变化，硝态氮的淋失以及作物氮素的吸收等指标。

9.3.3 模型的敏感性分析

利用禹城试验站 2001—2002 年冬小麦生长季的气象资料，运行 DSSAT-CERES 和 RZWQM-CERES 两个系统模型，以 2001—2002 年禹城水、氮耦合试验数据调整的模型参数为基准值，改变各项输入参数（变幅为基准值上下的 10%），考虑有关植被、土壤条件等十几个参数进行敏感性分析，其中土壤参数包括地表反射率（干土、湿土以及覆盖地表的反射率）、土壤饱和含水量、饱和导水率、土壤养分参数（土壤不同氮库之间的转化系数等），植被参数主要考虑作物根系深度、作物生育期参数等，分析不同的参数对作物产量、土壤水量平衡和氮素平衡等与灌溉和施肥管理密切相关的要素的影响。从模拟结果看（数据没有列出），DSSAT 和 RZWQM 两个系统模型中对水量平衡影响最大的是土壤水力学参数饱和导水率，其次是土壤饱和含水量；对土壤氮素平衡影响较大的土壤不同氮库之间的转化系数，对土壤有机质的矿化以及硝态氮的淋失有重要影响，这与 Ma 等（1998）年的分析结果一致。由于试验中灌溉和氮素含量较高的影响，使得这些参数对作物产量的影响相对较小，在雨养条件下这些参数对作物也产生很重要的影响。土壤水力学参数中饱和土壤导水率对土壤水量平衡中水分渗漏以及土壤氮素平衡中的硝态氮淋失影响很明显，这对于模拟农田生态系统中土壤水分渗漏和氮素淋失的环境效应有重要意义。

9.3.4 模型的校正和参数化

模型的输入包括气象资料、土壤参数、作物参数以及农田管理措施（作物种植、收获、施肥、灌溉以及耕作等措施）等。农田管理数据在田间试验中详细记载，可直接输入。气象资料由试验站点气象观测站获得逐日的资料，DSSAT-CERES（Version 3.5）需要太阳辐射、最低、最高气温以及降雨量的逐日资料；RZWQM-CERES 气象资料输入包括太阳辐射、最低和最高气温以及风速和大气相对湿度的逐日资料，而降雨量要求每小时的降雨强度，此项数据一般不能获得，可以按照（Ma 等，2000）的计算方法把日降水量转化成为模型需要的降雨数据，对模型模拟效果影响较小。土壤质地和组分以及容重等根据田间实测数据测定获得，土壤参数输入 RZWQM-CERES 要求至少在 1/3 bar 水势下的土壤含水量，其他土壤参数模型可根据土壤质地组分来估计（Ahujia 等，2000）。在 DSSAT-CERES 模型中需要土壤质地组分和容重田间测定数据以及土壤水分最低和最高含水量数据。两个模型运行所需的初始含水量根据田间测定数据输入。

RZWQM-CERES 模型的校正根据 Rojas 等（2000）的思路：首先校正土壤水分平衡模块，然后对土壤养分、氮素平衡模块进行验证，最后对作物生长发育模块进行分析验证，其中作物遗传参数根据 DSSAT-CERES 模型的校正结果。对 DSSAT-CERES 模型参数校正在作物参数初始校正的基础上，对土壤反射率、土壤第一阶段蒸发限制值以及渗漏率和根系生长因子进行校正,最后对作物参数进行校正,DSSAT-CERES 模型验证与 R-C 模型的验证过程一致。根据 Boote 等(1999)的建议校正模型选取最高水平或最低水平处理进行,本试验中采用禹城水分池试验区(A)中最高水分处理(三水(Ⅲ),2001—2003)和水氮耦合试验区(B)高水 0 氮处理(HN0,2000—2002,)以及栾城水分池试验区高水处理(HHH,1998—2001)的数据校正模型。在禹城站水分池试验区(A)和栾城站水分池试验区都设定没有氮素及其他养分亏缺的影响,而在禹城站大田水氮耦合试验区我们都考虑了水分和氮素的共同影响。模型的验证和评价工作根据除以上 3 个处理外的其他处理的数据进行,在模型参数的校正过程中对土壤和作物参数参考 Yu 等(2006)在禹城的研究结果和 Hu 等(2006)在栾城试验站的研究结果。

参数的优化采用试错法进行,优化的标准采用标准差(RMSE)和偏差(BIAS)进行对比分析,计算方法如下:

$$RMSE = \sqrt{\frac{1}{n}\sum_{i=1}^{n}(P_i - O_i)^2} \tag{9.1}$$

$$BIAS = \frac{1}{n}\sum_{i=1}^{n}(P_i - O_i) \tag{9.2}$$

式中,P_i 和 O_i 分别为模拟值和观测值。

9.3.4.1 土壤参数的确定

模型土壤参数包括水力学参数和物理化学参数两部分,D-C 和 R-C 两个模型中土壤参数的确定存在一定的差异:前者是根据田间实测结果获得土壤水力学参数,包括土壤机械组成部分、凋萎系数和饱和含水量等,而后者可根据土壤类型(由土壤机械组成)、土壤容重估算土壤水力学参数,包括土壤的凋萎系数和饱和含水量以及土壤水分饱和情况下的导水率等参数。

1. 土壤水力学参数校正

两个模型土壤水力学参数首先在 Yu 等(2006)和 Hu 等(2006)研究结果的基础上参考田间实测土壤参数进行确定。D-C 模型中水力学参数包括土壤质地、组分以及凋萎系数、饱和含水量和作物根系生长系数等,通过田间测定值确定;R-C 参数根据 D-C 模型确定的参数和在田间土壤测定值进行确定,尽量使两个模型的参数一致,这样可以对比分析两个模型在土壤参数相似的情况下模拟效果及存在的差异,同时可以评价由 RZWQM 和 DSSAT 不同模拟模块结合而成的 RZWQM-CERES 模型在华北平原的适应性。

在 D-C 模型中饱和土壤水分导水率没有要求输入,水分的径流和渗漏通过调节径流系数和渗透系数确定,在本试验条件下,降雨的强度很少产生径流,因此不考虑径流的影响,土壤水分渗漏通过调整渗漏系数和土壤水量平衡参数进行确定;R-C 模型可根据土壤类型初步估算土壤饱和导水率,然后再根据实测土壤水分数据进一步的校正。根系生长影响参数主要是根据田间测定数据和文献确定土壤根系深度以及主要分布层次,然后根据土壤水分变化和作物生长发育及产量做进一步改善。从禹城试验站池栽和大田试验区看,土壤组分稍有差异,池栽试验 A 区沙质相对较多,而黏粒稍少,而大田试验 B 区为中壤土。在相同试验条件下 D-C 和 R-C 模型土壤机械组成、饱和含水量设定相同,而土壤凋萎系数和饱和含水量存在稍微的差异(表9.7和表9.8),主要是由于 D-C 模型中土壤水力学参数是通过模型估计获得,两个模型中根系生长参数的数值设置一致。

从田间实测结果看,在禹城生态试验站两个试验区(池栽试验 A 区和大田试验 B 区)土壤质地尽管差异较小,但是由于土壤栽培管理不同,土壤水力学参数存在较大差异,大田试验区土壤凋萎系数以及饱和含水量都明显高于池栽试验区,而饱和土壤导水率以及根系生长参数都稍低于池栽试验 A 区。栾城试验区土壤质地和机械组成(表9.9,DSSAT-CERES(D-C)和 RZWQM-CERES(R-C)在栾城生态试验水分池栽试验区土壤水分参数)与禹城大田试验 B 区比较相近,最终确定的土壤水力学参数基本上处于禹城池栽试验 A 区和大田试验 B 区之间。在 D-C 模型中土壤饱和导水率在池栽试验区和大田试验区差异较大(R-C 模型中),主要是因为池栽试验区土壤机械组分差异较大的缘故。

从模型参数校正后模拟土壤水分结果看,两个模型在水分池试验区A 2001—2003 年的校正结果差异较小,D-C 模型模拟 0~120 cm 土壤水分含量均方差为 0.040 cm³/cm³(2001—2002)和 0.028 cm³/cm³(2002—2003);R-C 模型模拟 0~120 cm 土壤水分含量均方差为 0.037 cm³/cm³(2001—2002)和 0.023 cm³/cm³(2002—2003)。土壤贮水量的模拟结果也很相似,D-C 模拟 0~120 cm 土壤含水量标准误为 24.9 mm(2001—2002)和 18.4 mm(2002—2003);R-C 模型模拟标准误为 23.0 mm(2001—2002)和 31.3(2002—2003)。两个模型校正效果在 2002—2003 年模拟结果明显好于 2001—2002 模拟结果。在大田水肥耦合试验区(B)2000—2002 年 D-C 和 R-C 模型模拟 0~120 cm 土壤水分均方差为 0.027~0.044 cm³/cm³ 和 0.031~0.055 cm³/cm³,0~120 cm 土壤贮水量的标准差为 29.6 mm 和 54 mm。模型在栾城试验区的校正模拟 0~120 cm 土壤水分含量均方差分别为 0.053 cm³/cm³ 和 0.053 cm³/cm³;而 0~120 cm 土壤贮水量模拟均方差为 40.7 mm 和 40.7 mm。这些校正结果与 Yu 等(2006)以及 Hu 等(2006)的校正结果类似。

2. 土壤养分参数的校正和确定

在 D-C 模型中,仅一个有机质库用来模拟土壤有机质,没有考虑土壤微生物的影响(Godwin and Singh,1998),可根据田间测定土壤有机质含量进行确定。但是在 R-C 模型中,土壤氮素平衡模拟考虑了 3 个土壤有机质库和 3 个微生物库(Ma 等,1998;Ma and Shaffer,2001),因此 R-C 模型模拟土壤氮素平衡要比 D-C 模型详细的多。我们用模型默认的土壤微生物的数值,根据试验实测的土壤有机质含量分配到 3 个土壤有机质库,使土壤氮素矿化率与 D-C 模型模拟的结果的一致,在此基础上利用多年(10~12 年)历史气象资料和当前管理措施情景下对土壤微生物量进行稳定分析,确定模型土壤微生物库的初始值(Ma 等,2005),最终模型的校正结果见表9.10。因为没有测定土壤微生物库的量,利用禹城十几年的气象资料运行模型,获得相对稳定的土壤微生物参数,然后根据田间试验作物产量变化调整土壤微生物之间的转化系数(图9.29),模型最初的默认值为 $R_{14}=0.1$,$R_{23}=0.1$,$R_{34}=0.6$,$R_{45}=0.4$,最终选取值为 $R_{14}=0.1$,$R_{23}=0.8$,$R_{34}=0.8$,$R_{45}=0.6$。模型的校正结果看,处理 HN0 模拟土壤氮要稍低于土壤硝态氮实测值(RMSE=42 kg/hm²)。R-C 模拟处理 HN0 4 个生长季的氮矿化分别为 79.8、101.2、72.2、58.6 kg N/hm²,而试验估计结果分别为 82.3、97.6、36.9、58.0 kg N/hm²,稍低于模拟结果,这主要是因为在 HN0 处理计算没有考虑土壤硝态氮的淋失,试验估计结果应该小于实际的土壤氮矿化量。

表 9.7 DSSAT-CERES(D-C)和 RZWQM-CERES(R-C)在禹城站水分池试验区(A)土壤参数

土壤层次/cm	黏粒/%	粉沙/%	容重/(g/cm³)	DSSAT-CERES				RZWQM-CERES			
				萎蔫系数(vol)	田间含水量(vol)	根系生长参数	土壤水分饱和导水率/(cm/h)	1/3 Bar 田间持水量/(vol)	萎蔫系数/(vol)	饱和含水量/(vol)	根系生长参数
10	22.0	65.1	1.27	0.093	0.253	1.00	6.00	0.245	0.118	0.245	1.00
20	22.0	65.1	1.27	0.094	0.255	0.95	5.00	0.250	0.118	0.245	0.98
40	21.7	66.0	1.32	0.115	0.265	0.60	3.50	0.265	0.118	0.245	0.72
60	21.7	67.1	1.36	0.125	0.282	0.25	1.55	0.286	0.121	0.252	0.48
80	18.9	56.2	1.40	0.129	0.292	0.05	1.00	0.315	0.127	0.266	0.25
100	16.8	57.0	1.41	0.60	0.312	0.01	0.28	0.326	0.141	0.295	0.01
120	19.7	64.0	1.39	0.135	0.325	0.00	0.28	0.326	0.153	0.322	0.00
150	20.0	63.0	1.38	0.135	0.325	0.00	0.28	0.326	0.154	0.326	0.00

表 9.8 DSSAT-CERES(D-C)和 RZWQM-CERES(R-C)在禹城站大田水氮耦合试验区(B)土壤参数

土壤层次/cm	黏粒/%	粉沙/%	pH	容重/(g/cm³)	有机质/%	DSSAT-CERES			RZWQM-CERES		
						萎蔫系数(vol)	田间含水量(vol)	根系生长参数	土壤水分饱和导水率/(cm/h)	1/3 Bar 田间持水量/(vol)	根系生长参数
20	25	60	8.1	1.31	1.06	0.098	0.200	1.00	2.58	0.21	1.00
40	21	61	8.5	1.35	0.73	0.128	0.267	0.80	0.68	0.30	0.80
60	21	66	8.2	1.36	0.57	0.169	0.360	0.10	0.68	0.36	0.40
90	20	55	7.9	1.40	0.28	0.174	0.370	0.03	1.32	0.37	0.10
120	20	66	7.9	1.36	0.14	0.187	0.400	0.01	0.05	0.40	0.02

表 9.9　DSSAT-CERES(D-C)和 RZWQM-CERES(R-C)在栾城生态试验水分池试验区(A)土壤水分参数

土壤层次/cm	黏粒/%	粉沙/%	容重/(g/cm³)	DSSAT-CERES			RZWQM-CERES			
				萎蔫系数(vol)	饱和含水量(vol)	根系生长参数	土壤水分饱和导水率/(cm/h)	1/3 Bar田间持水量(vol)	饱和含水量(vol)	根系生长参数
20	10.0	45.0	1.41	0.096	0.31	1.00	2.59	0.25	0.40	1.00
35	10.0	40.0	1.51	0.114	0.31	0.75	1.32	0.27	0.41	0.75
65	15.0	25.0	1.47	0.139	0.32	0.50	0.30	0.32	0.43	0.30
95	15.0	25.0	1.51	0.139	0.33	0.25	0.30	0.33	0.42	0.15
145	17.0	38.0	1.54	0.130	0.31	0.02	0.10	0.35	0.40	0.02
175	33.0	22.0	1.64	0.139	0.37	0.01	0.03	0.37	0.44	0.01

表 9.10　DSSAT-CERES(D-C)和 RZWQM-CERES(R-C)禹城生态试验站水肥耦合试验 B 区土壤化学参数

土壤层次/cm	DSSAT-CERES			RZWQM-CERES					
	SLOC/%	SLNI/%	pH值	快速分解有机质库(μg C/g soil)	中间型有机质库(μg C/g soil)	稳定土壤有机质库(μg C/g soil)	需氧异养微生物(no./g soil)	自养微生物(no./g soil)	厌氧异养微生物(no./g soil)
0~20	1.06	0.05	8.1	451.0	1 647.7	8 769.7	678 458.2	3 750.5	5 870.2
20~40	0.75	0.03	8.5	220.7	1 547.8	8 539.2	114 687.8	1 615.3	865.3
40~60	0.57	0.02	8.5	240.0	1 609.4	8 365.8	69 874.7	841.7	620.3
60~90	0.28	0.02	8.2	319.4	1 670.8	8 269.2	47 462.2	686.5	3 860.4
90~120	0.14	0.02	7.9	168.4	1 209.8	4 180.4	21 572.5	842.6	3 414.9
120~150	0.11	0.02	7.9	478.6	1 238.6	4 030.3	9 561.9	244.3	2 766.2

注:SLOC,土壤有机质含量;SLNI,土壤总氮含量;soil,土壤;No.,数目。快速分解、中间型和稳定土壤有机质库的分解周期分别为 3~5 年、8~10 年和 80~100 年。

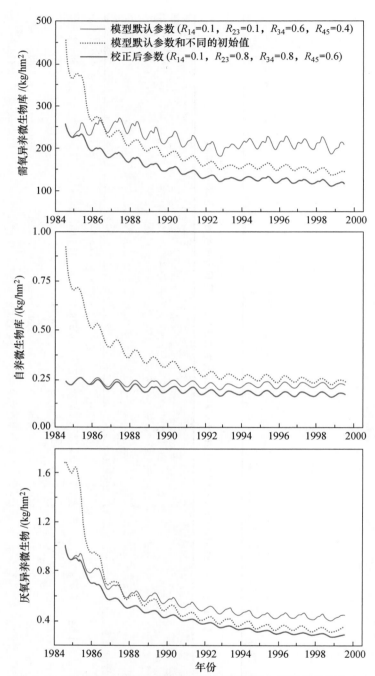

图9.29　**RZWQM-CERES**模型在禹城地区不同土壤养分参数和在
不同的初始条件下土壤微生物库稳定性分析

9.3.4.2　作物遗传参数的确定

作物参数的确定是根据田间试验实测数据采用试错法进行,同时参考 Hu 等(2006)和
Yu 等(2006)的研究结果,D-C 和 R-C 两个模型中作物模块是相同的,因此通过 D-C 模型对

作物参数进行调整,获得合适的作物参数后可以直接作为 R-C 模型作物参数输入,这样一方面可对比分析由于两个模型在土壤水分和养分平衡不同导致的模拟差异,同时可以评价分析在 R-C 模型中土壤模块与 D-C 模型的作物模块结合的效果如何。从模型作物参数校正结果看(表9.11、表9.12),不同地区的作物品种或相同站点的不同品种在作物发育参数(1,2,3)上差异较小,但是在产量形成的决定参数(4,5,6)上品种差异较大,主要是由于禹城和栾城生态试验站气候差异相对较小,而在栽培管理上存在一定的差异。通过校正品种参数,两个模型在产量模拟结果差异相对较小:池栽试验 A 区在 2001—2003 年 D-C 和 R-C 模型模拟小麦和玉米产量和生物量都略低于实测数值,RMSE 为 1.32 Mg/hm²(图9.41);大田试验 B 区两个模型在小麦季模拟产量和生物量高于试验测定值,在玉米季内低于试验测定值(图9.42),模型模拟的 RMSE 为 1.11 Mg/hm²;在栾城试验站模拟结果为小麦季内 D-C 模型模拟产量和生物量稍低于实测值,而 R-C 模拟结果稍高于实测值,在玉米季内相反,D-C 模型模拟产量和生物量稍高于实测值,而 R-C 模型模拟结果稍低于实测值,RMSE 为 2.15 Mg/hm²(图9.41)。两个模型模拟作物氮素吸收量与试验测定结果一致(图9.42)。其中 D-C 模拟 0N 情况下两季小麦氮素吸收量分别比实测值低 31.0% 和 58.8%,模拟 0N 情况下两季玉米氮素吸收量分别比实测值低 70.0% 和 83.4%;R-C 的模拟结果为两季小麦氮素吸收量模拟值分别比实测值低 1.1% 和 8.1%,两季玉米氮素吸收量模拟值分别比实测值低 16.8% 和 3.5%。

表 9.11 禹城生态试验站水分池试验 A 区(93—52)、水氮耦合试验区 B(兰考 906)
以及栾城试验区(高优 503)作物参数(括号内数据为校正范围)

序号	小麦参数	禹城 A 区 (93—52)	禹城 B 区 兰考 906	栾城站 (高优 503)
1	在未完成春化阶段每天作物发育减缓的相对速率(假设 50 d 可满足作物的最长春化期)	3(0.5~6.0)	3.0(0.5~6.0)	3(0.5~6.0)
2	在作物生长的光周期比最优值(假定 20 h)短 1 h 所导致发育减缓的相对速率	2.5(1.0~4.0)	1.5(1.0~4.0)	0.5(0.0~3.0)
3	基于积温(大于 1℃)作物相对灌浆持续期	−4(−6~1.0)	−2(−4~2.0)	−2(−6~1.0)
4	在开花期单位单茎干重的籽粒数/(1/g)	4.5(2.0~8.0)	6.0(3.0~8.0)	5.5(2.0~8.0)
5	最优条件下籽粒灌浆速率/(mg/d)	2.0(1.0~5.0)	4.0(4.0~8.0)	1.2(1.0~3.0)
6	最优条件下单茎在抽穗后的重量/g	2.0(1.5~2.0)	3.0(1.5~4.0)	1.4(1.0~2.0)
7	每叶片发育所需的积温/(d·℃)	80(65~90)	80(65~90)	80(65~90)

表 9.12 禹城生态试验站水分池试验 A 区(农大 108)、水氮耦合试验 B 区(掖单 50)
以及栾城试验区(掖单 20)作物遗传参数(括号内数据为校正范围)

序号	玉米参数	禹城 A 区 (农大 108)	禹城 B 区 (掖单 50)	栾城站 (掖单 20)
1	出苗到开花所需的积温(此期内对光周期不敏感)	260(200~350)	260(200~350)	230(180~300)
2	由于大于最长光周期(12.5 h/d)而导致的发育迟缓的相对变化	1.0(0.8~2.0)	0.8(0.5~1.5)	0.8(0.5~1.5)
3	从吐丝到生理成熟所需的积温/(d·℃)	620(500~800)	675(500~800)	650(500~800)
4	每植株最大的籽粒数(粒/株)	800(600~900)	850(700~900)	850(600~900)
5	最优条件下线性灌浆阶段最大灌浆速率/(mg/d)	8(6.0~12.0)	8(6~12)	8(6~12)
6	每叶片发育所需的积温/(d·℃)	50.0(35~65)	50.0(35~65)	50.0(35~65)

9.3.5 模型验证和评价分析

水分在土壤—作物—大气系统中的传输过程是其他物质和能量交换的基础,农业系统模型对土壤水分模拟的准确性是模拟其他过程(土壤养分运转和作物生长发育等)的基础。本节在模型参数校正的基础上利用禹城和栾城生态试验站水分池实测数据对两个模型的水分、氮素平衡模块进行验证和评价分析,土壤参数和作物遗传参数是根据田间的测定结果和模型对土壤参数的估计获得。在评价水分平衡模块时,禹城水分池试验 A 区和栾城站水分池试验区模拟过程假设养分满足作物生长发育的需要(不考虑养分的影响,即两个模型中的土壤养分模块都没有考虑),在禹城水氮耦合试验区考虑了水分和氮素对作物以及其他过程的影响,对 R-C 模型指导农田合理灌溉的功能进行了验证和评价。

9.3.5.1 土壤含水量和农田水量平衡

1. 土壤含水量

(1)禹城生态试验站水分池试验:两个模型土壤水分动态模拟结果和试验实测结果差异比较小,能够较好地反映降雨或灌溉对土壤水分的影响,随着灌水量的增加,模拟效果逐渐改善(图 9.30a, b, c, d)。在 2001—2002 年作物生长季 D-C 和 R-C 模型模拟在 0~30 cm,30~60 cm,60~90 cm,90~120 cm 土壤水分的标准误(RMSE)分别为 0.040 cm³/cm³,0.047 cm³/cm³,0.047 cm³/cm³,0.012 cm³/cm³ 和 0.040 cm³/cm³,0.051 cm³/cm³,0.038 cm³/cm³,0.032 cm³/cm³,平均分别为 0.040 cm³/cm³ 和 0.037 cm³/cm³;两个模型模拟 0~120 cm 土壤总含水量的 RMSE 分别为 26.0 mm 和 23.9 mm(图 9.31)。在 2002—2003 年作物生长季两个模型模拟 0~30 cm,30~60 cm,60~90 cm,90~120 cm 土壤水分的 RMSE 分别为 0.041 cm³/cm³,0.031 cm³/cm³,0.015 cm³/cm³,0.019 cm³/cm³ 和 0.041 cm³/cm³,0.017 cm³/cm³,0.016 cm³/cm³,0.018 cm³/cm³,平均分别为 0.028 cm 和 0.023 cm³/cm³;两个模型模拟 0~120 cm 土壤总含水量的 RMSE 分别为 16.8 mm 和 24.7 mm。两个生长季相比较 2002—2003 年的土壤水分模拟效果要好于 2001—2002 年;不同处理相比较,两个模型模拟的 RMSE 随着灌溉量的增加有降低的趋势。不同土壤层次水分含量模拟效果随着土壤深度的增加模型的模拟结果的 RMSE 呈下降趋势。可以看出,随土壤水分条件的改善,两个模型的模拟值与实测值误差下降,土壤水分亏缺的处理,模型的模拟结果相对较差,这些结果将对模型模拟作物生长发育以及产量产生重要的影响。整体上看两个模型都能较好的模拟该地区小麦-玉米一年两熟种植制度下土壤水分动态,能够较好的反映土壤水分对不同的降雨或灌溉的响应。

(2)禹城生态试验站大田水、氮耦合试验:利用 2000—2002 年 2 个小麦玉米连作生长季的试验数据对两个模型进行评价和验证,不同层次土壤水分以及贮水量的模拟结果见表 9.13。D-C 模型和 R-C 模拟高水处理 0~30 cm,30~60 cm,60~90 cm,90~120 cm 土壤水分的标准误差(RMSE)平均分别为 0.064 cm³/cm³,0.038 cm³/cm³,0.050 cm³/cm³,0.028 cm³/cm³ 和 0.051 cm³/cm³,0.053 cm³/cm³,0.044 cm³/cm³,0.053 cm³/cm³,两个模型模拟 0~120 cm 土壤总含水量的 RMSE 分别为 38.5 mm 和 48.6 mm。D-C 模型和 R-C 模拟低水处理 0~30 cm,30~60 cm,60~90 cm,90~120 cm 土壤水分的标准误差(RMSE)

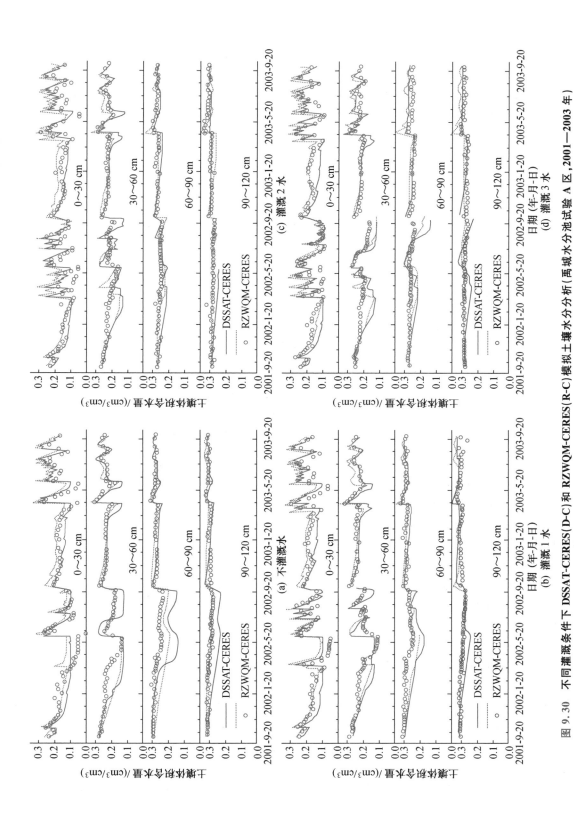

图9.30 不同灌溉条件下 DSSAT-CERES(D-C)和 RZWQM-CERES(R-C)模拟土壤水分分析(禹城水分池试验 A 区,2001—2003 年)

平均分别为 0.067 cm³/cm³，0.060 cm³/cm³，0.078 cm³/cm³，0.114 cm³/cm³ 和 0.040 cm³/cm³，0.037 cm³/cm³，0.049 cm³/cm³，0.048 cm³/cm³，两个模型模拟 0～120 cm 土壤总含水量的 RMSE 分别为 34.6 mm 和 82.5 mm。可见两个模型在低水条件下模拟效果要差于高水情况，这与池栽试验的结果一致。D-C 模型模拟结果都偏低，在高水和低水处理模拟 0～120 cm 土壤水分的偏差（MD）分别为−20.8 mm 和−59.8 mm；而 R-C 模型模拟结果的偏差为−14.7 mm 和 5.4 mm，要稍高于实测值。

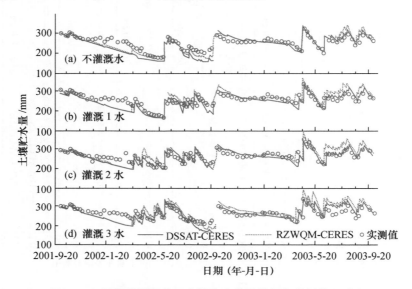

图 9.31　不同灌溉条件下土壤水分模拟结果与实测结果对比
分析（禹城水分池试验 A 区，2001—2003）

（3）栾城生态试验站水分池试验区：利用 1998—2001 年的不同灌溉制度试验的实测数据，对 D-C 和 R-C 两个模型在栾城的模拟土壤水分进行了验证分析（表 9.14）。D-C 模型和 R-C 模型模拟不同处理 0～30 cm，30～60 cm，60～90 cm，90～120 cm 土壤水分的标准误差（RMSE）平均分别为 0.061 cm³/cm³，0.040 cm³/cm³，0.041 cm³/cm³，0.042 cm³/cm³ 和 0.062 cm³/cm³，0.038 cm³/cm³，0.046 cm³/cm3，0.049 cm³/cm³，两个模型模拟不同处理 0～120 cm 土壤总含水量的 RMSE 平均分别为 35.9 mm 和 45.9 mm。随着土壤深度的增加，两个模型的模拟土壤水分的效果逐渐改善，综合不同层次的研究结果看两个模型模拟土壤水分的效果差异不大，其中 D-C 模型要略好于 R-C 模型的模拟结果。

2. 农田水量平衡

在土壤水量平衡模拟分析中，利用池栽试验（禹城生态试验站水分池试验区（A）和栾城生态试验站水分池试验），因为水分池可以较好的控制土壤水分和灌溉量，对农田蒸散量的估算准确。同时利用禹城和栾城试验站大型蒸渗仪测定的日蒸散量数据与模型模拟日蒸散量进行对比分析（图 9.32），可以看出两个模型在两个站点模拟日蒸散量与蒸渗仪实际测定值变化趋势一致，特别是在越冬季节或作物生长初期模拟结果和实测结果很一致，但是在作物的生育中后期模型模拟值明显低于蒸渗仪实际测定的日蒸散量，从生育期内农田总蒸散量看，两个模型模拟值都稍偏低与蒸渗仪实际测定值，两个模型相比较，DSSAT 模型模拟的

表9.13 DSSAT-CERES(D-C)和RZWQM-CERES(R-C)在禹城试验站水、氮耦合试验B区土壤水分模拟结果分析(2000—2002年)

| 处理 | | DSSAT-CERES 模型 | | | | | RZWQM-CERES 模型 | | | | |
| | | 土壤层次 | | | | 贮水量 | 土壤层次 | | | | 贮水量 |
		0~30 cm	30~60 cm	60~90 cm	90~120 cm	(0~120 cm)	0~30 cm	30~60 cm	60~90 cm	90~120 cm	(0~120 cm)
HN0	RMSE	0.054	0.030	0.054	0.030	28.50	0.027	0.044	0.040	0.041	29.62
	MD	0.023	0.018	−0.039	−0.024	−6.73	0.008	0.038	−0.024	0.031	16.02
HN1	RMSE	0.065	0.047	0.050	0.030	39.78	0.037	0.039	0.037	0.053	37.90
	MD	0.031	−0.035	−0.044	−0.021	−25.92	−0.012	−0.002	−0.014	−0.023	−15.34
HN2	RMSE	0.067	0.038	0.045	0.026	41.93	0.059	0.051	0.046	0.034	43.33
	MD	−0.006	−0.021	−0.035	−0.019	−24.28	0.030	−0.033	−0.031	0.000	−15.12
HN3	RMSE	0.069	0.038	0.049	0.028	43.87	0.056	0.068	0.050	0.073	64.52
	MD	−0.004	−0.023	−0.040	−0.021	−26.37	−0.034	−0.047	−0.025	−0.042	−44.39
平均	RMSE	0.064	0.038	0.050	0.028	38.52	0.051	0.053	0.044	0.053	48.583
	MD	0.011	−0.015	−0.040	−0.021	−20.83	−0.002	−0.011	−0.023	−0.008	−14.71
LN0	RMSE	0.064	0.082	0.094	0.157	38.52	0.042	0.035	0.040	0.032	36.55
	MD	−0.033	−0.070	−0.074	−0.123	−20.83	0.002	−0.013	−0.020	0.000	18.14
LN1	RMSE	0.066	0.063	0.065	0.126	109.87	0.055	0.056	0.046	0.070	41.18
	MD	−0.027	−0.045	−0.047	−0.092	−90.22	−0.024	−0.034	−0.013	−0.041	−13.08
LN2	RMSE	0.078	0.055	0.064	0.131	82.26	0.033	0.030	0.044	0.045	33.93
	MD	−0.025	−0.036	−0.044	−0.097	−63.34	−0.007	−0.012	−0.030	0.034	20.61
LN3	RMSE	0.059	0.039	0.090	0.042	85.24	0.030	0.026	0.063	0.045	26.97
	MD	0.003	−0.012	−0.066	−0.011	−60.33	0.004	0.001	−0.053	0.034	−4.22
平均	RMSE	0.067	0.060	0.078	0.114	82.49	0.040	0.037	0.049	0.048	34.65
	MD	−0.020	−0.041	−0.058	−0.081	−59.80	−0.006	−0.015	−0.029	0.007	5.364

注:RMSE,标准误差;MD,偏差。

表 9.14　DSSAT-CERES(D-C)和 RZWQM-CERES(R-C)在栾城生态试验区土壤水分模拟结果与实测数据对比分析(2000—2002 年)

处理		DSSAT-CERES					RZWQM-CERES				
		土壤层次				土壤贮水量	土壤层次				土壤贮水量
		0~30 cm	30~60 cm	60~90 cm	90~120 cm	(0~120 cm)	0~30 cm	30~60 cm	60~90 cm	90~120 cm	(0~120 cm)
干旱处	RMSE	0.053	0.042	0.045	0.030	35.32	0.044	0.027	0.038	0.045	38.15
理III	MD	-0.002	-0.029	-0.026	-0.008	-19.69	0.019	0.005	0.019	0.034	22.99
充分灌	RMSE	0.068	0.041	0.040	0.046	40.78	0.076	0.043	0.043	0.045	49.93
溉III	MD	-0.022	0.012	0.013	0.031	10.71	-0.037	0.009	0.004	0.025	0.60
拔节干	RMSE	0.056	0.035	0.043	0.051	33.73	0.051	0.036	0.064	0.066	53.93
旱 INN	MD	0.008	-0.004	0.016	0.042	18.70	0.003	0.009	0.038	0.049	29.96
灌浆干	RMSE	0.066	0.042	0.035	0.040	33.95	0.075	0.046	0.040	0.042	41.37
旱 IIN	MD	-0.022	-0.014	-0.003	0.022	-4.67	-0.023	-0.013	-0.003	0.022	-5.28
平均	RMSE	0.061	0.040	0.041	0.042	35.945	0.062	0.038	0.046	0.049	45.85
平均	MD	-0.009	-0.009	0.000	0.022	1.264	-0.009	0.003	0.015	0.032	12.07

注：RMSE，标准误差；MD，偏差。

日蒸散要高于 RZWQM 模型的模拟值。从两个模型模拟的农田潜在蒸散量看(图 9.33),在禹城和栾城两个试验站点模型的蒸散量都是 DSSAT-CERES 模型要高于 RZWQM-CE-RES,特别是在 9 月份到翌年的 3 月份 D-C 模型模拟日蒸散量要明显高于 R-C 模型的模拟结果,这个结果将对农田水量平衡中其他组分产生重要影响。

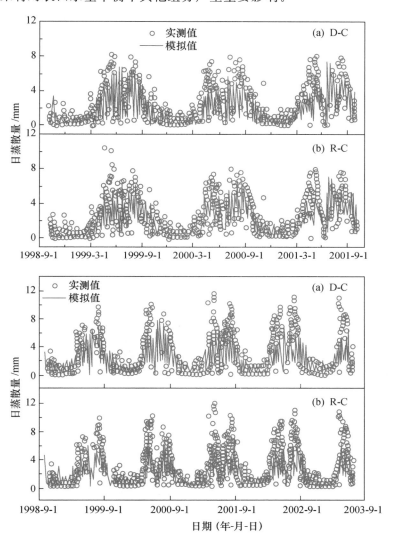

**图 9.32 D-C 和 R-C 模型模拟的日蒸散量与禹城(a)和栾城(b)
大型蒸渗仪实际测定日蒸散量对比分析**

D-C 模型和 R-C 模型在禹城池栽试验区(表 9.15)和栾城试验区(表 9.16)模拟农田蒸散以及渗漏和径流等农田土壤水分平衡参数。在禹城试验区,2001—2002 年生长季内 R-C 模型模拟小麦季和玉米季农田蒸散量的 RMSE 分别为 35.9 mm 和 15.6 mm,而 D-C 模型模拟结果的 RMSE 分别为 41.3 mm 和 43.6 mm,比 R-C 的模拟结果稍差。在 2002—2003 年生长季,R-C 模型模拟小麦季和玉米季农田蒸散量的 RMSE 分别为 70.9 mm 和 83.3 mm,而 D-C 模型模拟结果的 RMSE 分别为 53.5 mm 和 19.3 mm,比 R-C 模型的模拟准确度要高,R-C 模

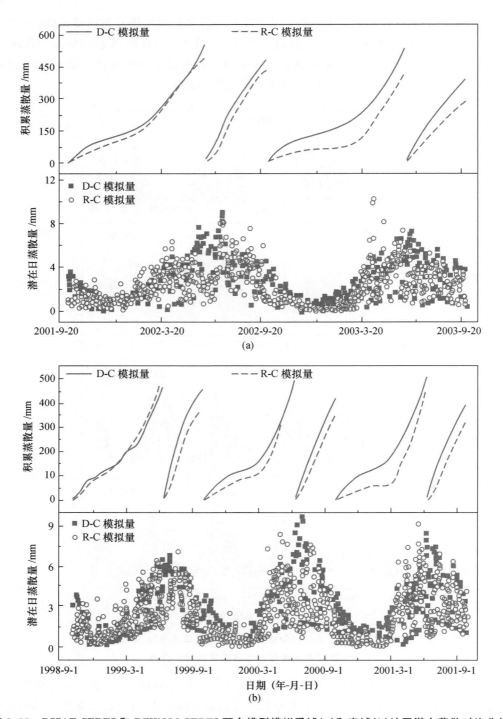

图 9.33 **DSSAT-CERES 和 RZWQM-CERES 两个模型模拟禹城(a)和栾城(b)地区潜在蒸散对比分析**

型模拟误差主要是由于较高的土壤水分渗漏模拟值导致的：小麦和玉米生长季内 D-C 模型模拟土壤水分渗漏量分别为 68.6 mm 和 6.0 mm，而 R-C 模型的模拟结果为 95.5 mm 和

63.0 mm,导致农田蒸散模拟值较实测值偏小,但是土壤水分含量的模拟结果影响较小(表9.14)。这主要是因为 R-C 模型中土壤渗漏主要是由土壤饱和含水量导水率决定,并受土壤质地和组分的影响,而在 D-C 中是通过土壤渗漏系数来调节,没有较强的物理意义。另外试验条件下的农田蒸散计算没有考虑土壤水分和地下水的交换,因此在一定程度上可能低估或高估实际的农田蒸散量(杨建锋等,1999;张永强等,2004)。

栾城试验区 1998—2001 年水量平衡模拟结果见表 9.16。1998—2001 年 3 个小麦生长季内 D-C 模型模拟农田蒸散量 RMSE 分别为 40.9 mm、31.7 mm 和 38.5 mm,而 R-C 模型模拟结果的标准差分别为 76.5 mm、76.3 mm 和 126.4 mm。由于玉米季内降雨量较多,各处理土壤水分较难控制,只测定了 2000 年和 2001 年的土壤水分,农田蒸散的模拟值也是 D-C 模型较 R-C 模型高。在高水的情况下 D-C 模拟结果与试验估算结果一致,而 R-C 模型要低于农田蒸散量估算值;在低水的情况下两个模型模拟农田蒸散量接近与试验蒸散量估算数值。R-C 模型模拟的蒸散量特别是在高水情况下明显低于试验估算值,这主要是因为模型模拟土壤水分渗漏和降雨的径流量,而利用试验数据估算农田蒸散量时没有考虑这两项。D-C 模型模拟土壤水分的渗漏 3 个小麦生长季分别为 6.2 mm、0 mm 和 0 mm,玉米季为 15 mm、23.2 mm 和 0 mm,而 R-C 模型模拟结果为 67.6 mm、56.5 mm 和 92.4 mm 以及玉米季内为 64.8 mm、110.8 mm 和 26.8 mm,这与禹城水分池农田蒸散模拟结果类似。产生这种结果的另一个原因是两个模型估算潜在蒸散量存在一定的差异,导致模拟潜在蒸散量差异较大,可以看出在两个站点 D-C 模型模拟的农田蒸散量都要要高于 R-C 模型模拟值,这也是 D-C 模型模拟农田蒸散量偏高的一个原因。从日蒸散量看 D-C 模型模拟值一般在越冬期间和两季作物换茬时期(6 月份和 10 月份)高于 R-C 的模拟结果。

3. 农田灌溉制度

前面验证分析可以看出两个模型都能够较好的模拟土壤水分动态、土壤水分贮量以及土壤水量平衡。从模型的应用角度出发,在准确的模型输入条件下,利用模型可以依据模拟的土壤水分状况来确定农田是否需要灌溉及灌溉量,这样就可以利用系统模型和作物产量水平进行确定合理的灌溉制度,下面的内容就是根据禹城试验站大田水肥耦合试验的数据来验证模型是否能够根据模拟的土壤水分进行准确的灌溉(包括灌溉时期和灌溉量),以及存在那些问题和需要改善,使模型更能够指导农田灌溉,提高作物水分利用效率。

在模型 RZWQM-CERES 模型中模拟灌溉量和时期是根据作物根区内土壤水分情况设定,因此在不同作物生育期由于作物根系分别深度不同而计算的土壤水分层次也有差异,在禹城站水肥耦合试验中有两个灌溉水平(田间持水量的 75%~100% 和 65%~85%)都是根据农田 0~50 cm 土壤水分状况确定的,因此在模型模拟过程中我们根据作物生长发育和根系深度变化分为 3 个时期,具体的根系深度、水分控制等见表 9.17,另外模型中设定灌溉范围时考虑如下:在华北地区冬小麦越冬期一般没有灌溉,因此在模型模拟过程中不考虑;在作物前期作物需水量较低,对水分胁迫的反应较不敏感,设定的临界土壤水分含量较低;在作物生长中后期需水量较大,对水分反应较敏感,设定较高的临界含水量。最后根据土壤中根系分布深度设定土壤临界含水量。从模型的应用角度将,应该根据一定的土壤深度计算土壤水分状况对于指导农田灌溉更有指导意义。

表 9.15　DSSAT-CERES(D-C)和 RZWQM-CERES(R-C)在禹城试验站水分池试验 A 区模拟土壤水分平衡组分分析

mm

年份	作物	处理	降雨	蒸散 ET			模拟渗漏量		模拟径流量	
				测定值	DSSAT-CERES	RZWQM	DSSAT-CERES	RZWQM	DSSAT-CERES	RZWQM
2001—2002	小麦	NNN	53	149.3	208.6	200	3.9	27	0	0.1
		INN	53	208.5	258.1	255	0	27	0	0.1
		IIN	127	335.2	361.4	341	6.7	30	0	0.1
		III	127	375.8	363.1	356	6.7	28	0	0.1
平均				267.2	297.8	288	4.3	28	0	0.1
均方标准误差					41.30	35.9				
	玉米	NNN	132	202.1	252.7	191	0	1	0	0
		INN	132	337.5	373.9	336	0	2	0	0
		IIN	132	344.1	386.2	352	0	11	0	0
		III	132	247.9	292.0	276	19.4	40	0	0
平均				282.9	326.2	289	4.9	13.5	0	0
均方标准误差					43.61	15.6				
2002—2003	小麦	NNN	222	300.1	318.2	238	18.1	47	0.1	2.4
		INN	222	358.8	340.9	342	50.2	76	3.6	2.4
		IIN	222	414.2	351.0	343	100.5	120	3.5	2.4
		III	222	454.5	371.9	350	105.7	139	3.4	2.4
平均				381.9	345.5	318	68.6	95.5	2.6	2.4
均方标准误差					53.5	70.9				
	玉米	NNN	310	332.3	328.9	261	0	35	0.13	0
		INN	310	340.1	328.9	261	0	54	0.13	0
		IIN	310	341.3	328.9	262	0	67	0.13	0
		III	310	363.5	328.9	263	24.0	96	0.13	0
平均				344.3	328.9	262	6.0	63	0.13	0
均方标准误差					19.3	83.3				

表9.16 DSSAT-CERES(D-C)和 RZWQM-CERES(R-C)在栾城试验站水分池试验区模拟土壤水分平衡组分分析

mm

年份	作物	处理(池号)	降雨	蒸散量			模拟渗漏量		模拟径流量	
				测定值[a]	DSSAT-CERES	RZWQM	DSSAT-CERES	RZWQM	DSSAT-CERES	RZWQM
1998—1999	小麦	1	63	418.2	411.85	323	0	85	0	0.1
		2		388.2	378.11	291	0	20	0	0.1
		6		479.3	420.26	395	23	103	0	0.1
		7		393.6	420.47	363	0	72	0	0.1
		16		227.3	290.51	175	8	58	0	0
		平均		366.7	384.24	309	6.2	67.6	0	0
		均方标准误			40.9	76.5				
	玉米	1	273		348.03	266	0	26	0	0
		2			353.86	272	0	59	0	0
		6			356.11	294	75	108	0	0
		7			354.75	274	0	127	0	0
		16			294.91	268	0	4	0	0
		平均			341.532	275	15	64.8	0	0
		均方标准误								
1999—2000	小麦	1	67	385.1	355.47	254	0	32	0	1.8
		2		351.0	403.62	303	0	43	0	1.2
		6		443.7	418.92	371	0	111	0	1.6
		7		388.5	389.47	325	0	62	0	1.2
		16		210.8	238.55	229	0	35	0	1.2
		平均		347.7	361.206	296	0	56.5	0	1.4
		均方标准误			31.7	76.3				
	玉米	1	348		354.82	252	0	69	0.3	46
		2			355.88	252	0	78	0.3	47
		6		387.9	355.84	286	91	171	0.3	53
		7			350.28	260	25	174	0.3	34
		16		281.3	347.73	238	62	62	0.3	46

续表 9-16

年份	作物	处理(池号)	降雨	测定值[a]	蒸散量		模拟渗漏量		模拟径流量	
					DSSAT-CERES	RZWQM	DSSAT-CERES	RZWQM	DSSAT-CERES	RZWQM
平均					**352.91**	**258**	**23.2**	**110.8**	**0.3**	**45.6**
均方标准误										
2000—2001	小麦	1	67	403.8	385.74	281	0	113	0	1.6
		2		405.6	394.98	279	0	50	0	1.6
		6		453.0	420.28	365	0	143	0	1.6
		7		403.6	362.66	256	0	134	0	1.6
		16		277.7	212.84	139	0	22	0	1.6
平均				**378.1**	**355.3**	**264**	**0**	**92.4**	**0**	**16**
均方标准误					38.5	126.4				
	玉米	1	216		301.24	261	0	15	0	0
		2		358	312.69	246	0	12	0	0
		6			338.34	280	0	49	0	0
		7			335.89	265	0	53	0	0
		16		253.3	250.76	243	0	5	0	0
平均					**307.78**	**259**	**0**	**26.8**	**0**	**0**
均方标准误										

[a] 农田蒸散估算根据农田水量平衡的方法计算，其中地表径流和地下水流在计算过程中没有考虑。

表 9.17　利用模型模拟农田灌溉措施时 RZWQM-CERES 模型中灌溉临界值设定表

小麦生育 时期划分	播种-越冬 (0~60 d)	返青-开花 (145~200 d)	开花-成熟 (200~235 d)
小麦　根系深度	0~50 cm	50~75 cm	75~90 cm
高水处理	低于40%,补充75%ª	低于70%,补充70%	低于80%,补充55%
低水处理	低于40%,补充75%	低于65%,补充65%	低于75%,补充50%
玉米生育时期划分	播种~拔节 (0~30 d)	拔节~成熟 (30~90 d)	
玉米　根系深度	0~60 cm	60~100 cm	
高水处理	低于40%,补充85%	低于80%,补充55%	
低水处理	低于40%,补充85%	低于70%,补充45%	

ª 低于40%,补充75%表示在计划土壤层次内土壤水分含量的变化范围。

利用表 9.18 中灌溉制度设定,其他管理措施(播种和肥料管理)都和试验管理一致,模拟的灌溉需水量(表 9.18)和灌溉时期(图 9.34)。表 9.18 是根据不同的施肥处理模拟结果的平均值计算所得,在小麦和玉米季内农业系统模型模拟灌溉总量基本和实际的灌溉量一致,不同处理模拟 RMSE 为 4.49 cm,不同灌溉水平控制下灌溉量的差异在模型中也能够反映出来,在高水条件下模拟的灌溉需水量高于低水情况,这与试验结果一致。其中在 2001 年玉米季模拟的灌溉量要明显低于实际的补充灌溉量,主要是由于玉米季降雨较多,而在试验中可能存在土壤水分测定误差引起的。可见校正过的农业系统模型通过合理的设定土壤水分和补充灌溉量可以较好的模拟不同水分控制下的补充灌溉量,能够对农田灌溉管理进行有力的指导。

表 9.18　利用 RZWQM-CERES 模拟灌溉量与田间实际测定值对比分析(2000—2002 年)

	冬小麦(2000/2001)		玉米(2001)		冬小麦(2001/2002)		玉米(2002)	
	试验值	模拟值	试验值	模拟值	试验值	模拟值	试验值	模拟值
HN0	19.70	20.94	12.30	5.02	23.30	31.57	14.60	17.78
HN1	18.80	20.87	12.30	5.62	29.10	33.95	18.80	19.07
HN2	19.70	21.48	12.30	5.54	32.20	34.33	20.60	19.09
HN3	19.70	21.60	12.30	5.78	34.70	34.47	23.80	19.19
平均值	**19.48**	**21.22**	**12.30**	**5.49**	**29.90**	**33.58**	**19.45**	**18.78**
标准误差	1.77		6.81		4.88		2.90	
LN0	15.50	19.02	10.40	1.92	25.90	25.95	13.80	12.60
LN1	17.10	17.71	10.40	3.26	24.80	29.53	17.00	14.69
LN2	17.10	18.85	10.40	3.44	29.20	29.89	19.00	14.95
LN3	17.10	18.76	10.40	3.48	25.20	0.30	18.20	15.32
平均值	**16.70**	**18.58**	**10.40**	**3.02**	**26.28**	**28.92**	**17.00**	**14.39**
标准误差	2.15		7.40		3.49		2.80	
标准误差	4.49							

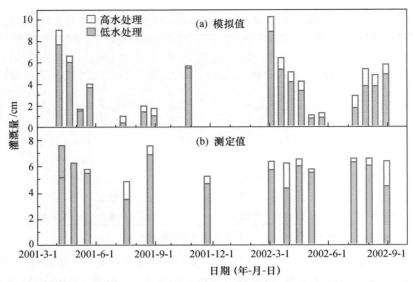

图 9.34　模型 RZWQM-CERES 模拟的灌溉需水量和时期(a)与试验测定值(b)对比分析

注:高水处理和低水处理是根据在高水和低水情况下不同氮肥处理平均求得

图 9.35 是在根据设定土壤水分含量临界值以及补充灌溉量的基础上,模型根据自身的设定模拟的土壤水分含量和产量与试验中实际测定的土壤水分含量和产量的对比,可以看出利用验证的模型,根据预期的水分和灌溉设定模型的土壤水分以及产量与试验实际的测定结果基本一致,可以较准确地反映试验中作物生产对不同灌溉制度的实际响应,因此可以用农业系统模型预期产量水平和水分含量的情况下的农田灌溉量,进行更合理的农田灌溉指导。

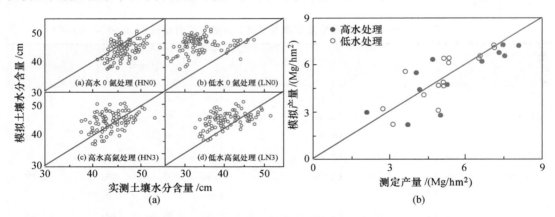

图 9.35　RZWQM-CERES 模型模拟的土壤水分(a)和作物产量(b)与实测值对比分析

9.3.5.2　土壤—作物系统氮素平衡

1. 土壤硝态氮动态

D-C 模型和 R-C 模型模拟 0~120 cm 土壤层硝态氮含量与实测值呈显著正相关(图 9.36)。实测与模拟的土壤硝态氮含量都随着施氮量的增加呈线性增长,特别是在施氮量超过 200 kg N/hm² 时,土壤中硝态氮含量显著增加。D-C 模型模拟土壤硝态氮含量标准误在高水区为 114.6 kg/hm²,低水区为 96.4 kg/hm²,R-C 模拟土壤氮素的在高水区标准误为 77.8 kg/hm²,而在低水区模拟土壤氮素的标准误为 64.4 kg/hm²,两个模型在高水区的模拟效果要差于低水区的模拟结果。R-C 模型模拟效果总体上要优于 D-C 的模拟效果,这些差异主要是由于两个模型在计算土壤水分和养分平衡时考虑的过程不同导致的。在本试验条件下两个模型模拟土壤硝态氮含量的误差较高一个很重要的原因是由于田间实际测定值本身存在很大的变异,同样的结果在栾城试验站也有报道(Hu 等,2006)。通过模型参数校正后,R-C 模型在模拟土壤硝态氮的效果要优于 D-C 模拟效果。在第 6 章中我们利用模型的这一功能对华北地区不同的区域进行灌溉需水量估算和优化灌溉分析。

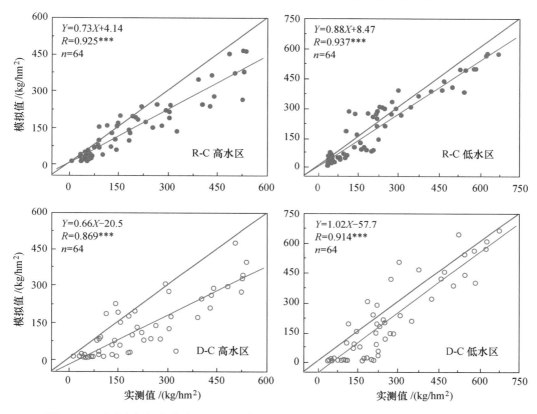

图 9.36 禹城水氮耦合试验区 B 区土壤 0～120 cm 硝态氮含量模拟和实测值对比分析

2. 土壤硝态氮淋失

Hu 等(2006)研究表明 RZWQM 模型能够较好的模拟华北平原农田土壤氮素氨化、渗漏以及矿化损失。本研究表明两个模型模拟土壤硝态氮淋失 120 cm 土壤层与试验估计值呈相同的变化趋势,但是模拟结果明显要低于试验条件下的估计值(图 9.37),主要是因为利用试验测定数据进行硝态氮淋失估算时没有考虑硝态氮的氨化等气态损失过程,因此估计值较实际值偏大。D-C 模型和 R-C 模型模拟效果比较可以看出,在高水区两个模型模拟土壤硝态氮淋失相差较小,RMSE 分别为 41.7 kg/hm² 和 50.2 kg/hm²,在低水情况下 D-C 模拟结果明显低于实测值,模拟的氮素淋失量与土壤水分的渗漏量一致,两个模型模拟的 RMSE 分别为 66.4 kg/hm² 和 41.6 kg/hm²。土壤硝态氮淋失模拟结果与试验测定数据估计值误差较差较大的另一个原因就是对照处理(不施氮处理)在估算硝态氮淋失量时是假定为 0,即没有淋失量,而在模型模拟结果中对照处理的淋失量大于 0,特别是在第一季节淋失量较大(见土壤氮素的校正结果)。

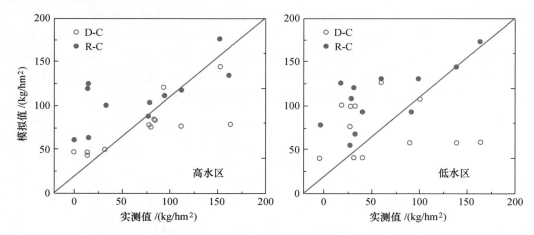

图 9.37 土壤硝态氮淋失量模拟和实测对比分析(禹城水氮耦合试验区 B 区,2000—2002 年)

3. 作物氮素吸收模拟验证

试验测定和模型模拟的作物氮素吸收量呈直线正相关(图 9.38)。在高水条件下两个模

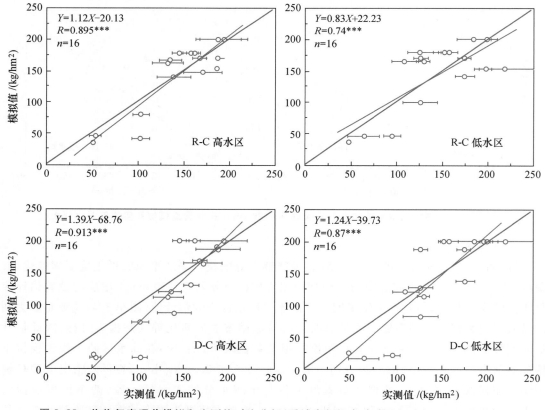

图 9.38 作物氮素吸收模拟和实测值对比分析(禹城水氮耦合试验区 B 区,2000—2002 年)

型模拟结果要优于低水情况下的模拟结果,其中 D-C 模型模拟氮素吸收的 RMSE 小麦季为 24.3 kg/hm²,玉米季为 29.6 kg/hm²;而在低水条件下模拟作物氮素吸收的 RMSE 小麦季为 20.0 kg/hm²,玉米季为 35.2 kg/hm²。R-C 模型在高水情况下模拟小麦氮素吸收的 RMSE 为 20.9 kg/hm²,玉米季为 28.9 kg/hm²;在低水条件下模拟小麦氮素吸收的 RMSE 为 35.6 kg/hm²,玉米季为 37.23 kg/hm²。从以上分析可以看出 R-C 模型模拟作物氮素吸收与 D-C 模型模拟效果基本一致,两个模型在低水和高水条件下模拟效果差异较大,模拟的氮素结果总体上要优于校正结果。可见两个模型在土壤氮素亏缺的条件下模拟效果要差于氮素供应充足的情况下,这与在干旱条件和湿润条件下模拟土壤水分的结果类似。

9.3.5.3 作物生长和产量

1. 作物叶面积指数

R-C 和 D-C 两个模型在禹城水分池 A 区模拟叶面积指数动态与实测值变化基本一致,能够反映出 LAI 对不同土壤水分状况(不同灌溉制度和气候条件)的响应。在 2001—2002 年小麦玉米轮作周期内 D-C 模型和 R-C 模型模拟低水处理(NNN 和 INN)小麦和玉米 LAI 以及高水处理(IIN 和 Ⅲ)玉米 LAI 稍高于实测值(图 9.39),在 2002—2003 年模型的模拟值和实测值较为一致。D-C 和 R-C 在 4 个生长季模拟 LAI 的 RMSE 分别为 0.65 和 0.54。

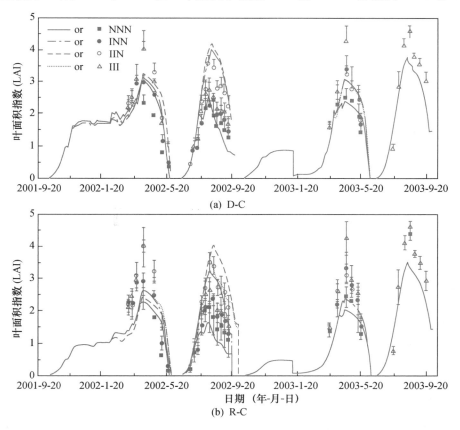

图 9.39　禹城水分池试验区 A 区作物叶面积指数模拟值和实测值对比分析(2001—2003 年)

在禹城试验 B 区模拟 LAI 的结果和实测值见图 9.40,可以看出两个模型模拟 LAI 能够较好地反映出作物 LAI 对不同施氮水平的响应。两个模型在施氮量 $100\sim300$ kg N/hm^2 条件下作物 LAI 动态变化基本一致,但是在 0 N 水平条件下两个模型模拟结果差异较大,其中 D-C 模型的模拟结果明显偏低。两个模型模拟 4 季作物 LAI 的 RMSE 分别为 0.84 和 0.71。

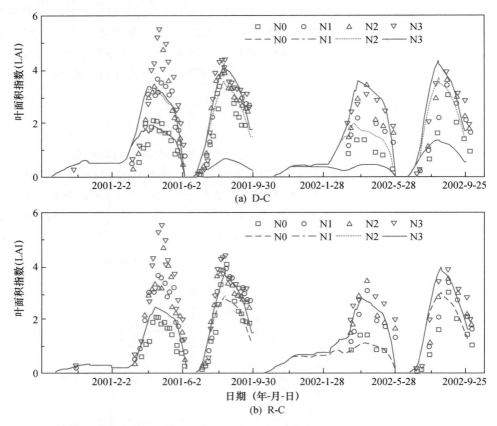

图 9.40 禹城水氮耦合试验区 B 区作物叶面积动态模拟和实测值对比分析(2000—2002 年)

2. 作物产量和生物量

在禹城试验站水分池试验 A 区两个模型在不同灌溉制度下模拟值和实测值变化基本一致(图 9.41)。D-C 模型模拟 2001—2002 年小麦和玉米产量和生物量的 RMSE 分别为 0.48 Mg/hm^2、0.57 Mg/hm^2 和 1.01 Mg/hm^2、1.21 Mg/hm^2,R-C 的模拟的 RMSE 分别为 0.84 Mg/hm^2、1.46 Mg/hm^2 和 2.92 Mg/hm^2、2.15 Mg/hm^2。在 2002—2003 年 D-C 模拟产量和生物量的 RMSE 分别为 0.13 Mg/hm^2、0.32 Mg/hm^2 和 0.90 Mg/hm^2、0.29 Mg/hm^2,R-C 模型模拟的 RMSE 为 0.42 Mg/hm^2、0.84 Mg/hm^2 和 3.10 Mg/hm^2、2.55 Mg/hm^2,D-C 模型模拟结果较 R-C 模型模拟好。从模拟结果看,两个模型模拟的生物量和产量都有偏低的趋势,特别是水分亏缺的年份(2001—2002)模拟结果显著低于实测结果,在 2002—2003 年的实测结果和模拟结果差异较小,可以看出两个模型模拟作物产量和生物量对严重水分胁迫的响应还需要进一步的改善,类似的研究结果也有报道。可以看出两个模型模拟结果较好地反映了作物产量或生物量对不同灌水处理的响应,可以较好地模拟作物在不同水分条件下的产量和生物量以及土壤水分和农田蒸散变化。

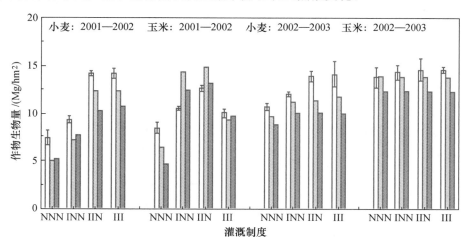

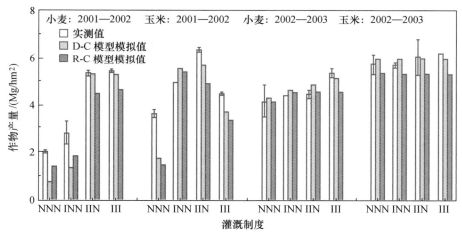

图 9.41 作物产量和生物量模拟和实测值对比分析(禹城水分池试验区 A 区,2001—2003 年)

在禹城试验站大田试验区(B),两个模型模拟的作物产量和生物量在两个土壤水分水平情况下没有显著差异,与试验的实测结果一致,因此下面的分析主要从不同的施氮水平进行分析(图 9.42),两个模型模拟值与试验实测值差异较小,特别是在高于 100 kg/hm² 氮素投入条件下,两个模型在不同的土壤水分条件下产量模拟结果与实测值很一致,在不施氮条件下两个模型模拟产量都低于实测值,特别是在第二个小麦玉米轮作周期(2001—2002)表现尤为明显,其中 D-C 模型模拟结果要稍差于 R-C 的模拟,可以看出两个模型在模拟作物严重氮素胁迫条件下的产量和生物量都需要进一步的改善,这与两个模型模拟土壤氮素、叶面积指数的结果一致。

在栾城水分池试验区两个模型产量模拟结果与试验实测值基本一致(数据没有列出)。在小麦季两个模型模拟产量和生物量都稍低于试验实测值,特别是在低水处理(NNN)的模拟结果明显低于实测值,D-C 模型与 R-C 模型模拟产量和生物量的 RMSE 分别为 1.58 Mg/hm²、1.64 Mg/hm² 和 2.69 Mg/hm²、2.72 Mg/hm²。在玉米季 D-C 模型模拟产量和生物量结果明显高于实测值,而 R-C 模型的模拟结果一般稍低于实测值,两个模型模拟产量和生物量的 RMSE 分别为 1.68 Mg/hm²、1.15 Mg/hm² 和 2.69 Mg/hm²、2.29 Mg/hm²。在高水条件下两个模型模拟的生物量和产量效果要好于低水处理的产量和生物量，这与在池栽条件下的模拟结果一致，都说明在水分胁迫严重时模型的模拟过程或计算方法需要进一步的改善。

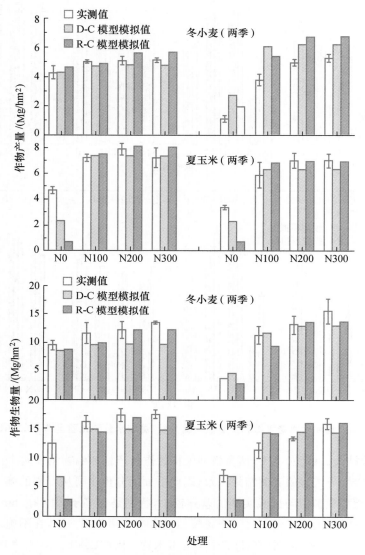

图 9.42 禹城生态试验站水、氮耦合试验区 B 区作物产量和生物量模拟和实测值对比分析(2000—2002 年)

9.3.6 小结

近年来，大量基于作物生长、发育和产量及其这些过程对不同环境条件的响应等过程的作物模拟模型建立起来，这些模型提供了一个更好的方法或手段来预测环境对作物生产的影响,包括土壤水分、养分等条件。农业系统模型是有一系列的可以验证的关于植物与环境关系的假说构成的,这些假设在不同的模型中存在很大的差异,因此利用合理的试验数据对不同的模型模拟结果(包括土壤水分、养分循环及其对作物和环境的影响等)进行比较,将对进一步明确作物与环境的关系以及模型的改善都有重要的意义。本节的目的是验证和评价广泛应用的DSSAT-CERES模型和最新RZWQM-CERES模型在华北地区小麦—玉米一年两熟生产条件下模拟在不同水、氮管理条件下系统生产力、土壤水分和氮素循环等过程的有效性。两个模型模拟土壤水分和氮素过程在计算过程和考虑的因素方面存在很大的差异,其中CERES模型考虑土壤水分和氮素循环相对较简单,像土壤水分的渗漏和地下水的潜水蒸发等都采用简单的经验系数或没有考虑(Boote,1998;Ritchie等,1998),在氮素模块中没有考虑微生物以及不同稳定类型有机质之间的相互转化,因此从模型的构建结构上RZWQM-CERES模型较DSSAT-CERES模型有较强的模拟土壤水量平衡和氮素平衡的优势。

RZWQM-CERES模型是首次在华北地区小麦—玉米一年两熟生产系统中进行校正和验证分析。验证结果分析表明DSSAT-CERES和RZWQM-CERES两个模型都能够较好地模拟作物产量、生物量以及土壤水分和氮素对不同的灌溉和施肥制度的响应,其中DSSAT-CERES模型在模拟作物产量、生物量方面有较强的优势;而RZWQM-CERES在模拟土壤氮素运转以及硝态氮淋失方面有较好的效果,两个模型在模拟严重水分胁迫或氮素胁迫下的产量或生物量的准确度要明显低于正常的水分或氮素条件的模拟效果。在模拟农田蒸散时,DSSAT-CERES模拟结果要稍高于RZWQM-CERES模型,而在模拟土壤水分渗漏量上要明显低于RZWQM模型的模拟结果,由于RZWQM-CERES模型考虑了不同类型土壤的饱和导水率,因此在模拟土壤水分运输和渗漏方面具有较强的机理性,同时在没有实测的土壤水力学参数情况下可以通过土壤类型直接由模型来估计这些参数,通过这种方法获得的参数进行模拟的效果与校正后的参数或CERES(根据试验测定的参数)的模拟结果有很好的一致性,这就为在不同的地区进行农田生态系统模拟提供了有利的途径。在模拟土壤氮素循环方面,RZWQM-CERES模型具有明显的优势,首先可以根据土壤有机质量进行合理划分为不同的类型的有机质,其次它可以根据土壤氮素和碳氮比校正和验证土壤氮素的矿化量,因此在模拟过程上具有相对较强的机理性,验证结果也表明RZWQM-CERES模拟土壤氮素、硝态氮淋失等指标要明显好于DSSAT-CERES的模拟结果。

从模型不同模块在不同试验条件下的验证结果看,RZWQM-CERES和DSSAT-CERES两个模型都在华北地区表现出很大的潜在应用价值,能够评价分析不同的管理措施对农田生态系统以及环境的影响,为华北地区农田生态系统管理和生态环境模拟提供了可靠的工具。另一方面两个模型存在一些问题:像两个模型的作物生长发育过程仍需要进一步的改善提高,特别是关于作物生长发育和产量对水分和氮素胁迫的反应应该进一步改善;DSSAT-CERES在土壤水分和氮素平衡应该进一步增强其机理性,考虑更详细的生态过程;RZWQM-CERES应该在参数的优化方面进一步改善。考虑到本研究的内容涉及水分和养分的循环和耦合作用,相比较而言,RZWQM-CERES更具有优势。

参考文献

[1] Ahuja L R, K E Johnsen, K W Rojas. Water and chemical transport in soil matrix and macropores. p. 13-50. In L. R. Ahuja et al. (ed.) Root zone water quality model. Water Resources Publ. , LLC, Highlands Ranch, CO, 2000.

[2] Amthor J S. Scaling CO_2-photosynthesis relationships from the leaf to the canopy. Photosynth. Res, 1994, 39: 321-350.

[3] Anadranistakis M, Kerkides P, Liakatas A, et al. How significant is the usual assumption of neutral stability in evapotranspiration estimating models. Meteorol, 1999, 6: 155-158.

[4] Anadranistakis M, Liakatas A, Kerkides P, et al. Crop water requirements model tested for crops grown in Greece. Agric. Water Manage, 2000, 45: 297-316.

[5] Aphalo P J, Jarvis P G. The boundary layer and the apparent responses of stomatal conductance to wind speed and to the mole fraction of CO_2 and water vapour in the air. Plant Cell Environ, 1993, 16: 771-783.

[6] Asseng S, Fillery I R P, Anderson G C, et al. Keating BA Use of the APSIM wheat model to predict yield, drainage, and $NO3'(-)$ leaching for a deep sand. in National Workshop on Contributions of Legumes to the Nitrogen Nutrition and Sustainable Yield of Cereals, C S I R O Publications, Moora, Australia, 363-377.

[7] Asseng S, Keating B A, Fillery I R P, et al. Performance of the APSIM-wheat model in Western Australia. Field Crop. Res, 1998, 57: 163-179.

[8] Asseng S, Van Keulen H, Stol W. Performance and application of the APSIM Nwheat model in the Netherlands. Eur. J. Agron, 2000, 12: 37-54.

[9] Baker D M. Goss Y M, A simulation of cotton crop growth and yield. South Carolina: South Carolina Agriculture Experiment Station, 1983, pp. 125.

[10] Baldocchi D D. A lagrangian random walk model for simulating water vapor, CO_2 and sensible heat flux densities and scalar profiles over and within a soybean canopy. Bound-layer Meteorol, 1992, 61: 113-144.

[11] Baldocchi D D, Harley P C. Scaling carbon dioxide and water vapor exchange from leaf to canopy in a deciduous forest. Ⅱ. Model testing and an application. Plant Cell Environ, 1995, 18: 1157-1173.

[12] Ball J T. Calculations related to gas exchange. In: E. Zeiger, G. . D. Farquhar and I. R. Cowan(Eds.), Stomatal Function. Stanford University Press, Stanford, 1987: 445-476.

[13] Ball J T, Woodrow I E, Berry J A. A model predicting stomatal conductance and its contribution to the control of photosynthesis under different environmental conditions.

In：Biggens，J.（Ed.），Progress in Photosynthesis Research，Vol. IV. Martinus Nijhoff，Dordrecht，1987：221-224.

[14] Boote K J. Concepts for calibrating crop growth models. In 1999 DSSAT version 3, G Hoogenboom P Wilkens and G Y Tsuji Eds. Vol. 4，University of Hawaii，Honolulu，HI，1999.

[15] Brutsaert W H. In：Evaporation into the Atmosphere. Reidel，Dordrecht. ，1988.

[16] Brutsaert W，Stricker H. An advection-aridity approach to estimate actual regional evapotranspiration. Water Resources Res，1979，15：443-450.

[17] Cannell M G R，Thornley J H M. Temperature and CO_2 responses of leaf and canopy photosynthesis：a clarification use the non-rectangular hyperbola model of photosynthesis. Annals of Botany，1998，82：883-892.

[18] Chen J. Uncoupled multi-layer model for the transfer of sensible and latent heat flux densities from vegetation. Boundary-layer Meteorol，1984，28：213-225.

[19] Chen J M，Liu J，Cihlar J，et al. Daily canopy photosynthesis model through temporal and spatial scaling for remote sensing applications. Ecol. Model. ，1999，124：99-119.

[20] Choudhury B J，Monteith J L. A four-layer model for the heat budget of homogenous land surfaces. Q. J. R. Meteorol. Soc. ，1988，114：373-398.

[21] Collatz G J，Ball J T，Grivet C，et al. Physiological and environmental regulation of stomatal conductance，photosynthesis and transpiration：A model that includes a laminar boundary layer. Agric. For. Meteorol. ，1991，54：107-136.

[22] Collatz G J，M Ribas-Carbo，J A Berry. Coupled photosynthesis-stomatal conductance model for leaves of C4 plants. Australian Journal of Plant Physiology，1992，19：519-538.

[23] De Wit C T. Photosynthesis of leaf canopies. Inst. Biol. Chem. Res. Field Crops Herb. Agric. Res. Rep. 663. Wageningen，Netherlands，1965.

[24] De Wit C T. Dynamic concepts in biology. In：Setlik I(ed.) Prediction and Measurement of Photosynthetic Productivity. Pudoc，Wageningen，Netherlands. 1970：17-23.

[25] De Wit C T，et al. Simulation of assimilation，respiration and transpiration of crops. Simulation Monographs，Pudoc，Wageningen，1978：141.

[26] Diez J A，Roman R，Caballero A. Nitrate leaching from soils under a maize-wheat-maize sequence，two irrigation schedules and three types of fertilizers. Agric. Ecosyst. Environ，1997，65：189-199.

[27] Diez J A，Caballero R，Tarquis A，et al. Integrated fertilizer and irrigation management to reduce nitrate leaching in central Spain. J. Environ. Qual，2000，29：539-1547.

[28] Diez J A，Caballero R，Tarquis A，et al. Integrated fertilizer and irrigation management to reduce nitrate leaching in central Spain. J. Environ. Qual，2000，29：1539-1547.

[29] Domingo F，Villagarcia L，Brenner A J，et al. Evapotranspiration model for

semi-arid shrub lands tested against data from SE Spain. Agric. For. Meteorol,1999, 95: 67-84.

[30] Duncan W G, Loomis R S, Williams, W. A. ,et al. A model for simulating photosynthesis in plant communities. Hilgardia,1967,38:181-205.

[31] Eamus D. The interaction of rising CO_2 and temperature with water use efficiency. Plant. Cell. Environ, 1991,14:543-582.

[32] Farquhar G D, Von C S, Berry J A. A biochemical model of photosynthetic CO_2 assimilation in leaves of C3 species. Planta, 1980,149: 78-90.

[33] Farquhar G D. Models of integrated photosynthesis of cells and leaves. Phil. Trans. R. Soc. Lond. B,1989, 323: 357-367.

[34] Feddes R, Zaradny H. Model for simulating soil water content considering evapotranspiration-comments. J. Hydrol,1978, 37: 393-397.

[35] Follett R F, Delgado J A. Nitrogen fate and transport in agricultural systems. J. Soil Water Conserv,2002, 57: 402-408.

[36] Garratt J R, Transfer characteristics for a heterogeneous surface of large aerodynamic roughness. Q. J. R. Meteorol. Soc. 1978,104: 491-502.

[37] Gollan T, Passioura J B, Munns R. Soil water status affects the stomatal conductance of fully turgid wheat and sunflower leaves. Austr. J. of Plant Physi. , 1986. 13: 459-464.

[38] Goudriaan J. Crop micrometeorology: a simulation study. Center for Agricultural Publishing and Documentation, Wageningen, the Netherlands,1977.

[39] Hannaway D B, Gao L. ALFAMOD: An Interactive microcomputer simulation model. Agron. Abstr,1983: 21.

[40] Hu C, Sassendran S A, Green T R,et al. Evaluating nitrogen and water management in a double cropping system using RZWQM,2006.

[41] Ibsnat. Technical report 5: Documentation for IBSNAT crop model input and output files, version 1. 1: for DSSAT2. 1 IBSNAT project, 1990:2.

[42] Idso K E,Idso S B. Plant responses to atmospheric CO_2 enrichment in the in the face of environmental constraints: a review of the past 10 years research, Agric. For. Meteorol,1994, 69: 154-203.

[43] Jarvis P G. The interpretation of the variations in leaf water potential and stomatal conductance found in canopies in the field. Philos. Trans. R. Soc. London Ser. B, 1976, 273: 593-610.

[44] Jarvis P G. Stomatal response to water stress in conifers. In: Turner N. C. , Kramer P. J. eds. Adaptation of plants to water and high temperature stress. New York: Wiley-Inter science, 1980:105-122.

[45] Jensen M E, Burman R D, Allen R G. Evapotranspiration and irrigation water requirements: Irrigation and Drainage Div. ASCE. ASCE Manuals and Reports on Engi-

neering Practice No,1990,70:332.

[46] Ju X T, Liu X J, Zhang F S, et al. Nitrogen fertilization, soil nitrate accumulation, and policy recommendations in several agricultural regions of China. Ambio,2004, 33:278-283.

[47] Katul G G, Parlange M B. A Penman-Brutsaert model for wet surface evaporation. Water Resources Res. 1992. 28: 121-126.

[48] Keating B A, Carberry P S, Hammer G L, et al. An overview of APSIM, a model designed for farming systems simulation. in 2nd International Symposium on Modeling Cropping Systems, Elsevier Science Bv, Florence, Italy,267-288.

[49] Konzelmann T, Calanca P, Müller G, et al. Energy balance and evapotranspiration in a high mountain area during summer. J. Appl. Meteorol,1997, 36: 966-973.

[50] Kull O, Jarvis P. The role of nitrogen in a simple scheme to scale up photosynthesis from leaf to canopy. Plant Cell Environ,1995,18:1174-1182.

[51] Kustas W P. Estimations of evapotranspiration with one and two-dimension model of heat transfer over partial canopy cover. J. Appl. Meterorol,1990, 29: 704-715.

[52] Leyton L. Fluid behaviour in biological systems. Oxford: Clarendon Press, 1975:167-175.

[53] Leuning R. A critical appraisal of a combined stomatal-photosynthesis model for C_3 plants. Plant Cell Environ,1995, 18: 339-355.

[54] Leuning R, Kelliher F M, De Pury D G,et al. Leaf nitrogen, photosynthesis, conductance and transpiration: scaling from leaves to canopies. Plant Cell Environ,1995, 18: 1183-1200.

[55] Li F M, Yan X, Li F R. Effects of different water supply regimes on water use and yield performance of spring wheat in a simulated semi-arid environment. Agric. Water Manage,2001, 47: 25-35.

[56] Lin J D, Sun S F. Moisture and heat flow in soil and theirs effects on bare soil evaporation. Trans. Water Conservancy,1983, 7:1-7. (in Chinese).

[57] Liu X J, Ju X T, Zhang F S,et al. Nitrogen dynamics and budgets in a winter wheat-maize cropping system in the North China Plain. Field Crops Res, 2003, 83: 111-124.

[58] Luo Y, Ouyang Z, Yu Q, et al. An integrated model for water, sensible heat and CO2 fluxes and Photosynthesis in SPAC system, II. Verification, Acta Hydrologica Sin, 2001,26: 58-63. (in Chinese).

[59] Ma L, Shaffer M J. A review of carbon and nitrogen processes in nine U. S. soil nitrogen dynamics models. In: Shaffer M. J. Ma L. Hansen S. (Eds.). Modeling Carbon and Nitrogen Dynamics for Soil Management. CRC Press, Boca Raton, FL,2001:55-102.

[60] Ma L, L R Ahuja, J C Ascough,et al. Integrating system modeling with field research in agriculture: Applications of Root Zone Water Quality Model(RZWQM). Adv.

Agron,2000，71：233-292.

[61] Ma L，G Hoogenboom，L R Ahuja,et al. Evaluation of the RZWQM-CERES-Maize hybrid model for maize production. Agric. Syst,2006，87：274-295.

[62] Ma L，R W Malone，P Heilman，et al. RZWQM simulated eff ects of crop rotation，tillage，and controlled drainage on crop yield and nitrate-N loss in drain fl ow. Geoderma,2007a,140：260-271.

[63] MacDonald A J，Poulton P R，Powlson D S，et al. Effects of season，soil type and cropping on recoveries，residues and losses of 15N-labelled fertilizer applied to arable crops in spring. Journal of Agricultural Science,1997,129： 125-154；55-77.

[64] McCown R L，Hamme G L，Hargreaves J N G，et al. APSIM：a novel software system for model development，model testing，and simulation in agricultural systems research. Agr. Syst,1996，50：255-271.

[65] Mehrez B M，Taconet O，Vidal-Madjar D，et al. Estimation of stomatal resistance and canopy evaporation during the Hapex-Mobilhy experiment. Agric. For. Meteorol,1992，58：285-313.

[66] Monteith J L. Evaporation and environment. Symposia of the Soc. Exp. Bio，1965，19：205-234.

[67] Nikolov N T，Massman W J，Schoettle A W. Coupling biochemical and biophysical processes at the leaf level：an equilibrium photosynthesis model for leaves of C_3 plants. Ecol. Model. 1995，80：205-235.

[68] Noilhan J，Planton S. A simple parameterization of land surface processes for meteorological models. Mon. Wea. Rev,1989,117： 536-549.

[69] Nonhebel S. Effects of temperature rise and increase in CO_2 concentration on simulated wheat yield in Europe. Climatic Change,1996，34： 73-90.

[70] Norman J M. Interfacing leaf and canopy light interception models. In：J D Hesketh，J W Jones(Eds.)，Predicting Photosynthesis for Ecosystem Models，vol. II(pp. 49-67). Boca Raton，FL：CRC Press. Stochastic modeling of radiation regime in discontinuous vegetation canopies. Remote Sensing of Environment,1980，74：125-144.

[71] Norman J M. Scaling processes between leaf and canopy levels. In： J R Ehleringer and C B. Field(Editors)，Scaling Physiological Processes：Leaf to Globe. Academic Press，San Diego，CA,1993；41-76.

[72] Parlange M B，Katul G G. An advection-aridity evaporation model. Water Resources Res,1992，28：127-132.

[73] Penning de Vries F W T，Brunsting A H M，Van Laar H H. Products，requirements and efficiency of biosynthesis：a quantitative approach. Journal of Theoretical Biology,1974，45： 339-377.

[74] Penman H L. Natural evaporation from open water，bare soil and grass. Proc. Royal Soc,1948，193： 120-145.

[75] Reynold J F, Chen J L, Harley P C. Modeling the effects of elevated CO_2 on plants: extrapolating leaf response to a canopy. Agric. For. Meterorol,1992,61:69-94.

[76] Reyenga P J, Howden S M, Meinke H, et al. Global change impacts on wheat production along an environmental gradient in south Australia. Environ. Int,2001, 27: 195-200.

[77] Rochester I J. Estimating nitrous oxide emissions from flood-irrigated alkaline grey clays. Aust. J. Soil Res,2003, 41:197-206.

[78] Rojas K W, Ahuja L R. Management practices. Root Zone Water Quality Model:245-280.

[79] Shaffer J,Delgado J A. Essentials of a national nitrate leaching index assessment tool: a guest research editorial by conservation professionals. Journal of Soil and Water Conservation,2000, 57: 327-335.

[80] Scharf P C, Schmidt J P, Kitchen N R, et al. Remote sensing for nitrogen management. J Soil Water Conserv,2002, 57: 518-524.

[81] Sellers P J, Berry J A, Collatz G J,et al. Canopy reflectance, photosynthesis. Remote Sens. Environ,1992, 42: 187-216.

[82] Shuttleworth W J, Wallace J S. Evaporation from sparse crops-an energy combination theory. Q. J. Royal Meteorol. Soc,1985,111: 839-855.

[83] Shaw R H, Pereira A R. Aerodynmaic roughness of vegetated surfaces. The effect of canopy structure and density. 15th Conf. of Agriculture and Forest Meteorology and 5th Conf. on Biometeorology, 11-13 April 1981, Anaheim, California, Amer. Meteorol. Soc,1981.

[84] Tanaka K, Kosugi Y, Ohte N, et al. Model of CO_2 flux between a plant community and the atmosphere, and simulation of CO_2 flux over a planted forest. Japanese Journal of Ecology 48, 265-286 in Japanese, with English abstract,1998.

[85] Van Bavel, C H M, Hillel D I. Calculating potential and actual evaporation from a bare soil surface by simulation of concurrent flow of water and heat. Agric. Meteorol, 1976, 17: 453-476.

[86] Van Ittersum M K, Howden S M, Asseng S. Sensitivity of productivity and deep drainage of wheat cropping systems in a Mediterranean environment to changes in CO_2, temperature and precipitation. Agric. Ecosyst. Environ,2003, 97:255-273.

[87] Van Keulen H, De Wit C T. A hierarchial approach to agricultural production modeling. p. 139-143. In:G. Gobulev and I. Shvytov(eds.) Modeling agricultural-environmental processes in crop production. Proc. IIASA Symp., Laxenburg, Austria. IIASA, Laxenburg,1982.

[88] Von Caemmerer S, Farquhar G D. Some relationships between the biochemistry of photosynthesis and the gas exchange of leaves. Planta, 1981, 153: 376-387.

[89] Waddell J T, Gupta S C, Moncrief J F, et al. Irrigationand nitrogen manage-

ment impacts on nitrate leaching under potato. Journal of Environmental Quality，2000，29：251-261.

[90] Wang Y P, Leuning R. A two-leaf model for canopy conductance，photosynthesis and partitioning of available energy I. Model description and comparison with a multilayered model. Agric. For. Meteorol，1998，91：89-111.

[91] Williams J R，Jones C A, Dyke P T. A modeling approach to determining the relationship between ersion and soil productivity. Trans of the ASAE，1984，27(1)：129-144.

[92] Wu J, Liu Y, Jelinski D E. Effects of leaf area profiles and canopy stratification on simulated energy fluxes：the problem of vertical spatial scale. Ecol. Modell, 2000，134：283-297.

[93] Yu Q, Goudriaan J, Wang T D. Modeling diurnal courses of photosynthesis and transpiration of leaves on the bases of stomatal and non-stomatal responses，including photoinhibition. Photosynthetica，2001，39：43-51.

[94] Yu Q, Liu Y F, Liu J D, et al. Simulation of leaf photosynthesis of winter wheat on Tibetan Plateau and in North China Plain，Ecol Modell，2002，155：205-216.

[95] Yu Q, Saeendran S A, Ma L, et al. Modeling a wheat-maize double cropping system in China using two plant growth models in RZWQM，2006.

[96] Zhang W L，Tian Z X，Zhang N，et al. Nitrate pollution of groundwater in northern China. Agric. Ecosyst. Environ，1996，59：223-231.

[97] 曹宏鑫,孙立荣,高亮之,等.长江下游地区马肝土小麦生长期土壤氮素动态的模拟.中国农业气象,1999,20:35-38.

[98] 曹卫星.国外小麦生长模拟研究进展.南京农业大学学报,1995,18(1):10-14.

[99] 冯利平,韩学信.棉花栽培计算机模拟决策系统(COTSYS).棉花学报,1999,11(5):251-254.

[100] 高亮之,金之庆,黄耀,等.水稻栽培计算机模拟优化决策系统-RCSODS.北京:中国农业科学技术出版社,1992.

[101] 高亮之,金之庆,郑国清,等.小麦栽培模拟优化决策系统(WCSODS).江苏农业学报,2000,16(2):65-72.

[102] 龚元石,李保国.应用农田水量平衡模型估算土壤水渗漏量.水科学进展,1995,6:16-21.

[103] 黄策,王天铎.水稻群体物质生产过程的计算机模拟.作物学报,1986,12(1):1-8.

[104] 黄秉维.自然条件与作物生产——光合潜力.中国农业科学院情报所,1978.

[105] 黄元仿,李韵珠,李保国,等.区域农田土壤水和氮素行为的模拟.水利学报,2001,11:87-92.

[106] 金之庆,石春林,葛道阔,等.基于RCSODS的直播水稻清爽施氮模拟模型.作物学报,2003,29(3):353-359.

[107] 姜杰,张永强.华北平原灌溉农田的土壤水量平衡和水分利用效率.水土保持学报,2004,18(3):61-65.

［108］李会昌.SPAC 中水分运移与作物生长动态模拟及其在灌溉预报中的应用研究.武汉:武汉水利电力大学博士论文,1997.

［109］刘昌明,魏忠义,等.华北平原农业水文和水资源.北京:科学出版社,1989.

［110］刘多森,汪枞生.可能蒸散量动力学模型的改进及其对辨识土壤水分状况的意义.土壤学报,1996,33:21-27.

［111］吕晓男,陆允甫.土壤钾解吸的动力学方程和大麦反应的关系.土壤学报,1995,32:69-76.

［112］罗毅,雷志栋,杨诗秀.一个预测作物根系层储水量动态变化的概念性随机模型.水利学报,2000,8:80-83.

［113］潘学标,韩湘玲,石元春.COTGROW:棉花生长发育模拟模型.棉花学报,1996,8(4):180-188.

［114］尚宗波,杨继武,殷红,等.玉米生长生理生态学模拟模型.植物学报,2000,42(2):184-194.

［115］王西平,姚树然.VSMB 多层次土壤水分平衡动态模型及其初步应用.中国农业气象,1998,19(6):27-31.

［116］巫东堂,焦晓燕,韩雄.旱地麦田土壤水分预测模型研究.土壤学报,1996,33(1):105-110.

［117］夏北成.麦田生态系统的计算机模拟及最优控制.北京:北京大学出版社,1990.

［118］张喜英,由懋正.太行山前平原高产农区土壤水分特征及农田节水潜力.农业生态研究,1996,4(2):63-68.